THROWING FIRE : Projectile Technology Through History

ALFRED W. CROSBY

飛び道具の人類史

火を投げるサルが宇宙を飛ぶまで

アルフレッド・W. クロスビー

小沢千重子＝訳

紀伊國屋書店

Alfred W. Crosby

THROWING FIRE

Projectile Technology Through History

Japanese translation rights arranged with
the Syndicate of the Press of the University of Cambridge, England
through Tuttle-Mori Agency, Inc., Tokyo

アレグラとザンダーに

私は大空に矢を放った
矢はいずこともわからぬ大地に落ちた

ヘンリー・ワズワース・ロングフェロー『矢と歌』(1)

生きてうごめくものは、すべてあなたがたの食物《しょくもつ》となろう。

『創世記』第九章三節

失うものは何もない——だって、みなのポケットは
あの星たちでいっぱいになるんだから。

ブルース・ボストン『おおいなる星空へ（Interstellar Tract)』(2)

飛び道具の人類史――火を投げるサルが宇宙を飛ぶまで　＊　目次

はじめに　011

なぜ人類はかくも繁栄したのか　015

第一章　直立二足歩行の出現――鮮新世　025

第一の加速　ものを投げる、火を操る　035

第二章　「人の強さは投げるものしだい」――鮮新世と更新世　039

第三章　「地球を料理する」――更新世と完新世　071

第四章　「人類と動物界の大激変《カタストロフィ》」――後期旧石器時代　085

第五章　飛び道具の発展――職人技からテクノロジーへ　109

第二の加速　火薬　137

第六章　中国の不老不死の霊薬《エリクシル》——火薬の起源　141

第七章　「火薬帝国」の誕生　155

第八章　機関銃・大砲・第一次大戦　181

第三の加速　地球外空間と原子内空間へ　203

第九章　V－2と原子爆弾　207

第十章　はるかなる宇宙へ　237

第四の加速　ふたたび、地球へ　259

訳者あとがき　271

註　304

人名索引　310

装丁　間村俊一

飛び道具の人類史

はじめに

二〇〇一年の春に、私は本書を書き終えた。人類にはものを飛ばしたり燃やすことを好む傾向があり、また、それを巧みに行なう技量が備わっている。人類のこうした性向と能力は、地球上の生命にどのような影響を及ぼしてきたのだろうか。それを探ることが本書のテーマである。私が本書の執筆を思い立ったのは、歴史家はややもすると瑣末な証拠にこだわるあまり、往々にしてさんざん苦労したあげく、ほとんど意味をなさないような取るに足りない結果しか生み出していない、と常々思っているからだ。

そこで、私は大雑把だが否定しようのない事実から出発することにした。それは、人類はものを飛ばしたり火を使うことによって離れたところに変化を引き起こしてきたということ、そして、おそらく私たちの祖先となったヒト科も含めて、人類だけがこうした行為を行なってきたということである。人類はこの能力を最大限に発揮して、地球上の歴史の流れと進化の方向を変えてきた。そして、宇宙空間にまで敢然と踏み出したのだ。

離れたところに変化を引き起こす能力はさまざまな形で発揮されるが、私が最も興味をそそられたのは、そのための手段が時に思いもよらない重大な結果を招くことだった。たとえば、北米大陸に生息していた最後のマンモスをしとめたのは、クローヴィス尖頭器《ポイント》の類を穂先につけた投げ槍だった。イツハク・ラビンを殺したのは、一人の狂信的なシオニストが放った銃弾だった。ヴェルナー・フォン・ブラウンがつくったロケットは、第二次世界大戦中はロンドンの人々を殺傷し、戦後は人類を月に送るのに一役買った。そして二〇〇一年九月一一日、ウサマ・ビンラディンは手下にハイジャックさせた飛行機によって、ニューヨークとワシントンで数千人の生命を奪った。

私たちは爆発する飛翔体の魅力にとりつかれている。その思いは時に花火という形をとって、祝日や結婚式など喜ばしい行事を華やかに彩る。その一方で、メフメト二世の巨大な射石砲や、第二次世界大戦中に開発されたヒトラーの報復兵器や原子爆弾という形でも現われる。はるか彼方で轟音と火の球を発する飛翔体を飛ばすことに、人間はとりつかれている。ジョン・ミルトンはそれを知っていたからこそ、彼が創造したアンチヒーローのサタンに、アダム以前の時代に火薬と大砲を発明させたのだ。「そこから発する唸り声は、轟然たる大音響を立ててあたりの大気に充満し、また、まさに悪魔の吐物《へど》ともいうべき、無数に繋がっている雷霆《いかずち》と鉄の弾丸の霰《あられ》とを、汚らしく吐きちらし、大気の臓物《はらわた》を無残にもことごとく引き裂いた……」(1)

だが、私たちが爆発する飛翔体に執着心を抱いていることを例証するために、わざわざ書棚から『失楽園』をもち出すまでもなかった。九月一一日のテロリストの攻撃が、何より雄弁にそれを示したのだから。カリスマ性に富み、残忍なウサマ・ビンラディンは、ミルトンのサタンの代役を存分に果たした。もっとも、ビンラディンは狂信主義をもって専門知識を補い、飛び道具の調達と操作を敵のテクノロジーに頼らざるを得なかった。その効果はミルトンのサタンの大砲には及ばなかったものの、全世界の人々に衝撃を与えた。ツインタワーは「本来なら磐石のように毅然として立ちはだかるはずであったが、ただもう倒れ伏すのみで」、「大天使の上にさらに天使が覆いかぶさって顛倒するといった有様であった……」(2)。

ものを投げるという行為は直立二足歩行や道具の製作と同じく、明らかに人類に特有の行為である。運命の二〇〇一年九月一一日にも、火星探査機オデッセイは太陽に対して毎秒二四キロメートルの速度で、火星に向かって飛んでいた。オデッセイは主として火星表面の成分組成を調べて水が存在するか否かをみきわめるために、つまり火星に生命が存在した痕跡や今も存在している可能性を探るために、同年四月にロケットで打ち上げられた。二〇〇一年一〇月二四日、アメリカ軍のミサイルがアフガニスタンに降り注いでいるときに、オデッセイは太陽から四番目の惑星をまわる軌道に入り、探査活動を開始した(3)。

ミサイルが地球に穿った穴の中であれ、宇宙空間であれ、人類はあいかわらず火を投げながら、最期の時を迎えるのだろう。

なぜ人類はかくも繁栄したのか

「過去を詮索するのは正しいことだと思いますか？」
「詮索といわれるのは解せませんね。少し掘り起こさなければ過去には到達できないじゃありませんか。現在は過去を乱暴に踏みにじっています」

ヘンリー・ジェイムズ『アスパンの恋文』(1)

存在するのは、ただ過去のみ……

W. H. オーデン『ヘンリー・ジェームズの墓にて』(2)

人類は卓越した存在である、と私たちは思いこんでいる。詩篇第八篇の作者も、人間を「神よりもわずかに欠けたもの」と位置づけているではないか。それゆえ、ヒトのDNAの構造のおよそ九八・五パーセントがチンパンジーのそれと等しいと知ると、私たちはショックを受ける(3)。それでは、残りの一・五パーセントにきわめて重要な意味があるに違いない。なにしろ、チンパンジーの個体数は減る一方なのに、世界の人口はいまや六〇億を超えているのだから。しかも、人類は海の中から地球をまわる軌道にいたるまで、果敢に行動範囲を広げている。太陽系はおろか、その彼方の宇宙空間にまで探査機を飛ばし、火星に人間を送る計画も立てている。いかなるイヌも——たとえ知能指数が今より一〇〇〇倍も高かったとしても——こうした肉体的快楽とは無縁の活動に取り組もうとは思わないだろう。

　人類がかくも繁栄したのはなぜだろうか？　その謎を探るためには、人類の系統が誕生してから今日にいたるまでの軌跡をたどらなくてはならない。だが、読み書きの歴史はわずか五〇〇〇年前までしかさかのぼれない。ギルガメシュ〔紀元前二千年紀初期に成立したとされるバビロニアの同名の叙事詩の主人公で、シュメール人の伝説上の王〕やアブラハムなど文字で書かれた媒体の最初のヒーローたちは——黎明期の映画産業界で一躍スターになったダグラス・フェアバンクス〔一八八三〜一九三九〕やエロール・フリン〔一九〇九〜五九〕のように——今日でいう有名人《セレブリティー》の草分けだったのだ。楔形文字を刻んだ現存する最古の文字板は約五〇〇〇年前のものと推定されているが、ヒトすなわちホモ・サピエンスは、その少なくとも二〇倍の長さの歴史を有している。そして、ホモ・サピエンスとその近縁種を含むホモ（ヒト）属の歴史は、それよりはるかに長いのだ（ホモ・サピエンスの近縁種は過去には多数存在したが、いずれも絶滅した）。

エジプトのピラミッドの建造を長髪のヒッピーの出現と同列に最近の出来事と称したら、さぞ当惑されることだろう。けれども、人類すなわち霊長目ヒト科の年表を正確につくろうとすれば——いや、ホモ・サピエンスの年表でさえ——どちらの出来事も年表の末尾に重なり合うように記載せざるを得ない。人類を理解するためには、世紀や千年紀の単位ではなく、ずっと長いタイムスケールで過去を遠望することから始めなくてはならない。ヒトは更新世に出現した動物であり、この世界では新参者だった。ところが、逆説的なことに、この新入りが世界をつくりなおしたのだ。

ヒトはヒト科に属する唯一の現生種である。絶滅したヒトの祖先から現生人類まで包含する歴史を再構築するためには、化石化した骨や石器を証拠として採用し、現代人の身体や精神に受け継がれた特徴や傾向に基づいてなされた推論を採用しなければならない。歴史を再構築する際に過ちを犯すことは避けられないが、ともかく挑戦しないかぎり、文字で書かれた歴史という限られた領域から一歩も踏み出せない。文字で書かれた歴史だけに頼るのは、電車に乗った健忘症の患者が自分は誰なのか、どこから来たのか、これからどこに行こうとしているのかを知ろうと、隣の座席にあった新聞にひたすら目を走らせるようなものだ。手始めに新聞を調べるのは結構だが、ポケットの中身を調べたり、後尾の車両に移って線路を振り返って見なければ、本当のところはわからないだろう。

三つの特性——本書におけるヒトの定義

人類について考察しようとするなら、まずヒトの定義をしなくてはならない。ヒトを他の動物種から明確に区別する特性とは、どのようなものだろうか？　ヒトは高度な知性をもっている。だが、これはおそらく、私たちが思っているほど決定的に重要な特性ではないだろう。もし、それほど重要であるなら、動物の進化の全過程を通じてこの特性がただ一度しか出現しなかったことの説明がつかない。自然選択の離れ業の一つである飛翔という行動様式は、これまでに少なくとも三度、昆虫類・鳥類・翼手類において出現した。いずれにしても、人類を独自のスタート地点に立たせたのは知性ではなかった。なぜなら、最古のヒト科であるアウストラロピテクス類の脳は、現代人の脳の三分の一ほどの大きさしかなかったからだ(4)。

無限の表現力を秘めた言語能力、内分泌腺の働きにもまして選択が大きなウェートを占める性行動メカニズム(5)、精巧な道具をつくることなど、ヒトに特異的ないくつかの特性の中で、私は三つの特性に注目した。一つ目の特性は二足歩行である。二足歩行を最初に検討するのは、ヒトの祖先がきわめて早い時期に二足歩行に移行したからであり、また、このことが人類のあらゆる進化的変化の中で、ヒト科がついにホモ・サピエンス一種になる過程で最も決定的な役割を果たした可能性があるからだ。ホモ属をホモ属たらしめたもの、ヒトをヒトたらしめているものを解明するためには、文学者なら原典解釈になぞらえて「足の解釈」と称するであろうことも行なう必要があるのだ。

二つ目の特性として、ヒト特有の能力の中でその認知度が最も低いと思われる能力を検討しよう。それは、地球に生息する動物の中で随一の投擲力である。ヒトはすべて男も女も、八歳の子どもから足元がおぼつかなくなった高齢者にいたるまで、他のいかなる動物種より遠くまで、より正確にものを投げることができるのだ。今日では、ヒトが生き残るうえで投擲力の意義は失われつつある。それでも、ものを投げたり飛ばすことは、今なお私たちの心を強くとらえている。サッカーやアメリカンフットボール、バスケットボール、野球、クリケット、ゴルフ、ホッケー、テニス、卓球、ハイアライ〔スペインや中南米で行なわれるハンドボールに似たゲーム〕などの大衆的なスポーツにおいても、デスクから部屋の片隅のゴミ箱に丸めた紙くずを放り入れようとする場合にも、投擲力がものをいう。ものを投げたり飛ばすことに対する情熱は、ブリキ缶でロケットをつくったり、火星にロケットを打ち上げるという行動の中に息づいている。目標が三メートル先であれ、一億キロメートル先であれ、離れた地点に変化を生じさせることに喜びを見出すという点で、人類はユニークな存在なのだ。

三つ目の特性として、火を操る能力を考察しなくてはならない。日常的に火を用いるという点で、ヒトはあらゆる動物の中で特異な存在である。音声による信号で意思を伝達し合う動物は少なくないが、これはきわめて広義の言語とみなせるかもしれない。チンパンジーなど数種の動物は、単純な道具を使用するだけの知能をもっている。大型類人猿は曲がりなりにものを投げる。しかし、日常的に火をおこしているのはヒトだけで、その歴史があまりに長いので、今では火を使うことが遺伝子に組みこまれているのではないかと思えるほどだ。私たちはバースデーケーキや祭壇にキャンドルを灯し、祝日には花火をあげる——そう、私たちは火を愛しているのだ。

本書ではホモ・サピエンスを、二足歩行し、ものを投げ、火を操る動物と定義する。これは、現代の人類を水素爆弾を爆発させ、望遠鏡を地球の軌道に打ち上げる動物と定義するのと同じくらい、正確無比な定義である。

証拠と類推

二足歩行の進化にせよ、投擲力にせよ、火を操る能力にせよ、その証拠を手に入れるのは容易ではない。最も信頼できるのは骨や歯の化石や石器、炭素の破片などの物質的な証拠と、これら相互および周囲の環境との位置関係である。物質的な証拠ははるかな過去を今日に伝えるものだが、たとえば一〇万年ごとにいくつというように、一定の時間間隔で一定の量が発見されるわけではない。先史考古学者はマラリアにかかったり強盗に襲われるといった危険に身を曝しながら、人里離れた土地で長い年月を遺物の蒐集に費やし、さらに何年もかけてそれらの資料をコンピュータで分析する。こうして、彼らは洞察に満ちた分析という非凡な業績をあげるのだ（そして時には友人たちにさえ、石から搾り取った血液は往々にして、搾った人物のものであることを思い出させてしまうのだ)。

別種の有用な物質的証拠は私たち自身、すなわち祖先から受け継がれ、祖先の経験が刻みこまれた現代人の身体と精神である。現代人の体格や生理メカニズム、精神構造のほとんどは、祖先の体格や生理メカニズム、精神構造および祖先の経験に由来している。一見してわかる例をあげるなら、現代人の脳が大きいのは大きな脳が祖先にとって有益だったからであり、現代人の爪先が小さいのは大きな爪先が祖先にとって有益でなかったからだ。外面からはわかりづらい例としては、成長したヒトの喉頭がほかの哺乳動物に比べて「のど」の低い位置にあることがあげられる。喉頭が下がったことによって空気の通路と飲食物の通路が交錯するために、ヒトには常に「食べ物が気管に入る」危険がつきまとっている。だが、こうした短所を補うかのように、喉頭が下がったために生じた広い空間は、そこを通過する音声に多彩な修飾を施して明瞭な発音を可能にするというように、発話にきわめて重要な役割を果たしている。この事実は、話すという行為には食べ物を誤嚥《ごえん》して窒息死するというリスクを冒すだけの価値があったことを、すなわち、ホモ・サピエンスが生き残るうえできわめて大きな意味をもっていたことを、明確に示している[6]。

上述した物質的な証拠に加えて、私たちは細心の注意を払いつつ、類推《アナロジー》に頼ることができる。つまり、現代人の行動様式から、先史時代の人類も同じように行動していただろうと推測できるということだ。たとえば、エイハブ船長やクィークェグ〔メルヴィルの『白鯨』に登場する捕鯨船の船長と配下の銛手（もりうち）〕のような人々が巨大で獰猛なクジラを手投げの銛でしとめていたのだから、大昔にも同様にしてマンモスをしとめていたに違いない、と類推するというように。

物理学者や化学者は、実験によって理論を証明することができる。それに対して、歴史家は古人類学者や地質学者と同様に、もっともらしい仮説を提唱して、それを吟味することしかできない。はるかな過去を探究する歴史家は胸墻《きょうしょう》〔人の胸の高さほどに築いた堆土〕の上で腕立て側転をするがごとき蛮勇をふるって、批評家たちの鋭い批判の矢面に立たなければならない。だが、こうした試みは有益である。なぜなら、このアクロバットの正しさが証明されるにせよ、狙撃手の腕の確かさが証明されるにせよ、私たちはそれから何かを学べるからだ。

代	紀	年代（万年前）	世	時代
新生代	第四紀	1	完新世	新石器時代
		200	更新世	旧石器時代
	第三紀	500	鮮新世	
		2500	中新世	
		3500	漸新世	
		5300	始新世	
		6500	暁新世	

図1　地質時代区分

第一章　直立二足歩行の出現――鮮新世

これは一人の人間にとっては小さな一歩だが、人類にとっては大きな飛躍である。
ニール・アームストロング（一九六九年）

まず最古のヒト科、すなわち、チンパンジーの仲間ではなくヒトの仲間であることが明らかな最古の動物とみなされているアウストラロピテクス類について、考察しよう(1)〔アウストラロピテクスは南アフリカから東アフリカにわたる地域で発見される前人類（猿人）の一部をさす動物分類学上の属名。近年、アウストラロピテクスに先行したと思われるヒト科の化石があいついで発見されている〕。数百万年前に生息していたアウストラロピテクス類と現代人の顕著な類似点を調べれば、ヒト科の遺産の中でとくに起源の古いものや、人類の真髄ともいうべきものを見出せるかもしれない。はたしてアウストラロピテクス類は――私たちのように――賢かったのだろうか（この質問は、得意げにコンピュータを操作している人物に問うのが最適だろう）。いや、そうではなかった。彼らの脳容量は現生人類のおよそ三分の一しかなかったのだ。

私たちはスプーンやフォークから内燃機関や原子力発電所にいたるまで、多種多様な道具をつくっている。それゆえ、私たちの遠い祖先も道具をつくっていたものと思いがちである。はたしてアウストラロピテクス類は、私たちが道具とみなすようなものを――たとえば、石の一部を打ち欠いて鋭い刃をつくっただけというようなごく粗末な石器を——つくっていたのだろうか?(2) いや、現在のところ、彼らが道具をつくっていたことを示す確たる証拠は見つかっていない。とはいえ、彼らはまず間違いなく、手近にある石や枝を道具として使っていただろう。時には、用途に合わせて石や枝にいくらか手を加えていたかもしれない。たとえば、木に巣くったシロアリを引き出すために、樹皮を剥いだ小枝を使うというように。チンパンジーも同様にしてシロアリを釣るが、彼らはこうした行動をそれ以上発展させなかった。一方、アウストラロピテクス類ないし彼らについで出現したヒト科は、こうした行動をさらに洗練させた。だが、いずれにしても、道具の製作は人類の比類ない成功の出発点ではなかった(3)。

手から足へ

アウストラロピテクスの骨格には、週末だけの古生物学者にも自分自身の骨格の原型であると一目でわかる部分がある。それは足であり、もはや古典となった『足の構造と機能(*Structure and Function as Seen in the Foot*)』を著わしたフレデリク・ウッド・ジョーンズ博士〔一八七九〜一九五四〕が「人間にただ一つの真の特徴を授け、人間という地位に唯一の正当な根拠を与える」(4)と讃えた器官である。

この足は、元来は手であった。足の骨格を構成する二六個の骨——七個の足根骨、五個の中足骨、一四個の指骨〔趾骨〕——は、明らかに手の骨が変形したものである。手の母指が足の母趾に、母指以外の四本の指が母趾以外の四本の指に、手のかかと〔掌の手首に近い部分で足の踵に当たる部分だが、日本語にはこれに相当する概念はない〕

が足の踵《かかと》に変容したのだ。掌《てのひら》に相当する足の裏は長くなってアーチをつくり、指は短くなった。手の母指はほかの四本の指と向き合っているが、足の母趾はほかの指とほぼ平行に並ぶようになり、手にさまざまな機能を与える対向性を失った。その結果、足の母趾にとって小指は空の星と同様に、触れたくても届かない存在になってしまったのだ。

この足は、元来は手であった。手という器官はさまざまな能力を発揮し、ものを巧みに操ることができる（巧妙に操作することを意味するmanipulationという語は、手を意味するラテン語に由来している）。諺《ことわざ》に「ブタの耳で絹の財布はつくれない〔粗悪な材料で立派なものはつくれないの意〕」というが、手を足に変えるというのは、まさに絹の財布からブタの耳をつくるようなものと思えるだろう。だが、ヒトの祖先が二つの手を犠牲にして（本章のテーマである）二足歩行に移行したことは、この移動様式の利点が絶大だったことを示しているのだ。

足の役割は、体重を支えて身体を移動させることである。多能な手として活躍していた日々に比べたら、その存在理由《レゾンデートル》は著しく矮小化されてしまったと思う向きもあるだろう。けれども、そういう見方は、ハンマーは一つの機能しか果たせないので、さまざまな用途に使えるスイス・アーミーナイフより劣っている、というに等しい。だが、ものを叩くことに関しては、ハンマーは多用途のジャックナイフよりはるかに優れた道具なのだ。

体重を支えるという役割を果たすには、安定性が求められる。その一方で、足が地面に着くたびに、その衝撃が全身に伝わるような柔軟性を欠く構造であってはならない。身体を移動させるという役割を果たすには、地面を踏みしめて後ろに蹴るという柔軟な動きが求められる。その一方で、安定性を欠くほど柔軟な構造であってはならないことはいうまでもない。
さて、次のどちらが正しいのだろうか？　足という器官は、これら互いに矛盾する要求を満たすみごとな妥協の産物なのだろうか、それとも、利用できるパーツでとりあえず組み立てた粗雑な器官に過ぎないのだろうか？

地面に接触する足の外縁部分は、動きの少ない静的な支持器官である。だが、私たちは足を引きずって歩くわけではない。足の爪先と、母趾のつけ根のふくらみ（母趾球）から踵《かかと》にいたるアーチは柔軟性と可動性に富み、推進力を生み出す動的な器官である。この縦方向のアーチと、これほど目立たない横方向のアーチが土踏まずを形成し、（足そのものはもちろんのこと）身体の各部分が受けるショックを吸収する(5)。

直立二足歩行を支えるもの

私たちが直立二足歩行するのに必要な器官は、足だけではない。足のすぐ上にある踝《くるぶし》すなわち足関節は、足が着地したときの衝撃を吸収し、身体の状態や動きに合わせて前後左右に動く柔軟な構造をしている。膝の関節も歩行による衝撃を吸収し、（正常な状態では）前後方向にだけ動く。股関節も衝撃を吸収する。股関節によって、脚の前後方向の動きだけでなく回転運動も可能になる。股関節と膝関節に連結する大腿骨は、股関節から膝に向かって内側に傾いている。脚の骨格がこのようにX脚気味になっているおかげで、私たちはよろめかずに歩くことができる。股関節の真下に足がくるようにして歩いてみれば、ぎこちない歩き方になるのがわかるだろう。

両足の幅をもう少し広げると、映画に出てくる怪獣のような歩きぶりになってしまう。

肩と腕も、二足歩行に役立っている。私たちは脚とたがいちがいに腕を振ったりまわすことで、身体が横に揺れるのを抑えている。背中の構造も、二足歩行に役立っている。大型類人猿も含めて四足動物の脊柱は構造的に頑丈なアーチ形になっているが、ヒトの脊柱は上半分が後方に、下半分が前方に彎《わん》曲したS字形になっている。そのおかげで、ヒトの脊柱は胴体を支えて身体を（実際はS字状の曲線を描くものの）直立させるとともに、臨機応変に胴体をひねったり傾けることができるのだ。その代償として、私たちは腰痛と椎間板ヘルニアに悩まされている。

そして、よく動く首の上に、全身の司令塔である脳をおさめた頭部がついている。脳が誤った指令を発した場合は、全身の動きは統制不能になり、身体は思いもかけない方向に動いてしまうだろう。

骨という硬い組織を連結しているのは、無数の筋肉の束である。私たちが不出来な機械のようにではなく、まともな動物のように動けるのは、筋肉という柔組織の収縮と弛緩が精妙に順序づけられ、統合されているからにほかならない。ここで、人体のおもな可動性の関節部――踝《くるぶし》と膝と肩と肘《ひじ》の関節が一対ずつ――と骨盤と背中と頭が、それぞれ五とおりの位置しかとりえないと想定してみよう。さて、この単純化した人体モデルは、はたして何とおりの姿勢をとることができるだろうか？　その合計は五の一一乗で、四八八二万八一二五となる。けれども、実際には人体ははるかに多様な動きをするので、人体がとりうる姿勢のパターンは――文字どおり――計算できる範囲を超えてしまう。

ロボットに実現するのがきわめて難しいのが、こうした筋肉の機能（と、脳から筋肉へ指令を伝え、筋肉から脳へ情報を伝える神経系の機能）である。キャスターを転がして移動するタイプのロボットをつくるのに比べて、二足はおろか四足でさえ、歩行型ロボットをつくるのがはるかに難しいのはこのためである。これまでにつくられた歩行型ロボットの歩きぶりは、映画のフランケンシュタインの域をほとんど出ていない(6)（この怪物に襲われても、五体満足な子どもなら難なく逃げおおせるだろう）。

二本の足で歩くというのは、驚異的な行為である。瞬間的に両足が地面から離れる走行は別にして、ごく普通の歩行を考えてみても、ベートーヴェン〔一七七〇～一八二七〕の交響曲を凌ぐ複雑さで神経と筋肉が協働していることがわかってくる。歩くという行為は、身体を前方に傾けて倒れそうになるのを一歩踏み出して防ぐという動作を、目的地に着くまで繰り返すプロセスである。縁石につまずいて一歩踏み出すのが遅れたら、そのまま倒れてしまうのだ。

歩くことは、一つの支持基底からもう一つの基底への――たとえば左足から右足への――体重の移動を伴う。倒れるのを未然に防ぐためには、身体の重心を前後に移動させて、重心が常に身体を支えている足の上にくるようにしなければならない。直進する場合に重心をまっすぐ移動させるためには、直線の上を歩くように足を運ばなければならない。これは綱渡りをするようなものので、身体が大きく横に振れるうえに、一歩踏み出すごとに脚を外側に振り出さなくてはならないので、かなりのエネルギーを消費する。

そこで、私たちは一本の直線の上を歩く代わりに、左右の足の内側がぶつからない程度の幅をもたせて歩いている。その結果、一歩歩くごとに重心が前後だけでなく左右にも移動するので、私たちは足や脚、腰や肩や腕など、身体のほとんどすべての部分を臨機応変に動かして、全身の平衡を保っている(7)。

ヒト科の問題解決法

およそ三五〇万年前にエチオピアの大地を歩いているアウストラロピテクスの姿を見ることができたら、その歩き方がチンパンジーより現代人のそれに近いことが一目でわかるだろう。この時期のアウストラロピテクスの化石の脚の骨や骨盤、膝関節の構造が、それを物語っている〔一九七四年にエチオピアのハダールの三百万年以上前の地層からルーシーと名づけられた人骨化石が発見されて以来、アファール猿人と総称されるヒト科の化石が多数発見されている〕。初期のアウストラロピテクス類が二足歩行していたことを示すさらに有力な証拠が、一九七八年にタンザニアで発見された。それは、今から約三六〇万年前に三人のアウストラロピテクスが湿った火山灰に残した足跡の化石である。

彼らは明らかに二足歩行をしていた。彼らがナックル歩行〔ゴリラやチンパンジーに見られる前肢の指の背面を地面につけて歩く歩き方〕をしていた形跡は、まったく残されていない。それぞれの足跡は、直前につけられた足跡のやや斜め前方についている。私たちの足跡と同様に、母趾は隣の指の倍ほどの大きさである。指と指のあいだの間隔は、今日でも通常は裸足で暮らしている人々に比べて、いや、日常的に靴を履いている人々の多くと比べても、けっして広くはない。母趾とそのほかの指はほぼ平行になっている。これらの足跡から、彼らが踵《かかと》から着地していたこと、踵から縦方向のアーチに沿って母趾球へ、さらに母趾へと体重を移動させていたこと、それから爪先と足底の前方部分で火山灰を後方に蹴って進んでいたことがよくわかる。母趾球の後ろ側の火山灰がわずかに高くなっていることが、これを裏づけている。

現代の砂浜でこうした足跡を見つけても、私たちはべつに興味を惹かれないだろう(8)。だが、この足跡を刻んだ足取りは私たちのそれと同様、一つの個体の二つの足が演じたパドドゥ〔二人の踊り手による舞踊〕であり、これまで二人のダンサーのために振りつけられたいかなるパドドゥより複雑で微妙な動きをしていたのだ。

二足歩行という独特の歩き方を緻密に描写した文学作品は、私の知る範囲では一点しかない。それはオルダス・ハクスレー〔一八九四～一九六三〕が著わしたフラッパー・ジェネレーションの小説『道化芝居（*Antic Hay*）』で、ここでその一節を紹介しよう。ハクスレーはそれとなく、種が生き残るためには、性的な本能に導かれるまま足元に気を配るのをつかの間忘れることもあろうと示している。ヒロインのマイラ・ヴィヴィーシュは

> あたかも、神のみぞ知る目に見えない深淵に架け渡されたナイフの刃を踏んでいるかのように、足元に細心の注意を払って一歩一歩まっすぐに、その汚い街路を横切った。やがて、彼女は軽やかに飛ぶように、まるで流れるように歩き始めた。黒い花模様を全体に散らした白いサマードレスの裾が、彼女の弾んだ足取りに合わせて、風になびいているようだった(9)。

アウストラロピテクス類の足がマイラ・ヴィヴィーシュの足より木登りに適した構造をしていたことは、解剖学的所見から疑問の余地がない。彼らはライオンに狙われたときにはたぶん樹上に逃れ、そこで数夜を明かしたこともあったろう。だが、彼らはすでにマイラと同様、多様な用途に使える二つの手を二つの足に変えていた。彼らの足は彎曲した長い指骨に見られるように樹上生活への適応の名残りをとどめているが、木に登るのと同じくらい、もしかするとそれ以上に、平地を二足歩行するのに適応していたことを示している。アウストラロピテクス類が地上に降りようとしていたとき、地上には彼らより鋭い歯や鉤爪をもったライバルや敵たちが跋扈《ばっこ》していた（彼らの平爪《ひらづめ》はとうてい武器になりえなかった！）。地上では彼ら二足動物は転びやすく、彼らを狙う大型ないし中型の四足動物のように速く走ることも、遠くまで跳ぶこともできなかった。

樹上という住み慣れた環境から危険に満ちた地上に降りるにあたって、太古のヒト科は途方もない困難に直面したことだろう。けれども、群れの若い個体がたくみな問題解決法を編み出すのはままあることで、群れが生き残るためにはそうでなければならないのだ。今から一世紀と四半世紀前にダーウィン（一八〇九〜八二）が述べたように、「どんな敵からも身を守れるような強い動物は、共感や愛情のような高度の心的性質を獲得することが事実上不可能であっただろうから」「人間が相対的にひ弱な動物から進化してきたことは、人間にとって非常に幸いなことであったかもしれない」(10)のだ。

第一の加速

ものを投げる、火を操る

ものを投げる能力によって、ヒト科は被食者から捕食者に変貌した。すなわち、石や槍や矢を投げたり飛ばすことにより、離れたところにいる獲物をしとめられるようになったのだ。この能力によって、ヒト科は大型動物としては史上初めて、離れた地点に変化を引き起こすことができる存在となった。その結果、ヒト科は生き残り、地上で最大の動物をも捕食するようになった。そして、火を操ることを知ったとき、彼らは投擲力に匹敵する力を獲得した。

その後、ヒト（これ以後はヒト科ではなく、ヒトないし人間と呼ぶことができる）は最初の人口爆発を経験した。彼らは食物をめぐる争いを避けるために、ほかの集団と離れて暮らすようになった。やがて、彼らは自分たちに似た動物が住んでいない土地に移住し始め、その先々で征服者の特権をいかんなく行使した。

移住が地理的な限界に達すると、ヒトは小さな集団単位で孤立して生きるという太古からの習慣を変えざるを得なくなった。彼らは定住して農業や牧畜を営むようになり、村や町が次々と誕生した。人口はさらに増加し、人々は密集して暮らすようになった。集団間の抗争はやがて戦争に発展し、ヒトはたがいにとって最悪の敵となった。彼らがその過程で発展させた飛び道具のテクノロジーは、現代人をも瞠目させるに違いない。

第二章　「人の強さは投げるものしだい」(1)——鮮新世と更新世

神は人間に思考力と手を与えた。

イブン・ハルドゥーン（一三七七年頃）(2)

正確に石を投げたり、火打石から素朴な道具をつくれるような手と腕とをもった人間に似た動物は、充分に実践を積みさえすれば、機械的な技能だけでつくれるものなら、文明人がつくるものをほとんど何でもつくれるに違いない。

チャールズ・ダーウィン（一八七一年）(3)

鳥類は地上で体重を支えて移動するという役目を後肢に託すことによって、前肢を飛翔のための器官に特化した。ヒト科は二つの手を犠牲にして、直立二足歩行という移動様式を選択した。一方、残りの二つの手は体重を支えて身体を移動させるという役目から解放され、いっそう多様な仕事を行なえるようになった。こうして、彼らの子孫が数百万年の曲折ののちに現生人類となる道が開かれた。二足歩行への移行がヒト科の進化に有利に作用してきたことは明白だが、この移動様式にはいかんともしがたい短所がある。たとえばオオカミが軽やかに駆けるのに比べたら、二足歩行はむしろ竹馬に乗って歩くようなもので、不安定なうえに機敏さに欠ける。ヒトとほぼ同じサイズの四足動物の大半は、ヒトより速く走ることができるし、転ぶようなことはめったにない。それに比べて、二足歩行する人間が転んだり倒れることは珍しくもない。傑出した自然人類学者のオーウェン・ラヴジョイによれば、二足歩行は「実に馬鹿げた移動方法」(4)なのである。

ヒトの祖先が四つの手のうちの二つを足に変えて、おもに地上で生活するようになった原因は、数百万年前に生じた気候変化によってアフリカの森林が減少し、樹木が点在する草原に変貌したことであると推測されている。端的にいえば、従来どおりの樹上生活を続けていたら生きていけなくなった、ということだ(5)。とはいえ、完全な二足歩行に移行するよりも、大型類人猿のナックル歩行のような中間的な戦略を採った方が得策だったのではないだろうか？(6)　チンパンジーは前肢の指関節と後肢を使ってかなりスムーズに移動しているし、危機に際してはほぼ確実にアウストラロピテクス類よりもすばやく、木に登って難を避けることができる（しかも、アウストラロピテクス類の足は私たちの足より、枝を摑むのにずっと適した構造をしていたのだ）。森林と草原がモザイク状に入りまじった環境で生き残るためには、四足歩行と二足歩行のあいだで妥協したチンパンジーの戦略の方が、完全な二足歩行に無謀に踏み切るより、理に適《かな》っていたのではないだろうか？

しかし、二足歩行は選択しただけの価値があった。その成果が大きかったことは、ヒトの祖先と目されるアウストラロピテクス類の手首の解剖学的構造が変化したことからもうかがえる。たとえば、初期のアウストラロピテクス類では、手首の関節を構成する小骨の一つが類人猿のように長く伸びており、樹上生活に適応していたことを示唆しているが、後期のアウストラロピテクス類にはこうした特徴は認められない。また、ナックル歩行をするアフリカの類人猿と初期のアウストラロピテクス類の橈骨《とう》〔前腕の拇指側にある長い骨〕の手首側の端には茎状の突起が認められるが、後期のアウストラロピテクス類ではこの突起が消失している。この突起が手根骨とかみ合うことにより手首が固定され、上半身の体重をしっかり支えてナックル歩行を効率的に行なうことが可能になる。このことから一部の研究者は、ヒト科は地上でナックル歩行をしていた祖先から進化した、と主張している(7)。手首の解剖学的構造が変化したことによって、アウストラロピテクス類の行動はいくぶん不安定になったかもしれない。だが、それによって手首の柔軟性が増したので、彼らの手は新たにさまざまな能力を獲得したに違いない。たとえば、投球の威力を増すためにスナップをきかせたり、石を打ち欠いて有用な剝片をつくるのに役立つ能力を。

樹上生活の遺産

樹上生活をしていた祖先からアウストラロピテクス類が受け継いだ諸々の身体的な構造と機能の中で、地上で暮らす動物に共通する特性とは明らかに異質で、地上に降りた大型類人猿が新たな環境に適応する際に役立ったと思われるものを、投げることに関連した特性を中心に検討してみよう。陸生哺乳動物の多くは主として嗅覚に頼って生きているが、アウストラロピテクス類は嗅覚情報より視覚情報に依存する脳を祖先から受け継いでいた。樹上生活では、緊急に必要な情報を瞬時に得るために、視覚がとりわけ重要な役割を担っている。隣の木に飛び移るときにどの枝を摑んだらよいかを瞬時に判断しなければならないことを考えれば、視覚の重要性がよく理解できるだろう。こうした脳の働きによって、周囲の環境が立体的に見えるという特異な知覚が発達した。この知覚メカニズムは、両眼が顔の正面についていることに起因する立体視によって強化された。すなわち、左右の眼球で同時に見ると左右の視野が重なることから、対象の奥行きを正確に把握できるということだ。この特性は樹間を移動する際に有利に作用するだけでなく、地上では新たな機能を――目標までの距離を正確に判断するという類の機能を――発揮するようになった。

アウストラロピテクス類の肩は近縁の大型類人猿のそれと同様に、(鎖骨が発達していることと、上腕骨と肩甲骨が可動性に富む球関節で結合していることから)腕を三六〇度まわせる構造をしていた。ゾウは鼻をまわせるし、タコは蝕腕をまわせるが、硬い骨でできた上肢を自由自在にまわせるのは霊長類だけである。それゆえ、樹上の霊長類は上下前後のいずれの側にあろうと、手頃な枝にでも摑まって座ったまま、もう片方の手で果実をもったり、鼻や尻を掻くという芸当ができるのだ。さらに、霊長類はその気になれば、オーバーハンドでかなり巧みにものを投げることができる。

腕を三六〇度まわせる肩のおかげで、アウストラロピテクス類の祖先たちは木から木へすばやく移動することができた。大型類人猿はリスのように枝の上を走るには大きくて重過ぎるので、通常は片手で枝を摑んだまま、もう一方の手で別の枝を摑んで移動する。あるいは、両腕で枝にぶら下がり、身体を前後に揺すりながら木から木へと渡ってゆく。こうした移動様式は腕渡り《ブラキエーション》と呼ばれている。

そして、アウストラロピテクスは驚くほど器用な霊長類の手を受け継いでいた。その手は、詩人のウォルト・ホイットマン〔一八一九～九二〕が「その一番小さな関節でさえ、すべての機械を笑いものにしてしまう」(8)と称えた人間の手にきわめてよく似ている。母指がそのほかの指や掌《てのひら》と対向しているので、アウストラロピテクスの手は力強く器用に働き、五本の指が瞬時に協調してさまざまな握り方をすることができたろう。その中にはまず間違いなく、野球の投手が普通そうするように親指・人指し指・中指の三本の指で握るやり方も含まれていただろう。彼らの爪は鉤爪ではなく、爪板がほとんど彎曲していない平爪《ひらづめ》だった。平爪は柔らかくて繊細なので、ものをつくったり、さまざまな材質のものを――たとえば木や骨や石でできた飛び道具を――摑むのに適している(9)。

このように樹上生活に適応していた前肢が体重を支える役目から解放されたことは、アウストラロピテクス類が生き残るうえで、どのような貢献をしたのだろうか？　オーウェン・ラヴジョイはものをもち運べるようになったことを重視している(10)。食物をもち帰って分け合うという行為は家族やバンド〔いくつかの家族で移動生活をともにする社会集団〕に対する忠誠心を育み、子どもを連れ歩くのが容易になったことは生き残る確率をおおいに高めただろう、と（つい昨日のことだが、私はかつて樹上生活に適応していた上肢が地上で獲得した多能さを目撃して、あらためて驚嘆した。ある食料品店で、身もだえしている赤ん坊を片腕で抱えた母親が、もう一方の手で車のキーを操作し、小切手にサインしていたのだ）。

かつて専門家のあいだでは、二足歩行への移行が早い時期にもたらした利点の最たるものは、道具とりわけ武器をつくれるようになったことであるという見方が有力だった。しかしながら、アウストラロピテクス類が出現してから百万年以上もの期間にわたって、彼らが道具をつくった証拠はまったく見つかっていない――つまり、いかなる石器も見つかっていないのだ。もちろん、彼らは木のような腐りやすい素材で、ごく単純な道具をつくっていたのかもしれない。だが、彼らの道具づくりの能力がチンパンジーをはるかに凌駕していたのであれば、少なくともその一部は石でつくられ、そのうちのいくつかは今日までに発見されているのではないだろうか？

投げることの発見

おそらく、アウストラロピテクス類は石を使用していただろう。おそらく、彼らの革新性はどのように石を細工するかということではなく、どのように石を使うかという点で発揮されていたのだろう。彼らはたぶん、石を投げていただろう。投げるという行為は、ヒト科がほかの動物より巧みに行なえる数少ないことの一つだった。テッポウウオは口から水滴を発射して驚くほど正確に獲物をしとめるが、遠くまでは飛ばせない。チンパンジーは小枝や石を投げるが、遠くまでは投げられない。何かを狙って投げることもあるが、正確には投げられない。ちなみに、チンパンジーはたいていアンダースローで投げている(11)。アウストラロピテクス類がなし遂げた決定的に革新的な行動とは、何かに当てるためにものを投げたということだろう。彼らは柔軟な手首を活かして速く投げるだけでなく、しばしば狙った標的に命中させていたのだろう。

その結果得られた優位さはささやかなものだったとしても、時に死活的な意味をもっていた。たとえば、新生児を抱えたアウストラロピテクスの母親が肉食獣と出くわした場面を想像してみよう。この母親には、身をもってこの獣と闘うか、子どもを抱えて逃げるか、子どもを見捨てて一人で逃げるという選択肢しかないが、いずれも結果は思わしくない。こうした場面で母親は——少なくとも時には——石や小枝を次々と投げつけて、相手に攻撃を思いとどまらせただろう。飛び道具の起源を研究している神経生理学者のウィリアム・カルヴィンが述べているように、「最初の花形投手《スター》はおそらく母親だったのだろう」(12)。

新しい生物種というのは、びっくり箱から人形が飛び出すように突然出現するわけではない。このことは、断続平衡進化説〔種の適応的進化は数千年から数万年という比較的短い期間に急速に進み、その後に長い停滞期があるとする説〕の基準を採用した場合にも当てはまる。けれども、器官の形態や遺伝的に定着した行動様式はそれほど変わらずに、その用途や目的だけが変わる場合には——いわば剣が鋤の刃に、または鋤の刃が剣に変わるような場合には——決定的な変化が比較的すみやかに生じる可能性がある。

ヒト科の進化の過程で出来《しゅったい》した珍事の一つは、樹上生活に適応した手や腕、肩などの身体構造が投げるのにも適していることを、私たちの遠い祖先が発見したということである。腕渡りをする大型類人猿は、木にぶら下がって身体を前後に大きく揺すりながら、腕を交互に振り出して次から次へと枝を摑んでいく。こうした動作が投げる動作に進化したことは、保温または誇示《ディスプレー》のために進化したと思われる恐竜の羽が鳥類の羽という飛翔器官に進化したことに匹敵する、驚くべき大変身《メタモルフォシス》だったのだ。

ヒト科は腕渡りの動作をさかさまにした。腕渡りをするときには体重を支えて身体を揺らすために（たとえ一瞬であっても）枝を摑んで動かなかった手は、二足歩行をするときには絶えず前後に動くようになった。一方、軀幹の動きは手や腕に比べてずっと少なくなった。オーバーハンドで投げるとき、肩はかつて腕渡りをしていたときと同じように（回転の軸として）機能する。だが、その目的は身体を揺することではなく、ものを投げることにあったのだ。

投げることと抽象的な思考能力

文字で書かれた歴史には、ものを投げたり飛ばすことが重大な結果を招くことを示す記述がふんだんにある。旧約聖書には、ダビデがペリシテ人の巨人戦士ゴリアテを石で撃ち殺した物語が記されている。リー・ハーヴェイ・オズワルド〔一九三九～六三〕がケネディ大統領〔一九一七～六三〕を射殺した事件はさかんに報じられ、今でも記憶に新しい。しかし、文字で書かれた歴史はほんの数千年前までしかさかのぼれない。それよりずっと前に、たぶん数百万年も前に、投げることが重大な結果を招いていたことを裏づけるたしかな証拠はあるのだろうか？

現存する最良の証拠は、あるいは最良の証拠となりうるものは、私たち自身である。前述したように、現代人の体格と能力は、ヒト科がホモ・サピエンスに進化する過程で積み重ねてきた経験の所産にほかならない。私たちの身体には、祖先の経験が刻みこまれているのだ。

ここで、野球の投手の投球動作を考えてみよう。これは槍投げの選手やクリケットの投手の動作とはいくぶん異なるものの、本書の目的には適うだろう。思いきり投げたボールの初速のおよそ五〇パーセントは、投手の両脚と軀幹の動きによって生じる。投手はボールをもった方の腕を後ろに引くとともに、下半身をボールを投げる方向にぐっと突き出す。それから、下半身の動きを止めて腕を大きく振り出し、手首のスナップをきかせる(13)。ボールが手を離れるまで、投手はバレエのダンサーのように滑らかな動きをする。

この流れるような一連の投球動作を制御しているのは、すなわち筋肉の収縮と弛緩を適切かつすみやかに進行させているのは、神経系がつかさどる生理学的なプロセスである。このプロセスは投手がボールを離すまで、投球に必要な一連の動作を――最初はこれ、次はあれというように――刻々と順序正しく進行させる。ボールが放たれるのは一瞬の出来事なので、私にはその瞬間を認知する術がない（私も読者と同様、自分がどのように行動しているのかを理解するより、実際に行動する方が得意なように生まれついているのだ）。そこで、ボールを手放す瞬間を定量的に考察した研究を紹介しよう。

四メートル先に置いたウサギ大の的《まと》に石を命中させるためには、一一ミリ秒の「発射時限」のあいだに石を手放さなければならない（発射時限は宇宙工学の用語で、惑星の位置などの諸条件が宇宙船や人工衛星などの打ち上げに最適な限られた時間帯を意味する）。このような条件下なら、ほとんどの人は時には的に当てられるし、百発百中も夢ではない。だが、石を投げて的に命中させるという行為は自然界の驚異の一つであり、コウモリが反響定位（みずからの発した超音波の反射を感知して物体の位置を知ること）によって闇の中で昆虫をとらえるのに匹敵するものなのだ。このウサギ大の的を八メートル先に置くと、「発射時限」はわずか一・四ミリ秒となる（図2）(14)。もし、一二メートル先を跳びはねているガゼルを狙うとしたら、「発射時限」はどれくらいになるのだろうか？

さまざまな能力はいったん遺伝子に組みこまれると、当初の目的以外の用途にも使えるようになる。正確に投げるという行為には、膨大な数の神経細胞が適切な順序とタイミングで興奮し、

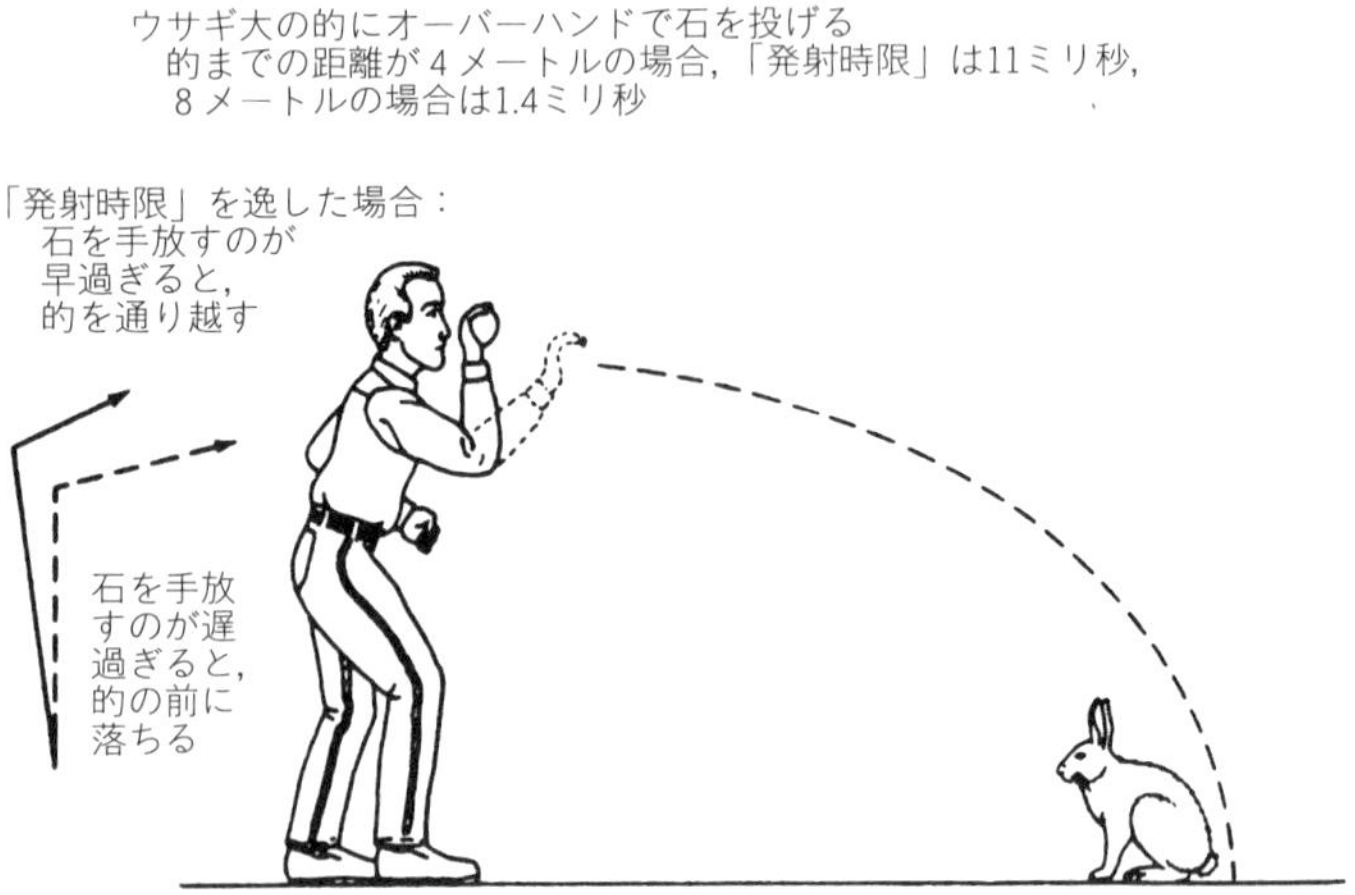
ウサギ大の的にオーバーハンドで石を投げる
的までの距離が4メートルの場合，「発射時限」は11ミリ秒，
8メートルの場合は1.4ミリ秒
「発射時限」を逸した場合：
石を手放すのが早過ぎると，的を通り越す
石を手放すのが遅過ぎると，的の前に落ちる

図2 オーバーハンドで石を投げてウサギ大の的に命中させるための「発射時限」[William H. Calvin, "The Unitary Hypothesis" in Gibson and Ingold, eds. *Tools, Language and Cognition in Human Evolution* (Cambridge : Cambridge University Press, 1993)]

その興奮が数百万ものシナプスを介して整然と伝達され、その刺激に応じて多数の細胞がしかるべく反応するという非常に複雑なプロセスがかかわっている。これほど素晴らしい能力をたった一つの仕事にしか使わないというような無駄を、自然はけっして許さなかっただろう。

神経生理学者のカルヴィンは、強く正確に投げることを可能にする一連の精密な神経事象は投げるという行動にとどまらず、たとえば音楽を演奏したり鑑賞するというような、多数の要素が連続して生起する類の行動を発達させる「足場」となった、と主張している。カルヴィンはさらに、人類の能力の中で最も重要と思われる言語能力の発達にも、上述した神経生理学的プロセスが寄与したと推測している[15]。カルヴィンの推論の当否を判断するには、的を狙って投げるときに脳のどの領域が「活性化する」のかを解明できるような、さらなる研究を待たなければならない。その領域ははたして、私たちが話すときに「活性化する」部位と同じなのだろうか？

カルヴィンはヒトの脳を絶え間なく流入する膨大な量の情報《シグナル》を処理する偉大なコンピュータとみなしているが、抽象的な思考能力については言及していない。投げることが抽象的な思考能力の発達をうながしたといったら、釈迦やニュートン〔一六四二～一七二七〕は優れた曲芸師であったがゆえに仏教やニュートン物理学の祖となったと主張するのと同じくらい、ナンセンスなことと思われるかもしれない。しかし、そもそも自然選択という現象は、何がナンセンスかという現代の常識を超越しているのだ。

今から六〇〇〇年ほど前にアラブの歴史家で社会理論家のイブン・ハルドゥーン〔一三三二～一四〇六〕は、抽象的な思考とは外的感覚によって知覚した形象から別の形象を抽出することである、と鮮やかに定義した。いわく「思考力とは、感覚だけでは真に理解できない形象を処理し、精神をその形象に働かせて分析、総合する能力である」[16]と。投げるという行為は、のちにあそこである結果を生じるプロセスを、今ここで始めることである。投げ手はそのプロセスが生起する原因であるが、その結果からは空間的にも――たとえ一瞬であれ――時間的にも隔てられている。投げるという行為を引き起こした原因が何であったにせよ、投げる主体はその行為の対象に後々まで、終始一貫して密接にかかわってゆくわけではない。彼らは行為の対象から距離を置いた、いわば傍観者になれるのだ。

狩りや釣りをテーマにした文学作品から、こうした心境ないし状態を読み取ることができる。

ノーマン・マクリーンの『*A River Runs Through It*』〔邦訳は『ノーマン・マクリーンの川』〕は、「私たちの家族では、宗教とフライ・フィッシングのあいだに、はっきりとした境界線はなかった」という文章で始まっている。マクリーンは完璧なフライ・キャスティングをこう描写している。

このキャストは、そっと、ゆっくりと投げ出すので、暖炉の煙突から床に落ちてくる灰のように、その動きを目で追うことができた。人生で静かな興奮を覚えることの一つは、自分自身から少し離れたところに立って、自分自身が何か美しいものを創り出している姿を静かに眺めることだと思う。たとえ、それが空中を漂う灰でしかなくても(17)。

チームワークの誕生

ホモ・サピエンスは投擲力と仲間と協力する能力においては、ほかのあらゆる大型動物より優っている。これはおそらく、ヒト科全般にいえることだろう。進化心理学者のポール・M・ビンガムは、こうした能力こそ「ヒトを生態系の支配者たらしめた究極の原因」であると断じ、これら二つの能力のあいだには関連があると推論している。

ヒト科以外の大型動物でチームワークの発達が遅れたのは、群れの中の暴れ者や怠け者を懲らしめたり、かかる輩《やから》が食事の席に割りこんで群れの仲間を追い出すがごとき挙に出るのを阻止する手段がなかったからだ。こうした暴挙に対して、群れのルールを守るチームプレーヤーは、おのれの利益を守るために闘うこともできただろう。だが、その場合、彼らは自分と同じくらいの体格で同じように鋭い歯や爪をもった相手と取っ組み合うことになる。チームプレーヤーが団結して無法者に立ち向かうこともできただろうが、怪我を負うのが避けられない状況では団結もあてにならない。彼らが抱えた問題を解決したのが、石、槍、矢などの飛び道具だった。数人が同時に用いると、飛び道具はとりわけ効果的だった。かくしてチームプレーヤーたちが勝利をおさめ、無法者はチームの仲間になるか、あるいは自分のチームをつくるノウハウを学んだ。いずれの道を選んだにせよ、私たちの祖先は食物連鎖の階梯を登り、その数を増していった(18)。

狩りの際に集団の意志に従わなければ、手厳しく罰せられた。やがて農耕が始まり、宗教や帝国が誕生したが、そこでも集団の意思への恭順が要求された。旧約聖書に記された例を見ると、青銅器時代と鉄器時代初期においては、社会規範に従わない者に対する懲罰は石を投げつけることが一般的だった。これはおそらく、この方法が数千世代にもわたって、宗教的立場から正当化されていたからだろう。たとえば、レビ記の第二〇章二七節にはこう記されている。

あなたたちの中で、幽霊や妖精を呼ぶものは、男女にかかわらず死刑に処せられなければならない。人々は彼らを石で撃たなければならない。

ヨハネによる福音書の第八章では、イエスがかの有名な「罪のない者が最初に石を投げつけるがよい」という言葉を語っている。この章の最後では、イエスの敵たちがイエスに投げつけるために石を取り上げているが、イエスは賢明にも彼らの前から身を隠した(19)。

話を鮮新世に戻そう。ゴリラやその類縁の動物がそれ以上進化しなかった原因の一つは、彼らが草食性であることだった。植物性の食物は単位重量あたりの栄養分含量が少ないので、大量に食べないと必要な栄養分を摂取できない。それゆえ、ゴリラは起きている時間のほとんどを食べることに費やさなければならず、ついに文明を築くことができなかった。ヒトの祖先は雑食性になり、植物性の食物とともに（ほかの動物の食べ残しであれ、みずから獲得したものであれ）肉も摂食した。肉はさまざまな必須栄養素や脂質やタンパク質を豊富に含んでおり、単位重量あたりの栄養分含量も植物性の食物より多い。その結果、ヒトの祖先は食べるために費やす以外の時間のゆとりをもてるようになった。

肉は——脚や腰の部分や肝臓のように——塊《かたまり》の状態で手に入るうえに、重さと大きさのわりに栄養分の含量が多い。それゆえ、大方の植物性の食物とは異なり、家族やバンドのためにもち帰るだけの価値があった。しかも、肉を運ぶにはとくに容器の類を必要としない。野生動物の足なら、肩に担いで何キロメートルも離れたキャンプまでもち帰ることができるのだ。ところが、豆のような植物性の食物は一般的に、適当な容器を発明しないかぎり、まとまった量をもち運べない。さらに、肉食はチームワークの発達をうながした。幸運なハンターは不運なハンターに獲物を分け与えた。こうして、家族やバンドに対する忠誠心に実益が伴うようになった。やがて、空腹と食糧の調達から一時的に解放された集団の一員が、ヒョウタンを加工して豆を入れる容器をつくる方法を考え出したのだろう。

石の威力

さて、投石にはどれほどの威力があるのだろうか？　現代人の意識には火器や弓矢のような複雑な武器の印象が深く刻まれているので、私たちは石という古典的な飛び道具を過少評価しがちである。それゆえ、初期のヒト科がもっていた離れたところに変化を引き起こす能力も、正当に評価していない。野球やクリケットの投手は時速一四〇キロメートル、あるいはそれ以上の球を投げる（ボールは人工の石とみなすことができる）。これほど高速のミサイルが命中したら、肋骨はおろか頭蓋骨にもにひびが入るだろう。これを一度に十数発も見舞われたら、少なくとも戦意を殺《そ》がれるに違いない。

ヒト科が地球に出現してからの全期間をつうじて見ればつい最近まで、他の人間集団と隔絶した状態で暮らす小さな人間集団があちらこちらに存在していた。その中には、弓矢をまったく知らなかったり、あるいは以前は使っていたものの、その後すっかり忘れてしまったり、（後述する）投槍器の類をほとんど使わない集団がいた。そのような集団では、石がミサイルとしての役割を充分果たしていた。かかる集団に初めて遭遇したヨーロッパの帝国主義者たちは、彼らは極端に原始的な段階にあり、効果的な武器をほとんどもっていないと、少なくとも当初はみなしていた。ところが、侵略者たちはしばしば度肝を抜かれたのだ。

十五世紀にアフリカ北西海岸沖のカナリア諸島を侵略したヨーロッパ人は、脳震盪や骨折という代償を払って、先住民のグアンチェ族が「キリスト教徒よりかなり巧みに石を使いこなし、彼らが投げる石はまるでクロスボウで射た太矢《ボルト》のように威力がある」ことを学んだ。十八世紀のフランスの探検家コント・デ・ラ・ペルーズ〔一七四一～八八〕はポリネシアのナヴィゲーター諸島（サモア諸島）を探検したときに、水を手に入れるために六一人のパーティーをトゥトゥイラ島に上陸させた。ポリネシア人は最大一四〇〇グラムもの石を「信じられないほど強く、かつ手際よく」次々と投げつけて、彼らを迎え撃った。このミサイルはマスケット銃の銃弾と同等の効果を発揮し、さらに「マスケット銃より速射性に優れているという利点があった」。この石礫《つぶて》によって、上陸したパーティーのうち一二人が殺された。

カラハリ砂漠のコイ・コイン族、南米南端のティエラデルフエゴ諸島のフエゴ島人、オーストラリアのアボリジニもポリネシア人に劣らず投石に巧みであることを、ヨーロッパ人たちは見出した。アボリジニの投擲技術について、あるヨーロッパ人がこう述べている。「完璧な正確さで石を投げるというのは、傍で見るほど容易ではない。ところが、このオーストラリア先住民は驚くほど素早く次々と投げるので、まるで機械から石が吐き出されるようだった」(20)

アウストラロピテクス類もきっと、大小さまざまの石を道具として使っていたことだろう。だが、有用性を高めるために石を打ち欠いて加工するようになるまでは、石を使用していたという確たる証拠は得られない。これまでに発見された最も初期の石器は、尖った部分をつくっただけの非対称形の礫《れき》石器である。このタイプの石器をつくったのは、アウストラロピテクス類についで出現した初期のホモ属であるとみなされている。これらの石器が獣の皮や肉を切り裂くために使われていたことは、疑問の余地がない。これはたぶん飛び道具としても使われていただろうが、私たちにはそれを確かめる術がない。

　今から――例によって数十万年の幅があるが――およそ二〇〇万年前に、アウストラロピテクス類よりずっと大きな脳をもったヒト科が出現した。彼らはホモ・サピエンスではなく、その脳は現生人類の脳ほど大きくはなかった。だが、彼らの身体構造と姿勢は――長い脚と短い腕、明らかに直立した姿勢など――私たちが一目で類人猿ではなくヒトであると認識するような特徴を備えていた。

　やがて、これらのヒト科は実に多彩な石器類を編み出した。その中には、クリーバー〔刃先が尖らず、石器の長軸に対して刃線が直交する斧のような形をしたハンドアックス、握り斧〕やピック〔断面が四辺形もしくは三角形をなす分厚いつくりで、一端に尖頭部をもつ石器〕、アシュール文化〔前期旧石器文化〕期を代表する左右対称のアーモンド型をした「ハンドアックス」〔握り槌《づち》〕などが含まれている。ハンドアックスの一部は、枝木などの柄をつけて斧や槍として使われていたのだろうか？　もし、そうであったなら、二つのパーツを組み合わせてつくった画期的な道具の第一号ということになる。けれども、どうやらこうした使い方はしていなかったようだ。というのは、ハンドアックスの外周は薄く尖っているので、柄がすぐに使い物にならなくなると思われるからだ。ハンドアックスの一部は、飛び道具として使われていたのだろうか？　もし、そうでなかったとすれば、わざわざ手間をかけて外周を薄く尖らせたのはなぜだろうか。それは、的に当たったときの破壊力を最大にするためだったのではないだろうか？　けれども、ハンドアックスの形状は、投げるのに適しているとはいいがたい。もっとも円盤だとて、その投げ方をマスターするまでは、投げるのに適した形とはとうていいえないのだが[21]。

移住・狩猟・飛び道具

その用途が何であったにせよ、これらの石器をつくったヒト科は旅をする傾向が顕著だったという点で、陸生の大型動物の中では前例のない存在だった。彼らが始めた旅は――人類が地球外に旅立つまでは――ヒト科の最大規模の移住《ディアスポラ》となった。彼らはアフリカ大陸から続々と流れ出し、イングランドから朝鮮半島に及ぶユーラシア大陸に拡散していった(22)。

彼らは狩りをしながら、新しい環境に全面的ないし部分的に適応していった。彼らが移住しようと思う土地には、獲物となる動物が常に存在していた。それまで馴染んでいた植物性の食物とは異なり、動物は年間をつうじて手に入れることができた。これに似た状況は、北極圏に住む現代のホモ・サピエンスにも当てはまる。もし、肉が手に入らなかったら、彼らは年間をつうじて北極圏で生きてはいけないだろう。

これらヒト科の移住者たちは、飛び道具を使っていたに違いない。だが、彼らにせよ、ほかの誰であるにせよ、飛び道具を使っていたことを裏づける決定的な証拠は、何者かが投げ槍をつくっていた四〇万年ほど前までしかさかのぼれない。

一九九七年、ハルトムート・ティエメはドイツのハルツ山地北端に位置するシェーニンゲンの炭鉱地帯での発掘調査の結果を報告した。十数年に及んだ調査によって、旧石器時代の火打石〔燧石《フリント》〕製の道具や、数千点に及ぶミズハタネズミ、ビーバー、シカ、ウマ、クマ、まっすぐな牙をもったゾウの骨など、大量の遺物が発掘された。動物の骨の一部には、石器によってつけられた跡が残っていた。慎重な年代測定の結果、これらの遺物はおよそ四〇万年前のものであることが判明した。当時、この地域は発達した大陸氷河の影響で、寒冷な気候下にあった。それゆえ、寒冷期を生き延びるために、短い温暖期のあいだに充分な量の植物性の食物を確保するのはきわめて困難だったろう。この地に移住したヒト科は、生き延びるために狩りに頼らざるを得なかったに違いない。

シェーニンゲンで発掘された人工遺物の中に、刻み目をつけた木片がある。この刻み目をつけたのは、尖頭器《ポイント》〔槍の穂先のように先端が尖った旧石器時代の石器や骨角器〕を取りつけるためだったのかもしれない。もし、そうであったなら、これらの木片はこれまでに発見された最古の組み立て式の道具のパーツである。この遺跡では、焼いた形跡のある火打石や赤くひび割れた土も見つかっており、現存する最古の炉の跡ではないかとティエメは推測している。寒冷な気候条件のもとでは、キャンプファイヤーは狩りと同様、生存に必要不可欠だったろう（火については次章で詳述する）。

シェーニンゲンの遺跡からは、長さ一・八メートルから二・三メートルの三本の棒〔最も太い部分の直径は二九〜四七ミリメートル〕が出土している。これらは樹齢三〇年のトウヒの幹でつくられ、樹皮を剝いで、太い方の端を尖らせてある。重心は、この先端から全長の三分の一ほどのところにある。棒の形状と重心の位置は、オリンピックの槍投げ競技で用いる投げ槍のそれに似ている。ロビン・デンネル教授によれば、これが投げるためにつくられたのを否定して、土を掘ったり雪に埋まった動物の死骸を探すためにつくられたと主張するのは、パワードリルを文鎮と強弁するに等しいという[23]。

デンネルはヒト科の進化の歴史におけるこれらの投げ槍の意義を、古くからの警句になぞらえて、「人の強さは投げるものしだい」(24)と強調している（アメリカの古い諺「You are what you eat」（人の健康は食べるものしだい、人の身体は食べたものでできているという意味で、栄養バランスのとれた食生活が重要であることを諭している）をもじって「You are what you throw」と述べている）。この槍のつくり手たちは、攻撃や防御に際しておのれの肉体を直接の危害に曝さなくてすむ地上で唯一の大型動物だったのだ。

ホモ・サピエンスが出現した時期については諸説があるが、シェーニンゲンの投げ槍がつくられた時期よりずっと遅いことはたしかである。旧世界の広範な地域で、現生人類に比べて脳の大きさは大差ないが、より原始的で頑丈な体格をした多様なヒト科の化石が発見されている（その中で、ネアンデルタール人が最もよく知られている）。これらのヒト科は従来は旧人と称されていたが、今日では古代型ホモ・サピエンスと総称する学者もいる。古代型ホモ・サピエンスが生息していた時期は、その生息場所によって異なるが、今から六〇万年前から数万年前までとみなされている。解剖学的構造が現生人類と等しい現代型のホモ・サピエンスが一〇万年前に地上に広く生息していたことは、疑問の余地がない。彼らは今から五万年前にオーストラリアに移住し、それから数万年後にアメリカ大陸全域に進出した。産業革命はおろか、新石器革命が始まるはるか以前に、ヒトは地上に最も広く分布する大型動物となっていた。そして彼らは間違いなく、正確にものを投げることができる唯一の動物種だったのだ。

彼らは小型動物や中型動物を殺し、さらに大型動物まで捕食した。だが、推測は控えめにしておこう。道具を使わずに筋力だけで槍を投げてマンモスをしとめるためには、身に危険が及ぶくらいまで獲物に接近しなければならない。大型動物を狙う場合、彼らは獲物を沼地に追いこんだり、崖から追い落とすなどしたのちに、より安全なところから槍を投げたり突くというように、計画的かつ組織的に狩りをしていたのだろう。比較的最近のことだが、南アフリカ共和国のクラシーズ川の河口で、首の部分に石器の尖端片が刺さった絶滅種の巨大なスイギュウの化石骨が発掘された。おそらく、このスイギュウもおよそ一〇万年前に、ホモ・サピエンスのメンバーによってこうした手法でしとめられたのだろう(25)。

アトゥラトゥル革命

後期旧石器時代になると、私たちの祖先は飛び道具《ミサイル》を発射する斬新な方法を発明した。後期旧石器時代は約四万年前から一万ないし一万二〇〇〇年前までの期間とされているが、この時期には技術および文化一般の進歩が大幅に加速され、人類は文明に向かって一歩を踏み出した(26)。この時期は芸術的に優れたラスコーの壁画を生み出すとともに、精巧に細工された剝片石器や、特殊な用途をもったさまざまな道具を大量に生み出した。その中に、矢や槍を投げるときに用いる棒状の道具があった（この発射器はアステカ族の呼称にちなんでアトゥラトゥルと通称されている）。アトゥラトゥルを手にしたヒトのハンターは、樹上生活をしていた祖先が地上に降りてから数百万年しか経っていないというのに、ホモ属が出現して以来地上で最大級の哺乳動物をもしとめるようになった。ウィットに富むあるジャーナリストによれば、アトゥラトゥルは「石器時代のカラシニコフ」(27)だったのだ。

ヒトはすでに長きにわたって、石や骨や角《つの》製の頭《ヘッド》に使いやすさと衝撃力を増すために木製の柄を取りつけた道具を使っていた。ヘッドが動く速度は、骨盤や肩、肘や手首など回転の軸となる身体の部位からの距離に比例して大きくなる。こうした道具を使っていた私たちの祖先は、斧やハンマーを振りあげたときにヘッドがはずれると、勢いよく飛んでゆくことを経験していたに違いない。そして、なんとか工夫して柄の端をもって投げられれば、槍がより速くより遠くまで飛ぶことにも気づいていただろう。

考古学者が発見したある種の人工物の最古の標本といえども、その種の人工物の中で最初につくられたものであるとはかぎらない。たとえば、博物館に展示されている現存する最古の車輪は世界で初めてつくられたものであるより、一万個目につくられたものである可能性の方がはるかに高いだろう。今日までに見つかっている最古のアトゥラトゥルは枝角《えだつの》製で、約一万七五〇〇年前につくられたと推定されている(28)。それゆえ、アトゥラトゥルが初めてつくられたのは、それよりずっと前のことだろう。たとえば、今から二万五〇〇〇年くらい前だろうか？ この矢や槍の発射器は旧世界全域に広まり、東南アジアの島伝いにオーストラリアに伝播した。また、アラスカを経由して北米大陸に、ついで南米大陸に伝播した。このように広く拡散したことは、これが有用であったことを何より雄弁に物語っている。

アトゥラトゥルが発明された年代を決定するのが難しいのは、これが昔も今も通常は木でつくられているからにほかならない。シェーニンゲンの槍のような例外もあるが、木という素材はすぐに腐ってしまう。しかも、アトゥラトゥルのほとんどはきわめて単純な形をしているので、ほかの道具やただの木片と区別するのが難しい。ごく素朴なアトゥラトゥルは、矢またはダートを置くための溝を彫り、後端に矢をひっかけるための鉤状の突起をつけた棒でしかない。アトゥラトゥルの長さは使い手の前腕（肘から手首まで）の一・五倍くらいが普通で、これを使うと肩を中心として回転する腕の長さがほぼ倍増することになるので、そのぶん発射体の速度が増す。アトゥラトゥルで投げる矢はダートと呼ばれる場合が多く、その長さは普通の矢の二倍ほどで、矢羽《やばね》をつける場合もつけない場合もある。

図3　アトゥラトゥルとダートでマンモスを襲うハンター［Klein, *The Human Career* (Chicago : University of Chicago Press, 1989)］

アトゥラトゥルを使うときは、突起がついていない方の端をもち、通常は一本の指をダートにからませて一時的に固定しながら、槍を投げるように構える。それから、上手投げの要領で勢いよく腕を前方に振りおろす。アトゥラトゥルが伸びきったときに、ダートが飛び出す[29]（**図3**）。この一連の動作は、ハイアライにおける（木と籐で編んだバスケット状の用具で腕にはめる）セスタを用いた投球動作によく似ている。セスタで投げたボールの速度は、野球やクリケットの一線級の投手が投げるボールの一・五倍にも達する。

アトゥラトゥルの意義は、単に食物の獲得や攻撃ないし防御に役立つ新たな手段というにとどまらない。これは、旧石器時代に道具という概念に革命的な変化が生じていたことを示唆する、現存する最古の証拠なのだ。なぜなら、アトゥラトゥルとダートを組み合わせて使うようになったことは、人類が二つの取りはずし可能なパーツからなる道具をつくり始めたことを示しているからだ。これ以後、二つのパーツや、さらに多くのパーツからなる道具や装置が続々とつくられるようになった。

今日、厳選された素材で入念につくったアトゥラトゥルを使って名人がダートを投げると、その飛距離は一貫して二〇〇メートルを超える。十九世紀のオーストラリアのアボリジニのハンターは（彼らの言葉でアトゥラトゥルを意味する）ウメラを使って、このほぼ半分の飛距離を出していた。十八世紀にキャプテン・クックことジェームズ・クック〔一七二八〜七九〕と部下たちは、アボリジニの腕前を目の当たりにした。クックは航海日誌に、アボリジニは投槍器を使って「驚くほどすばやく、かつ着実に」槍を投げ、四〇ないし五〇ヤード〔三六ないし四五メートル〕先の（大きさは明記されていない）的を射ることができ、「われわれが小銃を発射するのに匹敵するとはいわないまでも大差のない正確さで、また、われわれがボールを投げるよりはずっと正確に槍を投げる」と記している。それから半世紀後には、アボリジニがウメラで投げた槍が三〇ヤード〔二七メートル〕先に吊るした帽子を「刺し貫く」のを、チャールズ・ダーウィンが目撃している。二十世紀にオーストラリア先住民の技量をテストしたところ、二〇ないし三〇メートル先のワラビー大の標的に百発百中させたという(30)。

アトゥラトゥルで投げるダートは通常の矢の倍ほどの長さで、嵩《かさ》はずっと大きかったと思われる。ヤギやシカやヒト程度の大きさまでの動物に対しては、きわめて効果的であったに違いない。十六世紀のスペインの征服者《コンキスタドール》が述懐しているところによれば、アステカ帝国とインカ帝国の兵器で最も恐ろしかったのはアトゥラトゥルで投げたダートで、これは甲冑もろとも兵士を刺し貫いたという。後期旧石器時代に地上を跋扈していた大型動物に対しては、アトゥラトゥルで投げたダートはどれほどの威力を発揮したのだろうか。北米大陸では、飛び道具に装着する石製の尖頭器がしばしばマンモスの骨と一緒に出土しており、肋骨のあいだに突き刺さったものも発見されている。もちろん、これらはマンモスに投げつけたものではなく、至近距離から突き刺したものであった可能性も否定できない[31]。

図4　アトゥラトゥルでダートを投げようとしているアメリカ先住民［"Address by Frank Hamilton Cushing," *American Anthropologist*, Vol.8 (1895). ニューヨーク公共図書館蔵］

一九八〇年代半ば、ワイオミング大学のジョージ・C・フリソン教授がジンバブエのワンゲ国立公園で、屠殺されたばかりのゾウの死体めがけて、石の尖頭器をつけた木製のダートをアトゥラトゥルで投げるという実験を行なった。これらのダートはしばしば体腔を貫き、ゾウが生きていれば致命傷となるような傷を負わせた。この実験から旧石器時代の人類もマンモスをしとめる能力をもっていたことが実証された、とフリソンは述べている（生きている野生のゾウを対象に同様の実験を行なうことを、フリソンは提案している。ただし、自分より若くて身体能力の高い人々が行なうという条件で(32)）。

アトゥラトゥルとダートを手にした後期旧石器時代のハンターたちは、草食動物を首尾よくしとめられただろう（鋭い犬歯をもった剣歯虎《サーベルタイガー》〔更新世にユーラシア、アフリカ、北アメリカ大陸に生息していた〕などの肉食動物についていえば、大型の草食動物ほど多くの肉が得られないのに、彼らの歯と鉤爪にあえて立ち向かう意味はなかっただろう）。ここで、狩りの情景を想像してみよう。五、六人のハンターが草むらから立ち上がり、四〇メートルほど離れたところにいるワラビーよりずっと大きな地上性ナマケモノ〔更新世に南北アメリカ大陸に生息していた、現生の樹上性のナマケモノの類縁種〕めがけて、一斉にダートを勢いよく投げる。たとえ生理的な衝撃によって瞬時に命を奪われなかったとしても、このナマケモノにいったい何ができただろう？　この痛みはどこから来たのだろう？　これまで、離れたところから痛みがやってきたことがあっただろうか？

このナマケモノはきっと、エドウィン・A・アボット〔一八三八～一九二六〕の『平面世界』に登場する二次元世界の主人公と同じような思いを味わったことだろう。この人物は生まれて初めて三次元の世界に身を曝すや、「口がきけないほどの恐怖」(33)に襲われたのだ。著者自身も、アインシュタイン〔一八七九～一九五五〕の宇宙では空間と時間が伸び縮みすることを初めて知ったときには、これほど強烈ではなかったものの、同じような当惑を感じたものだ。

弓と矢

人類はアトゥラトゥルについで、弓という飛び道具発射装置を発明した。この発明によって、ヒトとそれ以外の動物とのあいだの勢力の均衡は、前者に有利な方向にさらに大きく傾いた。狩りや戦闘で使う場合、アトゥラトゥルにはいかんともしがたい欠点がある。いかにこっそりとめざす動物に忍び寄っても、ダートを投げるためには、立ち上がって一、二歩すばやく踏み出し、勢いよく腕を頭上に振りかざさなければならない。こうした一連の動作によって、相手はダートが放たれる少なくとも一、二秒前に、何か異様な、おそらく危険な事態が生じていると感づいてしまう。いかに鈍重な草食動物でも、ヒトの突然の行動と続いて起こる鋭い痛みのあいだに関連があることを、いつかは悟るだろう。狙われた動物は逃げるか、悪くすると反撃してくるだろう。これに比べて、弓の射手は身を隠したまま矢を射ることができるし、矢の速度もアトゥラトゥルで投げたダートよりずっと優っている（とはいえ、矢はダートより軽いので、命中したときの衝撃力は必ずしも優ってはいない）。

最初につくられた弓は、専門的な用語を使うなら「単弓《セルフボウ》」であったに違いない。セルフボウとは一種類の素材でつくった弓で、弦を張っていないときはほぼまっすぐな棒状である。おなじみのロビン・フッドと彼の陽気な仲間たちが携えていた長弓《ロングボウ》も、セルフボウの一種である（このほかにも合成弓や強化弓などがあるが、それらについては後の章で述べる(34)）。ロビン・フッドはイチイの弓で矢を一五〇から二〇〇メートル飛ばせたことが、風洞実験によって実証されている。

優れた射手がしかるべき弓で矢を射れば、その矢は大型動物の分厚い皮も突き通す。優れた射手は六秒ごとに狙いを定めて矢を射ることができる。矢継ぎ早に射る必要が生じたら、もっと速く射ることもできる。アメリカの詩人ヘンリー・ワズワース・ロングフェロー〔一八〇七〜八二〕はアメリカ先住民の英雄ハイアワサを讃えた叙事詩の中で、ハイアワサが一〇本の矢を大空に射たときに、「あまりに素早く強く射放ったので、最初の矢が大地に落ちる前に、一〇本目が弓の弦を離れていた!」(35)と書いている。このとき、ロングフェローは詩に特有の誇張した表現をほとんど使っていなかったのだ。

優れた射手はきわめて正確に射ることができる。十六世紀にフロリダを侵略したスペインのエルナンド・デ・ソト〔一五〇〇頃〜四二〕の伝記から、アメリカ先住民の弓の技量のほどがうかがえる。ある日、スペイン人たちが連れてきた一頭のグレーハウンドが川を泳いでいた。それを見て恐慌をきたした先住民たちは、即座にこのイヌめがけて矢を射かけた。水面から出ていたイヌの頭と肩に、なんと五〇本以上もの矢がささっていたという。カリフォルニアのヤヒ族のイシは、二十世紀初期に石器時代同然の生活を追われて、工業化された近代社会で暮らすことを余儀なくされた。彼は数年間都市で暮らし、その期間は弓を使うことはほとんどなかった。それにもかかわらず、その機会が与えられたときには、二五ないし三〇メートル先のウズラ大の標的にすべての矢を命中させたのだ(36)。

弓矢が初めて出現した時期を特定するのは難しい。なぜなら、石や骨でつくられた矢尻以外の部分は、木のような腐りやすい素材でつくられていたからだ。考古学者は二万年前の地層から小さな石製の尖頭器を大量に発見し、これを矢尻と断定して、弓が発明された時期を二万年前と推定してきた。だが、彼らの推論は誤っている可能性がある。というのは、弓が発明される以前から、ハンターたちは槍に小さな尖頭器をつけると貫通力が増すことを見出していただろうからだ。今日では、専門家の多くは、弓と矢と断定できる最古の証拠がつくられた時期を一万年から一万二〇〇〇年前と推定している(37)。たぶん、この弓と矢がつくられたのは、弓矢が発明されてから数千年後のことだったろう——となると、弓矢が発明されたのはやはり、従来の説のとおりに二万年ほど前だったのだろうか？

弓矢はその有用性を裏づけるかのように、急速に東半球に普及した。だが、南北アメリカ大陸に伝播するのは大幅に遅れ、ようやく数千年前に出現したと推定されている。それゆえ、スペイン人が新世界に到達したときに、アステカ帝国とインカ帝国の兵器庫ではアトゥラトゥルがいまだに重要な地位を占めていたのだろう。一七八七年にイギリスがオーストラリアへの入植を開始したとき、アボリジニのあいだでは、弓矢がまだアトゥラトゥルに取って代わっていなかった。それどころか、どうやら弓と矢はまだオーストラリアに伝播していなかったようだ。オセアニアのオーストラリア以外の地域では、弓矢は広く普及した。だが、奇妙なことに、この地域の島々では矢に羽根をつけるという習慣がなく、したがって至近距離の標的を狙う場合以外は命中精度が低かった(38)。

＊

人類はきわめて長い期間にわたって、さまざまな目的のために、さまざまな方法で、さまざまな飛び道具を使用してきた。その結果、ものを投げたり発射するという行為は多種多様な象徴的意味を帯びるようになり、言語の一部にもなった。職場でも恋愛においても、私たちは比喩的な意味で「的を射た（on target）」り、「的をはずした（off target）」りする。負けたときには武器を投げ捨てて（throw down one's arms）降参し、手袋を投げつけて（throw down the gauntlet）挑戦する意志を示す〔中世の騎士が挑戦のしるしに籠手（こて）を投げたことに由来する〕。何らかの飛び道具を使うことが生活の中心を占めるような人々にとっては、かかる行為自体が自己を表現する有力な手段となりうるのだ。ピアニストなら協和音や不協和音を奏でることによって、好悪さまざまの感情を表現するであろうように。

ギリシアの歴史家ヘロドトス〔前四八四頃～前四二五頃〕によれば、ペルシア人は少年たちに三つのことだけを、すなわち、真実を語ること、馬に乗ること、弓を使うことを教えたという。アケメネス朝ペルシアの王ダレイオス〔またはダリウス、前五五〇～前四八六〕はアテナイ人がサルディス〔小アジア西部の古代都市でリュディア王国の首都〕を焼きはらったと知ると、弓を手に取って「弦に矢をつがえ、天に向かって放った。そして、『神よ、アテナイ人に報復することを、われに得せしめたまえ』と叫んだ」[39]。それから二〇〇〇年後、見世物にするためにフロリダからスペインに連行されたアメリカ先住民は、かつて彼らの土地を侵略した男たちの一人に遭遇した。彼らは言葉の壁を乗り越えるために、弓にものをいわせた。

それから、彼らのうちの二人が（この男を射とめたいと思っているばかりか、それだけの腕があることを思い知らせるために）空に向けて大きな矢を力のかぎり放った。矢は空高く飛んでゆき、やがて視界から消え去った(40)。

第三章

「地球を料理する」(1)——更新世と完新世

ものを燃やすことによって、人間はこの世界を変えてしまった。

ウェンデル・ベリー(一九八〇年)(2)

昔むかし、天と地が始まったとき、この世の生き物たちは今のような姿をしていなかった。ある日、ヘビのウグンディド、ナマズのムリニ、カンガルーのガラバと、そのほかの生き物すべてがレンバランガ族のカントリーに集まった。〔オーストラリア北端の〕マニングリダの方から、万物の父であるナゴルゴと、その息子のムルナンジニがやって来た。二人は集まった生き物たちを見わたして、「お前たちの姿は、人間としても動物としてもふさわしくない。私たちが変えてやらねばなるまい」といった。それから、彼らはある儀式を始めたが、その儀式は今でも行なわれている。彼らは火おこし棒〔ゆっくりと燃え続ける堅い木の棒で火種として使われる。燃え木〕で火をつけた。火はまたたくまに燃え広がり、生きとし生けるものすべてを飲みつくし、大地と岩を焦がした。ついに火が消えたとき、人間も動物もかつての異様な姿から、今日の姿に生まれ変わっていた。

オーストラリアの天地創造神話(ドリーミング)(3)

ヒト科が他に抜きん出た存在になったのは、さまざまな形で地上に蓄えられた太陽エネルギーを解放したときだった。比較的最近の太陽エネルギーは木や葉や藁《わら》などに、そしてはるかな過去のそれは泥炭や石炭や石油などに蓄えられている。現代の物理学者たちは原子核を分裂させたり融合させることにより、原子エネルギーを利用する道を開いた。旧石器時代のヒト科は史上最初の化学者となり、酸素と可燃物の急激な化合反応を制御する方法を、すなわち火を操作する方法を習得したときに、太陽エネルギーを利用する道を開いたのだ。

稲妻などの自然現象によって生じた野火や山火事がおさまった跡には、動物たちが群がって、火で焙られて風味が増した食物をあさっていただろう。その中にいた私たちの祖先は、ほかの動物たちのように燃え殻や灰の中に文字どおり鼻を突っこんだりせずに、棒切れを拾って突ついていたことだろう。あるとき、一方の端に火が燃え移った棒を振りまわすと、彼らのライバルや敵たちは怯えて逃げ去った。彼らはこの棒をもち帰り、火を消さないための方法や火の使い方、その危険性などを学習した。やがて、彼らはみずからの手で欲しいときにいつでも火をおこせる方法をマスターした。木をこすり合わせたり、火鑽《ひきり》臼と火鑽杵を使うなどして、摩擦によって火をおこせるようになったのだ。こうした方法に熟達すれば、一、二分で火をおこすことができる。それ以来、人類はピラミッドがつくられてから現在にいたる年月の何倍もの長さの期間にわたって、こうして火をおこしていたのだ(4)。

かくして、人類は雨や日照りのような、一種の自然力を帯びた存在となった。火と人類のかかわりの歴史を研究しているスティーヴン・J・パインは、こう主張している。「火を操るという大胆な行為が生態系に与える影響は圧倒的である。それはちょうど、ただ一つの生物種が水や大地や空気の所有権を主張するようなものなのだ」(5)。それゆえ、人間に天上の火を与えたプロメテウスは、ゼウスの不興を買ったのだ。

アウストラロピテクス類はまず間違いなく、火を制御する方法を知らなかっただろう。シェーニンゲンの投げ槍をつくった者たちは知っていたかもしれないが、その証拠とされているものは説得力に欠ける。たとえ、知っていたとしても、彼らは日常的に火を使ってはいなかった。炉《ハース》(すなわち、繰り返し火を使用したために土が焼けており、大量の人工遺物が出土する場所)が多数出現するようになるのは、今からおよそ四万年前である。炉の出現は、前章で述べた後期旧石器時代の革新を特徴づける出来事の一つである(6)。

火を操るということ

火を操るのは、ホモ・サピエンスという種の専売特許だった。火を使うことによって、この世界は彼らにとってはるかに暮らしやすい場所になった。火は闇を明るく照らし、こごえた身体を暖め、蚊《か》や蠅《はえ》を追い払ってくれる。火を使えば食べ物を料理できるし、さまざまな素材を用途に合わせて加工することができる。肉食獣を撃退し、獲物を追い立て、まわりの風景を一変させることもできるのだ。

火のおかげで、ヒトは闇の中でもものが見えるようになり、標高の高い土地や、南北回帰線より緯度の高い土地でも快適に暮らせるようになった。火を用いれば、食材を焙ったり、炒ったり、茹でたり、蒸したり、揚げることができる。ポップコーンもつくれるし、イナゴの脚を焙れば珍味となる。ゴムのような食感のイカでさえ、イカ墨とオリーブオイルに漬けて加熱すれば美味な一品に変身する。

　大型動物のほとんどは限られた種類の食物に依存して生きており、それらが不足すると餓死の危険に曝される。ヒトは加熱調理することによって、利用できる栄養源の種類を大幅に増やした。食べるものをまったく見つけられないという事態は、気象条件がよほど厳しい時期や、よほど辺鄙な土地でしか起こらなくなった。サイの首の肉もローストすれば食べられるし、キャッサバ〔タピオカノキ〕の塊根も加熱して毒を抜けば食用になる。雑食動物として生きる能力こそ、ヒト科がまず生き残ることに、ついで移住することに、ついには世界を支配することにめざましい成功をおさめた主たる原因といえるだろう。

　生《なま》の素材を有用なものに変身させる工芸《クラフト》や手工業の多くは、料理をする火のまわりで誕生した。産業革命の嚆矢ともいうべき土器の製造や冶金術は、私たちの祖先が炉を囲んで、火をかきたてていたときに始まった。「人類のもつ技術《わざ》はすべて、プロメテウスの贈り物」(7)と書いたとき、アイスキュロス〔前五二五〜前四五六〕はまさに真実に迫っていたのだ。

火の恵み

　私たちが火によって慰められ、火を愛するのは、火を媒介として人と人のつながり《コミュニティー》が生まれるからだ。キャンプの火は、誰かが番をして、燃料を補給したり火力を調節しなければならない。つまり、みなが協力し合って、愛情をこめて世話をしなければならないのだ。その報酬として、キャンプの火は炉〔hearth：家庭とか家族団欒の意味もある〕という言葉が明示的にも暗示的にも表わすものを惜しみなく与える。焦点とか中心を意味する「focus」という語は、炉を意味するラテン語に由来している。オーストラリア先住民のララキア族のワリ・フェジョは、キャンプの火がもたらす陶酔感と人々の濃密な交流を次のように回想している。「現実のさまざまなものごとが意味を帯びてくるのは、日が暮れて焚火のまわりに人々が集うときだった。みなが踊った！　歌った！　そして、物語を語り合った！」(8)〔ワリ・フェジョは、「燃えるカントリー（Country in Flames）」と銘打って一九九四年にオーストラリアで開催された生物多様性に関するシンポジウムの演者の一人。後述するリース・ジョーンズ、エイプリル・ブライト、ピーター・ラッツ、マーク・オコーナーも演者をつとめた。注8を参照〕。ジョン・キーツ〔一七九五～一八二一〕は『わが弟たちに』と題する詩の中で、火のまわりに集う人々の魂の交わりを謳っている。

小さく燃え上がる焔《ほのお》が　新しく焚きくべた石炭で燃え、
静かに弾《はじ》く音が　ぼくたちの静寂《しじま》を破る。
兄弟の魂のうえに　優しい王国を築く
家庭の守護神たちの　囁きのように(9)。

〔『キーツ全詩集　第一巻』出口保夫訳、白鳳社〕

火が燃えているだけで、人々はおのずと素朴な喜びに満たされた。私たちはみな、それこそロッキー山脈の先住民から、ヴィクトリア時代のイギリスの貴婦人にいたるまで、火を燃やすことを熱愛している。前者については、一八〇六年に探検家のルイス〔一七七四～一八〇九〕とクラーク〔一七七〇～一八三八〕が、モミの松明を手に手に掲げた彼らの姿を報告している。後者、すなわちレディーの称号をもつメアリ・アン・バーカーはその半世紀後に、ニュージーランドの草地に火を放ったときの心のときめきをこう書き送っている。

本当に刺激的で、気持ちが晴れ晴れします。そして、その美しいこと。とりわけ、日が暮れてあたりが薄暗くなる頃、炎が四方の丘を駆け登っていくさまは、息を呑むほど美しいのです(10)。

火はまた、超自然的な存在と交われるような、俗世から遊離した雰囲気をかもし出した。ヨーロッパ全域にわたって、五月祭《メーデー》や復活祭、ミッドサマーデー〔洗礼者ヨハネの祭日〕などの大きな祝祭の日には、人々はかがり火を焚いた。その典型的なパターンは、まず地域の火をすべて消したのちに、聖職者などの主宰者が闇の中で新たな火をおこし、その後、この地域のすべての火が新たにともされるというものだった。主宰者はしばしば最も古典的な方法で、すなわち摩擦によって火をおこした。この儀式は誰もが見えるように、丘のてっぺんなど小高い場所で行なわれた。

イギリスの小説家トマス・ハーディ〔一八四〇〜一九二八〕はこうしたかがり火の情景を、いかにもヴィクトリア時代風の大仰な筆致で描写している。「かがり火は頭上の雲の無言の懐《ふところ》を赤く染め、かりそめの雲の洞穴を照らし出した。すると、その洞穴はたちまち、沸き立つ大釜に変身した」。幻惑された農夫たちは、かがり火のまわりで夜どおし踊った。彼らは身を清めるために、健康や幸運にあやかれるように、結婚と子宝に恵まれるようにと、炎を跳び越えた(11)。

アステカの暦では五二年を年の束と呼び、この周期の終わりに世界の終末がくるとされていた。終末が近づくと、アステカの人々は帝国内のすべての火を消した。そして、漆黒の闇の中で、火の形で顕現する新たな創造が訪れるのを待った。聖職者が火鑽《き》りをまわして、血筋の良い生贄の胸に詰めた焚きつけに火をつける。この小さな火種から小枝や枝に火が移され、使者たちが国じゅうに火を配る。こうして、帝国のいたるところですべての火が生まれ変わるのだ。

すると、民衆はこの炎めがけて殺到し、火ぶくれをつくりながら小枝に火をつける。この新たな火が国の隅々まですみやかに配られると、そこかしこで無数の火が赤々と輝く。こうして、人々の心はやっと平穏を取り戻すのだ(12)。

おそらく、ヨーロッパとアステカの火の儀式が似ているのは、消すことも甦らせることも容易で、神々の威光のようにいたるところに広まるという火の性質に由来しているのだろう。あるいは、ヨーロッパとアステカの人々は太古から受け継がれてきた儀式を、それぞれの形で行なっていただけなのかもしれない。もし、そうであったなら、その儀式の起源はきわめて古いに違いない。というのは、これら二つの人間集団は、最後の氷河期が終わってベーリング海峡が出現して以来、いっさい歴史を共有していなかったからだ。

このように火が不可思議な力や健康および生命力の復活と結びつけられていたことが、第六章で考察するように、おそらく必然的ななりゆきとして人類を火薬の開発へと導いたのだろう。

アボリジニと燃え木農業

火を操る能力を獲得したことによって、人類は「テラフォーム（terraform）」を実践できるようになった。オックスフォード英語辞典の簡約版はこの言葉を、ある惑星の環境を「とくに人類の生存に適するという観点から」地球に似た環境に変えること、ともっぱら将来を視野に入れて定義している(13)。だが、人類はすでに地球という惑星でテラフォームを実践し、そのかなりの部分を農耕を始める以前になし遂げていたのだ。

考古学者で博物学者のリース・ジョーンズは農耕が始まる以前の旧石器時代に行なわれていたテラフォームを、すなわち、周囲の環境を変えるために広範な地域に意図的に火を放つことを、「燃え木農業（firestick farming）(14)」と称している(15)。人類はその歴史をつうじてごく最近にいたるまで、南極大陸以外のすべての大陸で燃え木農業を行なってきた。今日でも、数百万人もの人々が燃え木農業を営んでいる。ジョーンズの母国のオーストラリアは、燃え木農業の調査をするには恰好の土地である。その理由は第一に、一七七八年にイギリスの入植者が穀類の種子やウマ、アルファベットや火薬とともにやって来るまで、オーストラリアでは旧石器時代の状態が続いていたので、燃え木農業の形跡が比較的新鮮であること、第二に、大陸の大半が乾燥地帯でものが燃えやすい環境なので、その形跡がきわめてはっきりしていることである。

燃え木農業を実践しているオーストラリアのアボリジニにとって、長いこと火入れをしていない土地の景観は――雑草が伸び放題の庭を目の当たりにした園芸家が感じるような――当惑を禁じえないものだ。彼らが行なう燃え木農業は、都市生活者がゴミを燃やす類《たぐい》の日常的な行為ではない。火をつかさどる長老がしかるべき時期と場所、燃やすものを定めたうえで行なう儀式化された行為なのだ。長老はさまざまな自然のプロセスを遅らせたり促すために、小さな火と大きな火、冷たい火と熱い火を使い分ける。火を操る際に長老が発揮するブッシュマンシップ〔未開地で暮らす生活の知恵〕は、大雑把なやり方でたまに実践されるのではなく、緻密なやり方で頻繁に実践されている。それはちょうど、優れた園芸家が細かく神経を使いながら、こまめに土を掘り起こしたり、肥料を施したり、水を撒くのによく似ている（そしてまた、長老はこうした実践をつうじて、火をつけるときに誰もが感じる喜びを表現しているのだろう[16]）。火をつかさどる長老たちも間違いを犯す。その証拠に、オーストラリアには火入れの失敗を示す火傷の跡が散見される。だが、長期間にわたる実践は、過ちを犯す頻度やその程度を最小にすることを彼らに教えた。彼らにとって、オーストラリアは「人類の生存に適するという観点から」火を操りやすい土地なのだ。

ノーザンテリトリーはクリンジュの先住民マク・マク・マラヌング族のイニラクンは、エイプリル・ブライトとしても知られている。彼女は燃え木農業の意義を「あなたがカントリーを大切にしなければ、カントリーもあなたを大切にはしないでしょう」[17]と端的に表現している〔アボリジニの人々にとってカントリーすなわち土地は、生命を与え、生命を受け取る場であり、人々が暮らし、ともに生きる場を意味する〕。アボリジニが野焼きをするのは、ヘビなどの有害動物のすみかとなる地表植被〔裸地を覆う矮性植物〕を減らし、ブッシュを焼き払って移動しやすくし[18]、さらに、雨季のあいだに生い茂った植物を除去して、それらが突発的に起こる危険な野火の燃料となることを未然に防ぐためである[19]。イギリス人のルイーズ・メレディス〔一八一二〜九五〕は一八四〇年代に、タスマニアの景観の変化を次のように嘆いていた。かつてのタスマニアは島全体が「大きな公園」のようだったが、その後、先住民を強制移住させたために燃え木農業が行なわれなくなったので、「今は見る影もありません。なんてひどいありさまなんでしょう！　どこもかしこもブッシュが茂り、時おり恐ろしい野火が荒れ狂うのです」[20]

アボリジニが野焼きをするのは、カンガルー、ワラビー、エミュー、ヒクイドリなど食物となる動物が生息する場所を確保して、その繁殖を促すためでもある。収穫期が来ると、彼らは獲物を巧みに追い立てながら、待ち伏せして捕らえるのだ[21]。さらに、火入れによって露出した土地には、食料となる植物が自然発生的に繁殖する。オーストラリア大陸中央部の砂漠地帯に位置するアリススプリングスの植物学者ピーター・ラッツは、アレンテ族のアボリジニとともに成長し、彼らから燃え木農業のノウハウを学んだ。ラッツの推定によれば、彼らは食糧のおよそ三分の一を燃え木を使った土地の管理システムによって得ていたという。ちなみに、ラッツはスピニフェックス〔棘のある種子と堅く鋭い葉を持つイネ科植物〕を焼き払った跡に芽を出す通称「砂漠のレーズン」が大好物だという。これはジャガイモやトマトと近縁のナス属の植物で、「まさに自然のご馳走」だそうだ[22]。

アボリジニは土地を焼くことによって――逆説的に聞こえるが――生物の多様性を促進している。稲妻は大地に火をつけるが、これは散発的な現象に過ぎない。燃え木を使わなければ、大地の大半は比較的少ない種類の植物で厚く覆われてしまう。通常、熱帯や亜熱帯地方の平原には多様な植物種は生息しないが、燃え木農業は土地を露出させて日光を導き、耐火性の固有種の発芽を促してきたのだ[23]。

詩人のマーク・オコーナーは郷土を愛するオーストラリア人に、植物学的愛郷主義《パトリオティズム》行動の一環として燃え木を使うことを勧めている。

色鮮やかな花々が咲くだろう。まるで、イギリス産の花の種《たね》を
五〇袋分も蒔いたかのように。だが、その花のどれ一つとして、
シェークスピアが知っていたものはない……(24)

オーストラリアのアボリジニはとくに顕著な例だが、人類は概して――イヌイットのような少数の例外はあるものの――数万年にわたって熱心に火を利用してきた。私たちの祖先は火を用いて地球を「テラフォーム」し、「文化的な景観」を生み出した。もし、燃え木がなかったら、地球の景観は今日とはまったく異なったものになっていただろう。

「テラフォーム」の典型的な例は、燃え木で森林地帯を焼いた跡に草を主体とする耐火性の植物相《フロラ》〔特定の地域に生育する各種植物の全体〕が侵入し、その土地を占拠したというケースである。かつて、ユダヤ人、古代ギリシア人、古代ローマ人、フェニキア人、カタロニア人、カルタゴ人、そして彼らの敵や味方が暮らし、西洋文明の発祥の地となった地中海沿岸地方では、こうして植物相が一変した地域が随所に見出される。この地方では、野焼きによって引き起こされた草地の侵入が、開墾と家畜の放牧によって拍車をかけられた。人々は乾季がめぐってくるたびに、土地を焼いて開墾を進めた。その結果、かつての森林地帯に人間が住むようになり、その景観は著しく変貌した。今日

では、低木と灌木、土が露出した尾根、侵食の進んだ山腹、鋭くえぐられた峡谷が残されている。

この地方で燃え木が使われる以前の景観をとどめているのは、わずかにレバノンの山岳地帯とギリシア北東部のアトス山の山腹に残された森林だけである。これらの森は神聖な場所とされていたので、野焼きが禁じられていた。今日、この森を吹き渡る風のざわめきには、森林地帯であった古代の地中海沿岸の面影をしのばせる響きがある(25)。

ニュージーランドの南島の東岸地方も、マオリ族が初めてやって来たときには、鬱蒼と茂る樹樹で覆われていた。彼らは熱帯性の作物を栽培したが、南島ではたいした収穫は得られなかった。そこで、このポリネシアのパイオニアたちはモア〔絶滅したニュージーランド産の無翼の巨鳥〕などの狩りを容易にするために、この南半球の森林を焼き払った。十九世紀にイギリス人が南島に到達したとき、東岸一帯はすでに草とシダで覆われていた(26)。

＊

ホモ・サピエンスは三万年以上前に火おこし棒を、ついでアトゥラトゥルを手に入れ、のちにはその多くが弓と矢を手に入れた。かくして、彼らはあらゆる大型陸生動物の中で、最も危険で、最も適応力に富み、最も広く分布した動物となった。人類はいまや動物界の覇者となり、さまざまな問題を一気呵成に、そして必要とあらば——あるいは単にそうしたければ——無差別に暴力を振るうことによって解決する能力を身につけていた。

大陸氷河が後退するにつれて、人類は地球の一構成要素という地位を脱却し、独自の歴史を刻み始めた。そこで、これ以後は地質学的な時代区分の代わりに、人類の行動に準拠した時間の尺度で時代を表わす方が適当だろう。
今からおよそ四万年前に、後期旧石器時代が始まった。ヒトは力とスピードではライバルや敵となる動物たちに劣っているが、投擲力と火を操る能力によって、他を圧倒的に凌駕している。その後、『創世記』の著者たちは彼らの時代が到来するや、人間の比類ない能力を神の意志に帰したのである。

それから、神はいった。われらの像《かたち》に似せて人をつくろう。そして彼らに海の魚、空の鳥、家畜、地のすべてのもの、地上を這うものすべてを支配させよう(27)。

第四章

「人類と動物界の大激変《カタストロフィ》」(1)——後期旧石器時代

> 私たちは動物学的に貧弱になった世界に住んでいる。最も大きく、最も獰猛で、最も異様な姿をした動物はみな、さほど遠くない時期にこの世界から消滅してしまった。こうした動物がいなくなったために、この世界が私たちにとってはるかに住みやすい場所になったことは、疑いようがない。これほど多くの大型哺乳類が一つの地域のみならず地球の陸地の過半を占める地域で急激に死に絶えたというのは、まことに驚くべきことである。しかるに、この事実はこれまで充分に考察されてこなかった。
>
> アルフレッド・ラッセル・ウォーレス（一八七六年）(2)

私たちの祖先がまぎれもないヒトになったのは、つまり、まともな服装さえしていれば東京やニューヨークの通りで人目を引くことのない現生人類になったのは、いつのことだったのだろうか？　そして、動物としてのヒトが社会的存在としての人間になったのは、つまり、適切な指導や訓練を受ければ東京やニューヨークのオフィスで働けるような存在になったのは、いつのことだったのだろうか？　ホモ・サピエンス、すなわち現代人と同じような形状の大腿骨と鎖骨と脊柱と頭蓋骨をもったヒト科が出現したのはいつかという一つ目の疑問に関しては、専門家のあいだで見解の相違がある。それでも、ホモ・サピエンスが遅くとも今から一〇万年前に出現していたことは、広く合意されている(3)。

二つ目の疑問に対する答えを提示するのは、ずっと難しい。解剖学的な証拠は骨や歯に残るが、行動の証拠はまったく残らないのが普通である。今から一〇万年ないしそれ以上前に生存していたホモ・サピエンスは、現代人と同じように行動していたのだろうか？　彼らの道具箱のサイズや道具類の複雑さ、それらが進歩ないし変化した速度から判断するかぎり、どうやらそうではなかったようだ。その後のめざましい発展に比べると、彼らの道具箱は小さかっただけでなく、ホモ・サピエンスが出現してから現在までの期間の半分以上にわたって遅々とした進歩しか示していない。ホモ・サピエンスは新種のヒト科だったが、出現した当初の行動様式は先行したヒト科と大きく隔たっていなかったものと思われる。

その後、今からおよそ四万年前（古人類学者の慣例にしたがえば、四万年プラスマイナス数千年前）以降に区分される後期更新世になると、ヒトを現在の状態にいたらしめた加速度的な変化が始まった。その起爆剤となったのは、言語の進化が完了して、単純な音声信号が現在のような驚嘆すべき（すなわち語彙と統語法を兼ね備えた）表現手段に変貌したことだったと思われる。近年になるまで文明社会と接触したことのないニューギニア高地人も、象徴主義の詩人や企業の顧問弁護士が操る言語と同じくらい融通無碍《むげ》で、微妙なことがらも表現できる言語をもっている。この事実は、現在知られているような音声言語が文明の誕生よりはるか以前に——たぶん今から五万年ほど前に——出現したことを示唆している。

ちょうどその頃から、道具の種類が増すとともに、その製法も精巧になり始めた。十年一日のごとくだったデザインが、地域によって、そして時とともに急激に多様化し始めた。衣類が改良され、身体に合わせて縫ったものも現われた。住居も改良されて、マンモスの骨を建材としたものも出現した。琥珀《こはく》や貝殻、特殊な火打石の遠距離交易が始まった。彫刻や絵画が出現し、その多くは目を見張るほど高度な芸術性を示している。念入りにつくられた副葬品が出土する墓が多数発見されていることから、宗教的な感情の芽生えもうかがわれる。人類はアトゥラトゥルを、ついで弓矢を発明し、日常的に火を使いこなしていた。そして、従来より移住の速度を増して、オーストラリア大陸やユーラシア大陸北部に、ついには南北アメリカ大陸に到達した(4)。

人類は、地球上の生命の歴史において前例のないことをなし遂げた。すなわち、遺伝的進化の代わりに文化的進化を活用する術を習得したのだ。かくして、ヒトは人間となったのである。

このように、後期更新世はホモ・サピエンスという種にとって、人口が増大し地理的な分布が拡大しためざましい進歩の時期だった。だが、この時期はヒト以外の動物種の多くにとっては、まさに受難の時代だった。後期更新世のあいだにおびただしい数の種が、さらには多数の属までもが絶滅したのだ。はたして、これは偶然の一致だろうか？　後期更新世以前の数百万年間にわたって、これほど大規模な絶滅は生じていなかった。これをはるかにうわまわる規模の絶滅が生じたのは、地上から恐竜が消滅した数千万年前までさかのぼる(5)。

後期更新世の大絶滅

後期更新世における多様な動物種の絶滅という現象には、きわだった特徴がいくつか認められる。第一に、前述したように、その規模がきわめて大きかった。第二に、大きな動物の方が小さな動物より、はるかに大きなダメージを受けた。成長した個体の体重が四四キログラム（約一〇〇ポンド）以上になる動物は「大型動物《メガファウナ》」と総称されるが、世界全域でメガファウナに分類される哺乳類の半分以上の属が絶滅した。絶滅の嵐が過ぎ去ったとき、アジア南部とサハラ砂漠以南のアフリカ以外の地域では、体重が一トン以上になる陸生哺乳類はすべて消滅していた。その中には、マンモス、マストドン、地上性ナマケモノ、ケサイ〔ヨーロッパから北アジアにかけて広く分布していた大型で毛深いサイ〕、巨大なカンガルーの仲間などが含まれていた。その後、爆発的な人口増加や森林破壊、産業化などが進んだにもかかわらず、後期更新世に絶滅したメガファウナの種の数は、後世のそれをうわまわっていたのだ。

第三に、多くの動物種を絶滅の危機に追いこんだ原因が何であったにせよ、それは海洋動物の絶滅を引き起こさなかった。たとえば、クジラ類はその影響を被らなかったとみなされている。もっとも、この絶滅の時代の初期には、クジラその他の海洋動物の個体数は明らかに減少していた。

第四に、後期更新世のメガファウナの絶滅は、それらに取って代わる種の出現を伴っていなかった。これは実に奇妙なことである。なぜなら、種の絶滅というのは多くの場合、ある種の繁殖力や食物を獲得する能力が競合する種のそれを凌駕したときに、前者が後者のニッチ、すなわち生態系における地位を奪取するという形で生じてきたからだ。新たにニッチを占める種とニッチを追われる種は、しばしば重要な点で似かよっている。もし、旧世界のウマが新世界のウマに取って代わったのであったら、この事例は似かよった種によるニッチの奪取を示す恰好の例になっただろう。だが、それは事実とは異なっている。アメリカ大陸原産のウマが絶滅してから一万年ほどのちにヨーロッパ人が大西洋を越えて旧世界のウマを連れてくるまで、新世界のウマが占めていたニッチは空位のままだったのだ。このことは、ヨーロッパ原産のウマがアメリカ大陸に来るとすぐに野生化し、数百万頭レベルまで急増したという事実によって裏づけられている。

第五に、後期更新世の大絶滅は、大陸によってその様相が異なっていた。新世界はメガファウナの七四の（種ではなく）属をそっくり失った。チャールズ・ダーウィンはこう述べている。「アメリカ大陸の様変わりした状態を思うとき、深い驚嘆の念を覚えずにはいられない。かつて、この大陸には巨大な動物が群れをなしていたに違いない。ところが現今では、前の時代の同類に比べて、ただ侏儒《ピグミー》的なものを見るばかりである」(6)

オーストラリア大陸は、比率のうえでは南北アメリカ大陸より多くの動物種を失った。それまで生息していた大型脊椎動物の一六の属のうち、巨大な爬虫類や有袋類などが属する一五の属が絶滅した。ヨーロッパとアジア北部は後期更新世をつうじて前述した三つの大陸ほどのダメージは受けなかったものの、大型草食動物種の三七パーセントを失うなど、無傷ではいられなかった。アジア南部については信頼できる統計がないが、かなりのダメージを受けたとしても、今でもゾウやトラが生存していることから、その程度は前述した地域より小さかったものと思われる。アフリカ大陸の損失がほかのどの大陸よりも小さかったことは、動物保護区域《ゲーム・パーク》を訪れてみれば一目瞭然だろう(7)。

第六に、後期更新世の大絶滅は大陸でのみ生じ、大陸より狭いために生態系が脆弱であるにもかかわらず、島では生じていなかった。たとえば、ハワイ諸島の飛べない鳥たちは、それから数千年後に島の孤立状態に終止符が打たれるまで生き延びていたのだ。

第七に、後期更新世の大絶滅は、地域によって生じた時期が異なっていた。南北アメリカ大陸では約一万一〇〇〇年前に生じ、わずか四〇〇〇年のあいだに急速に進んだと推測されている。オーストラリア大陸におけるメガファウナの絶滅の時期を特定するのはいっそう困難だが、およそ五万年前に集中していたようだ。アフリカ大陸とユーラシア大陸におけるメガファウナの絶滅は、数万年間にわたって散発的に生じていた。マダガスカルのエレファントバードことエピオルニスとニュージーランドのモアの絶滅も考慮に入れると、この謎は深まるばかりだ。これらの巨大な鳥は今からたかだか数百年前に——後期更新世に比べたら昨日といえるようなときに——突如として消滅したのだ(8)〔エピオルニスは十世紀頃まで、あるいは十七世紀の初め頃まで生き残っていたという説があるが、真偽のほどはわかっていない。モアは遅くとも十九世紀初頭までには、すべての種が絶滅した〕。

謎の解明へ

後期更新世に多数の動物種が絶滅したことが明らかになった十八世紀後半から、科学者たちはその謎の解明に取り組んできた。フランスの博物学者ジョルジュ・キュヴィエ〔一七六九～一八三二〕は、環境が劇的に変化したために多数の種がごく短期間に絶滅したとする天変地異説を提唱した。これに対してスコットランドの地質学者チャールズ・ライエル〔一七九七～一八七五〕は、環境の変化は昔も今も、山脈の隆起や沈降のように常に漸進的に進むとする斉一説を主張した。

十九世紀になると、人類の狩猟活動が絶滅の原因だったのではないかと考える科学者がしだいに増え始めた。ダーウィンの偉大な共同研究者で、現代の進化理論をともに築いたアルフレッド・ラッセル・ウォーレス〔一八二三～一九一三〕も、その一人だった。彼はおのれの信ずるところを「これほど多くの大型哺乳類が……これほど急激に絶滅した原因は、人間の行為に帰せられるだろう」と述べている。だが、ウォーレスは後段では次のように付言して――それ以後多くの人々がそうしたように――性急に結論をくだす危険を回避していた。いわく、「この原因は諸々の一般的な原因とあいまって作用し〔傍点はウォーレス〕、それぞれの地質時代の変動が極限に達した時期に、最も分化が進んだ、あるいは最も特殊な形に進化した大型動物の絶滅を引き起こした」(9)と。

この謎を考察する際にウォーレスにとっても私たちにとっても大きな障害となるのは、これほど大規模な大型動物の絶滅は人間の想像を絶しているということだ。有史以来、これほど多数の動物種が絶滅したことは一度もない。マナティーの近縁種で北極圏に生息していた体重一〇トンに及ぶステラーカイギュウは、十八世紀に根絶やしにされた。だが、ステラーカイギュウはもともと個体数が少なかったうえに、メガファウナの一つの種に過ぎなかった。

人間のさまざまな経験を記録した資料は、個体数が多く、広域に分布する動物種を絶滅させるのは至難の業であることを示している。過去数百年のあいだに少なからぬ動物種が絶滅という運命をたどったが、その大半は十七世紀に絶滅したモーリシャス島のドードーのように、島に生息する動物種だった。ヒトを疑うことを知らず飛ぶこともできない何千羽もの鳥を襲った運命は、複数の大陸にまたがって生息していた膨大な数のマンモスが絶滅した原因について、私たちに何も語ってくれないだろう。なぜなら、ドードーは飢えた水夫たちによって棍棒で撲殺されたからだ。

一九一三年にウォーレスが没すると、彼の世代以後の古生物学者や関連分野の科学者の多くは、旧石器時代の神々の黄昏《ゲッテルデンメルンク》の謎よりも、もっと精緻で検証可能な解答が得られそうな謎の方に関心を転じてしまった。だが、一九六〇年代にアリゾナ大学のポール・S・マーチン教授が後期更新世の大絶滅に関する一連の著作を発表し始めると、彼の同業者のみならず一般の人々のあいだにも、この謎の解明にふたたび取り組もうという気運が高まった(10)。それ以来、白熱した論争が今日まで続いている。

聖書の記述にあくまで固執する人々はいまもって、先史時代のメガファウナの悲劇はノアの大洪水によって引き起こされたと主張している。もっと自由なものの見方をする専門家の一部は、「遺伝子の老化」といういかようにも解釈できる仮説を提唱している。幸運なことに、こうした仮説のほかにも、物理的な証拠と緻密な推論に基づいた仮説も提唱されている。その大半は、気候の変化を原因とする仮説と人類の行動を原因とする仮説のいずれかに分類できる。

気候の変化が原因か

現在は完新世に区分されるが、その直前の更新世は今からおよそ一五〇万年(ないし二〇〇万年)前から一万年前までの期間とされている。更新世のきわだった特徴は、大陸氷河が前進と後退を繰り返したことである。これに伴って海面が低下と上昇を繰り返し、大陸と大陸あるいは大陸と島が陸続きになる時期と、海で隔てられる時期が交互に出現した。こうした氷河の動きと多数の動物種が絶滅した時期のあいだには、何らかの関連があったのだろうか。

最後の氷河期の最盛期には、北米大陸の大部分とユーラシア大陸の北西部は、厚さ数キロメートルの氷に覆われていた。海面は低下し、アラスカとシベリアも、ニューギニアとオーストラリアも陸続きになっていた。温帯地域や熱帯の山岳地域でも、氷河が発達していた。その後、今から約二万年前に気候が暖かくなり始め、大陸氷河が後退し始めた。この気候変化は一様に進んだわけではなく、暖・寒・乾・湿の変動が局地的、散発的に生じていた。

後期更新世の大絶滅の原因として気候変化説を奉ずる人々は、温暖化が進んだために、大型草食獣が常食としていた植物が生息できる土地が減少したと主張している。たしかに北米大陸の中央部では、「マンモス・ステップ」と呼ばれる半乾地性の大草原が縮小していた。食物が乏しくなったために、多量の食物を必要とする大型の草食獣が死に絶え、ついで大型草食獣を主たる食物源としていた肉食獣が死に絶えた。大型草食獣は現生のゾウと同様に、水場を破壊したり木々をなぎ倒すテラフォームの実践者だった。それゆえ、彼らが姿を消すと生態系が一変し、中型ないし小型の動物が食物を得たり身を隠す場所が消滅した。その結果、これらの動物種もあいついで絶滅した。

以上が気候変化説のあらましだが、これに異議を唱える人々は次のように反論している。更新世には氷河期と間氷期が何回も繰り返されたのに、最終氷河期にかぎってかくも多くの種が絶滅したのはなぜなのか？　地球の温暖化が絶滅の原因であったとするなら、ユーラシア大陸とアフリカ大陸に比べて、南北アメリカ大陸とオーストラリア大陸でより多くの種がより急激に絶滅したのはなぜなのか？　そこには気候以外の要因が働いていたに違いない、と。

さらにいえば、気候の変化はそもそも大絶滅を引き起こす原因たりえなかったはずだ。なぜなら、当時の気候変化は比較的急速に進行したとはいえ、けっして一瞬のあいだに進んだわけではない。彗星が地球に衝突したのちに土煙と破片が屍衣《しえ》さながらに地球を覆い、寒冷な気候がまたたくまに地球規模で広がったというような事態は、まったく生じていなかったのだ。たとえば、北米大陸とロシアのマンモス・ステップは一日あるいは一〇年で消失したのではない――いや、それをいうなら、完全に消滅などはしなかったのだ。寒冷な気候に適応した大型草食獣が食物としていた植物相《フローラ》は、温暖化の進行にともなって、山岳地帯や高緯度地方に移動した。たしかにケサイの個体数は減少し、中緯度地方からは姿を消しただろうが、それより北方の地域でケサイは生き延びていた。五万年ほど前のオーストラリアにおけるメガファウナの絶滅に関しては、当時この大陸で気候が顕著に変化したことを示す証拠はないに等しい。また、マダガスカルとニュージーランドにおいても、気候変化と絶滅が同時に進行したことを示す証拠は見つかっていない(11)。それゆえ、気候以外の原因を検討する必要がある。

人類の行動が原因か

人類の行動を強力な原因とみなす仮説すなわち人為説は、過剰殺戮説とも呼ばれている。ある者は、人類以外の原因は考えられないとまで主張している。人類は文化を媒介にして、彼らの被食者が遺伝子をつうじて適応するよりすみやかに新しい環境に適応し、ハンターとしてめざましい成功をおさめた。その結果、多数のメガファウナが絶滅するにいたったというのが、人為説のあらましである。一度に大量の肉が得られることから、ハンターは小型動物よりもっぱら大型草食獣を狙った。大型草食獣が絶滅すると、獲物がいなくなったために大型肉食獣が死に絶え、それとともに何らかの形で大型動物に依存していた中型ないし小型動物も絶滅した。

旧世界のメガファウナが新世界の同類よりもハンターの仮借ない攻撃を生き延びる率が高かった理由について、人為説はアフリカ大陸とユーラシア大陸ではメガファウナとヒト科がともに進化してきたからだと説明している。旧世界でも、より進歩した武器と戦術を手にしたハンターが出現したときに、メガファウナは甚大な被害を被った。ヨーロッパとアジア北部では、四三種のメガファウナのうち一一種が絶滅した(12)。けれども、旧世界の大型動物たちはそれまでヒトという動物を知らなかった新世界の動物たちに比べて、新たな状況に適応するために乗り越えなければならない心理的な壁が低かった。旧世界の大型動物たちは見慣れた二本足の動物がいまや危険な存在になったことを思い知らされたものの、その存在をあらためて認識する必要はなかった——あるいは、彼らのまわりをうろついたりしない方がいいと、あらためて悟る必要はなかった。かくして、学ぶべきことがより少ない動物が生き残ったのだ。

メガファウナの大絶滅が始まる以前に人類が南北アメリカ大陸に到達していたか否かについては、今でも議論の的となっている。けれども、今からおよそ一万一〇〇〇年前に人類がアメリカ大陸に到達して、かの有名なクローヴィス・ポイント〔中米・北米に出土する槍先形の尖頭器〕を携えて大陸に広まるのと軌を一にして、メガファウナの絶滅が進んだことは明白である[13]。最近の研究によって、オーストラリアにおけるメガファウナの絶滅が今から五万年前に生じたことが裏づけられたが、この時期はまさに人類がニューギニアから浅瀬を歩いて、あるいは小舟や筏《いかだ》に乗ってオーストラリアにやってきた時期とほぼ一致する[14]。ニュージーランドとマダガスカルにおけるメガファウナの絶滅は、アメリカ大陸やオーストラリア大陸のそれに比べてずっと最近のことなので、年代の特定は比較的容易である。これらの島では、メガファウナの絶滅と人類が上陸して拡散した時期が非常によく一致している（これで疑問が氷解すると早合点されないように、一言指摘しておきたい。島の生態系は規模が相対的に小さいので、人類であれ、そのほかの動物であれ、外来生物は常にきわめて大きな影響を及ぼす。ニュージーランドとマダガスカルにおけるメガファウナの絶滅は、単にこのことを証明しているだけなのかもしれない）。

人為説によれば、人類はいつでもどこでも移住した先々でみごとな成功をおさめ、さかんに人口を増やし、獲物をむやみに殺し続けた。その結果、多くの動物種が絶滅し、属がそっくり絶滅することも珍しくなかった。

後期更新世におけるメガファウナの大絶滅の原因を人類の行動に帰する人為説は、この大きな謎に含まれる小さな謎の数々にもっともらしい解答を与えるうえに、論理的にも一貫している。だが、この仮説ではこの謎全体を説明できない、と主張する人々も多い。第一に、餌食になったとされる動物に比べて、人間の数は圧倒的に少なかった。それにもかかわらず、人間が何百万頭もの巨大で危険な動物を次々と殺戮し、ついには地上から絶滅させたというのは、考えるだに愚かである。第二に、人類はそもそも、これほど多くの大型動物を殺せるような技術をもっていなかった。地質学者のサールズ・ウッド（一七九八〜一八八〇）は一世紀以上も前に次のように述べて、人類が原因であった可能性を頭から否定していた。「人間がサイを襲ったなどと主張するのは噴飯ものだ。サイの皮はライフルの銃弾もはねかえすほど厚くて硬いのに、石斧や骨製の刀でサイに立ち向かえるわけがない！」(15)

人為説のシナリオ

人為説の当否を判定するに当たって真っ先にすべきことは、人類が本当に絶滅の原因だったのかと問うことではなく、はたして人類は原因たりえたかを問うことだろう。つまり、原因となりえたという前提そのものが、馬鹿げているか否かを見きわめるということだ。何よりもまず、大量虐殺をなし遂げられるだけの数の人間が、とりわけ移住の最前線に存在していたのだろうか？常識は（しばしば近視眼的で傲慢なものの見方をするものだが）ノーという。だが、算術はイエスと答える。ポール・S・マーチンとジェームズ・E・モジマンがその詳細なシナリオを描いているので、ここではそれらを大幅に単純化して簡単に説明しよう。

彼らのシナリオは、北米大陸北西部の氷結していない回廊地帯を通って、一〇〇人の人間がアラスカから現在のアルバータ州エドモントンまでやってきたことから始まる。エドモントンの南に広がる大平原には、少なくとも今日のアフリカの動物保護区域と同じ密度で、大型動物が生息していた。野心満々の新参者たちは一週間に一人当たり、体重四五〇キログラムの動物を一頭殺すとする。これは必要を満たす以上の量だが、最上の部分だけを食べたがるグルメ気取りのにわか成金のことを考えれば、多すぎるとはいえないだろう。彼らの人口増加率は年三・五パーセントとする。これはかなり高い数値だが、今日でもこの程度の人口増加率は見られるし、このシナリオの大成功したハンター集団では実現可能な数値だろう。成人の寿命が伸び、女性はより多くの子どもを無事に産むようになる。新生児は成熟するまで生き延び、やがて生殖活動を始める。移住の最前線は大型動物の肉を糧にして、扇状に広がってゆく。最前線が進む速度は獲物の生息密度や人間の平均寿命、さらに北米大陸におけるハンターのデビューを再構成する際に想定すべき各種要因の推定値によって決まる。どのようなシナリオを描いても、せいぜい一〇〇〇年もあれば、移住の最前線は大西洋から太平洋にいたる長い弧を描き、メキシコの奥深くまで達する。このとき、北米大陸には数十万人の先住民が生存しているが、エドモントンと人類の前衛基地のあいだに大型動物は一頭も残っていない[16]。

これはコンピュータでシミュレーションしたモデルであり、北米大陸をあたかも水面の高さが排水溝の直径に正確に対応して上下する浴槽のように扱っている。大陸とその生態系をこのように単純化できないことは、いうまでもない。それでも、このモデルは、ハンターたちがその手段さえもっていたなら、北米大陸における後期更新世の大絶滅を――そして、たぶんほかの大陸のフロンティアでも――引き起こせたであろうことを示している。

ホモ・サピエンスという脅威

それでは、ハンターたちはどのような手段をもっていたのだろうか。ウッドが軽んじたように、彼らは石斧や骨製の刀程度の武器しかもっていなかったのだろうか？　だが、そもそも人類対メガファウナの闘争は、ウッドが考えていたほど人類に不利なものではなかった。第一に、大型動物の個体数は常に小型動物の個体数より少ない。マンモスを絶滅させる方が、ネズミをすっかり駆逐するより容易だったろう。第二に、メガファウナをメガファウナたらしめている大きさという要因は、見た目ほど重要ではない。体重一〇〇キログラムの獣より一〇〇〇キログラムの獣に踏み潰されるケースが多いというほど、ハンターは鈍くはない。むしろ実際には、後者から身をかわす方が容易だろう。

第三に、闘争において、戦術は身体の大きさより重要な要素となりうる。更新世のハンターは時として、投げ槍だけでゾウをしとめていた十九世紀の南アフリカ先住民と同じような戦術をとっていたに違いない。一頭のゾウに狙いを定めて群れからおびき出し、そのゾウめがけて槍を投げる、出血と疲労が増すように追い立てながら、さらに槍を投げる、頃合いを見計らってとどめをさす、というように(17)。こうした戦術は明らかに危険を伴うが、ハンターたちは今日の動物学者の誰よりも、ゾウの生理と心理のさまざまな側面を熟知していたのだ。

周知のように、先史時代のハンターは、たとえば獲物を崖から追い落とすというように、しばしばより安全な方法で大型動物をしとめていた。そして、直接対決が避けられない場合には、めったに成獣は狙わなかったに違いない。分別のある肉食獣のように、彼らも群れの中の幼いものや弱っているもの、年老いた個体や妊娠中の個体を襲っていただろう。美食家という点では、彼らは十八世紀の南米パンパスの住人たちに引けを取らなかっただろう。ガウチョー〔南米大草原のカウボーイで、通例インディオとスペイン人の混血〕や先住民は毎年その時期になると、妊娠した野生の雌ウシを一日に一人当たり二頭も殺していたのだ――まことの美味である胎児を賞味するために(18)。

さらに、ハンターは少人数では大型動物と対決しなかっただろう。彼らはもしかしたら、現在でもカラハリ砂漠のクン族がそうしているように、大きな獲物に対しては毒を塗った矢や槍を放っていたのかもしれない(19)。だが、毒については想像をたくましくすべきではない。なぜなら、移動を続けるハンターたちは、毒の原料となる植物や昆虫などについて何ら知識をもっていなかっただろうからだ。

彼らが後期更新世のハンターの必携品となっていたアトゥラトゥルを用いて、離れたところから獲物をめがけて槍やダートを勢いよく投げていたことは間違いない。今日の好事家がアトゥラトゥルで放ったダートは、車のドアを貫通する。一万一〇〇〇年前の狩猟民が放ったダートは、大型動物の厚い皮を射ぬいていたに違いない。第二章で述べたフリソン教授の実験が示しているように、アトゥラトゥルで放ったダートはゾウの骨を砕き、体腔にまで達する。これを考えると、アトゥラトゥルと一摑みのダートで武装した命知らずのハンターが、たった一人でマンモスやマストドンや地上性ナマケモノに立ち向かい、運良くしとめたこともあったかもしれない。ハンターがチームを組んで協力し合ったときには、狩りはたいてい成功していただろう。

更新世の末頃にはホモ・サピエンスはいたるところで、武器や役に立つ従者代わりとして、また喜びと慰めの源として、日常的に火を使用していた。彼らが二十世紀のアボリジニに劣らず巧みに燃え木を使っていたことを、疑う理由は存在しない。火を使えば、大型動物も効果的に追い立てることができただろう。十九世紀の資料に記録された東アフリカの狩りでは、松明を掲げた五〇〇人ほどのハンターが一八頭のゾウを取り囲み、一斉に槍を投げつけてしとめている。彼らはきっと、古代から受け継がれてきた戦術をとっていたのだろう(20)。

一万年前に人類が繰り返し火を使用したことは――これは今日でもいえることだが――大型動物の多くが適応できる以上の速さで周囲の景観を、少なくとも部分的に変えてしまったに違いない。ニュージーランドでは、マオリ族が森林を燃やしたためにモアの生息地が破壊された形跡が随所に認められる(21)。ニュージーランド以外の地域では、こうした形跡はそれほどはっきりしていない。考古学者が遺物の炭を調べても、それが自然現象による火で燃えたものなのか、人為的な火で燃えたものなのかを識別するのが難しいからだ。

大型動物は私たちが思うほど、ホモ・サピエンスの脅威にうまく対処できるようにつくられていない。私たち人間は視覚に大きく依存しているので、動物の多くにとっては嗅覚の方が視覚より重要な働きをしていることを忘れてしまいがちだ。たとえば、アフリカのシロサイの写真を撮るときには、風下から近づけば、シャッターの音が聞こえるまでシロサイは逃げ出さないだろう。更新世の大型動物も視力が弱かったので、ハンターはやすやすとダートを投げられる距離まで忍び寄れたことだろう。

ある種の動物たちは何世代にもわたる経験に基づいて、昔から見慣れた肉食獣から身を守る行動様式を発達させてきた。ところが、そうした行動様式は、相手が人間の場合には破滅的な結果をもたらした。たとえば、ジャコウウシは襲撃してくる獣から逃げる代わりに、ちょうど「幌馬車隊が円陣を組む」ように、雄の成獣が幼い個体やひ弱な個体を囲んで敵に立ち向かう。飢えたオオカミはあの手この手でフェイントをかけるが、ずらっと並んだ角《つの》の壁に裂け目を見つけられずに、うなりながら去ってゆく。ところが、人間のハンターは彼らから距離をおいたまま、飛び道具をしかけてくる。かくして、ジャコウウシの円陣は小さく、小さく、小さくなってしまうのだ(22)。

多くの動物種は何世代にもわたって蓄積された経験から学習するまで、脅威を脅威として認識しない。ドードーとオオウミガラス〔十九世紀に絶滅した北大西洋産の翼の退化した海鳥〕が絶滅したのは、彼らが人間を脅威とみなさなかったため、飢えた水夫たちが難なく彼らに近づいて、その脳を打ち砕いたからにほかならない。十九世紀には水夫たちが桁外れに危険な大型動物、すなわちクジラに至近距離まで近づいて、破壊力も射程も投げ槍並みの銛《もり》だけを武器に、いくつかの種が絶滅の瀬戸際に追いやられるまでクジラを殺戮した(23)。ホエールウォッチングの経験がある人ならわかるだろうが、クジラの多くはいまだに人間を恐れることを学んでいない。

今日のアフリカの動物保護区域では、野生動物にとって新奇な存在である自動車の中にいるかぎり、危険な大型動物たちは人間に注意を払わない。ところが、二本足の観光客が車から降りて、見慣れた脅威であることを示すやいなや、動物たちは逃げるか襲ってくる。後期更新世に人類の移住の最前線にいあわせた大型動物が、この二本足の動物を恐れるにたる存在とみなす理由があっただろうか？　身体が大きいということは、それゆえに危険に無頓着になった場合には、致命的な短所となりかねないのだ。

大型動物は妊娠期間が長いので——ゾウはおよそ二〇ヶ月、ヒトは九ヶ月である——出生率が低い。それゆえ、膨大な数の子孫を産んで、その一部がなんとか生き残るという戦略で、生存に対する脅威から種を守ることができない。大型動物は行動様式を変えることによって、新たな事態に適応しなければならないのだ。だが、繁殖力はしばしば知性より有効に機能する。それは、キッチンをゴキブリがうじゃうじゃと這いまわり、草地やサバンナにマンモスが一頭もいないのを見れば一目瞭然である。

感染症の猛威？

エイズやエボラ出血熱の恐怖が蔓延している今日、疫学的な知見が人為説を側面から支持している。人類は単独で新世界やオーストラリア大陸に移住したのではなかった。人類と、彼らとともにやって来たあらゆる種類の動物たちは——渡り鳥や回游魚のような移動性の動物であれ、半ば家畜化されたイヌであれ、ヒトジラミであれ——すべて微生物を伴っていた。このちっぽけな侵略者に対して、アメリカ大陸やオーストラリア大陸の在来の動物たちは抵抗する術をもち合わせていなかっただろう。おそらく、ヒトとその随行員の出現は、在来の動物を疫病の災禍に巻きこんだものと思われる。

こうした事態は近代にも出来している。一八九〇年代におそらくイタリア軍の侵攻に伴って、牛疫〔発熱と腸粘膜障害を伴うウシ・ヒツジなどの猛烈な伝染病〕が初めてサハラ砂漠以南のアフリカに出現した。牛疫はソマリアから急速に南方に広まり、東アフリカの家畜と野生の有蹄類を大量に殺した。一九五〇年、オーストラリア政府は繁殖しすぎた外来種のウサギを絶滅させるために、伝染性粘液腫症というウサギの致死的疾患のウイルスを移入した。その結果、ウサギは絶滅こそしなかったものの、数百万匹が斃死した。天然痘の例がとくに有名だが、ヨーロッパ人が大洋を越えて植民地にもちこんださまざまな疾病は、帝国主義者たちより速く伝播し、南北アメリカ大陸やオーストラリア大陸を含むオセアニア地方の先住民を大量に死にいたらしめた。これらの不運な人々の多くは、白人を見もしないうちに、病気で命を奪われたのだ[24]。

新たに出現した伝染性の感染症が特定の動物種を短期間のうちに大量に殺したということは、充分に考えられる。しかし、一種類の感染症がこれほど多様な動物種を襲ったというのは、ありそうもないことだ。感染症には、広い範囲の動物種が罹患するタイプのものがある。たとえば、牛疫にはウシ、ヤギ、ヒツジ、およびこれらと近縁の野生動物が罹患する。だが、哺乳類のすべてどころか、その大部分が罹患するわけではない。伝染性粘液腫症はウサギだけが罹患する病気だが、あらゆる種類のウサギが発症するわけではない。エイズはヒトに特有な病気であり、ヒト以外の霊長類はこのウィルスに感染しても、発症して死ぬことはない。もしかすると後期更新世には、数種類の動物感染症が同時に猛威をふるったのだろうか？　だが、もっぱら大型動物に致命的なダメージを与え、小型の動物にはさほどダメージを与えない感染症とは、いったいどのようなものだったのだろうか？

　現在のところ、外来の病原性微生物が絶滅を引き起こしたとする説を支持する具体的な証拠は得られていない。けれども、この説を念頭に置いて微生物学的および分子生物学的な研究を進めれば、ほどなく何らかの知見が得られるだろう(25)。

人間に欠けているメカニズム

　後期更新世の大絶滅の原因について提唱された仮説はいずれも、本章で述べた事例のすべてを充分に説明しうるものとは思えない。気候変化説の提唱者たちは、以下の疑問に対して満足のゆく解答を提示していない。なぜ、この時期の気候変化はそれ以前の十数度に及んだ気候変化に比べて、はるかに破壊的な結果をもたらしたのか。なぜ、もっぱらメガファウナを絶滅させたのか。なぜ、絶滅が生じた時期が地域によって異なるのか。

　一方、人為説の提唱者たちはその前提として、火おこし棒や槍やダート程度の武器しかもたない――のちには弓矢が使用された地域もあるが――圧倒的に少数派の人間が、激変する状況のもとで膨大な数の動物を直接殺すことが物理的に可能だった、とみなしている。人為説はオーストラリア大陸やニュージーランド、マダガスカルの事例にはよく当てはまる。これらはいずれも島ないし島大陸であるので、その生態系は外からの侵略者に対してきわめて脆弱だった。だが、南北アメリカ大陸のように広大な大陸にも、人為説は当てはまるだろうか？　ヨーロッパ人が新世界に到達したとき、これらの大陸に生息する大型動物はほかの大陸に比べて非常に少なかった。

それゆえ、コント・ド・ビュフォン〔一七〇七〜八八〕など初期の博物学者たちは、新世界の環境は旧世界に比べて本質的に劣っているに違いない、と推測したのである(26)。

科学者は概して、一度に一つの要因を検証しようとする。そうすることによって、明確な測定値が得られるとともに、正確に比較検討することが可能になる。一度に複数の要因を検証しようとすると、想定される状況は指数関数的に増加し、その作業は実験科学より政治学に近いものとなってしまう。ノアの大洪水説と遺伝子老化説は論外として、考えられるすべての原因を組みこんだ更新世の絶滅モデルを科学者がつくったら、それはさだめしダマだらけの濁ったシチューのような代物になるだろう。だが、私たちすべてが求めているのは、澄んだコンソメスープのように明快なモデルなのだ。

とはいえ、現実世界はまさにシチューのようなものである。後期更新世の大絶滅に関する標準的な仮説がいずれも完璧とは思えない理由はおそらく、メガファウナの絶滅が生じたいかなる地域でも、ただ一つの要因がかかる事態を引き起こすことは不可能だったということだろう。たぶん、気候が変化したことに加えて、それとほぼ同じ時期にアトゥラトゥルと火起こし棒を携えた人類が出現したことが、新世界で生じた事態を引き起こしたのだろう。たぶん、オーストラリア大陸でも同じような経緯だったのだろうが、この大陸に関しては、もっと多くの証拠が集まり、より正確な年代測定がなされるまでは、結論を下すことはできない。ニュージーランドとマダガスカルに関しては、純然たる人為説がよく当てはまるように思われる(27)。これらすべての地域で、あるいはその一部で、新たな疫病という要因が作用した可能性がある。

後期更新世には上述したいずれの地域にも、人間のハンターが存在していた。彼らは新顔の捕食者であり、あるいはかつてないほど不屈な捕食者だった。彼らが不屈だったのは、第三章で指摘したように雑食性であること、とくに料理することを知ったのちには摂取する食物の種類がさらに増したことに起因していた。たとえ、ある動物種をほぼ殺しつくしてしまっても、人間は飢えることも人口を減らすこともなかった。彼らは単にほかの動物種を新たな食物源とすることで生き延び、かつての獲物の生き残りに出くわせばそれをしとめて、ついにはその種を絶滅させた。人間のハンターは離れたところから獲物を襲うことができ、火を操れるという点で、新しいタイプの捕食者だった。彼らの武器は前代未聞の威力を有していたので、その収穫も前代未聞の規模に達したに違いない。

　十九世紀には、激しく逆襲してくることから悪魔の魚《デビルフィッシュ》という異名をとった太平洋のコククジラを、捕鯨業者がさかんに捕っていた。この系群〔生理・生態的な違いの認められる地域個体群〕は遺伝子と数千年にわたる習性に導かれて、毎年バハカリフォルニアまで回游して子どもを産んでいた。捕鯨業者はこの海域の潟でクジラを待ち伏せては捕獲し、わずか数十年でこの系群を絶滅寸前まで追いやった[28]。やがて、個体数が激減したためにクジラを探すコストが利益を上まわるようになると、捕鯨に終止符が打たれた。もし、利益があがり続けていたら、捕鯨業者はクジラを捕りつくしていたに違いない。更新世のハンターは十九世紀の捕鯨業者より情け深かったなどと、いったい誰が信じるだろうか？

　ネアンデルタール人と初期のホモ・サピエンスの手の骨に認められる微細な差異から、後者の手の方が前者より、柄をつけた武器を扱うのに適していたとみなされている。この差異はまた、ホモ・サピエンスがネアンデルタール人より巧みにアトゥラトゥルを操ったであろうことも示唆している。この知見は、ヒト科の一族の中でホモ・サピエンスだけが生き残った理由の一端を物語っているのかもしれない。ヒト科は成功した一族の通例どおり、小さな個体集団から始まって、複数の種からなる集合体に進化した。その後、恐ろしいことに通例とは様相を異にして、後期旧石器時代にはただ一種に減ってしまったのだ(29)。

ヒトの狩猟能力は遺伝的進化の産物ではなく、文化的進化の産物だった。それゆえ、この能力は比較的すみやかに実地に用いられるようになり、同種のメンバーにも恐ろしい運命をもたらしたものと思われる。肉弾戦によって獲物をしとめる動物が、同種の個体を大量に殺すことはめったにない。同類との闘争ではとどめの一撃を自制するメカニズムが、動物には生得的に備わっているのだ。これに対して、道具とりわけ飛び道具で敵をしとめる人間には、こうしたメカニズムが備わっていない。マット・カートミルはこの違いを「打ち負かされたオオカミが腹を上に向けると、勝った方のオオカミは本能的な騎士道精神にしたがって立ち去るが、負けた人間が降参すると、勝者はその腹にとどめを刺す」(30)と簡潔に述べている。

ホモ・サピエンスが同類を大量虐殺《ジェノサイド》する唯一の種であることは、論をまたない。これは容易に種の自殺行為に発展しうることを、私たちは肝に銘じるべきだろう。

第五章

飛び道具の発展——職人技からテクノロジーへ

あなたの右手はあなたに恐怖の光景を示すであろう。
あなたの鋭い矢が飛び、もろもろの民はあなたの足もとに倒れ、
王の敵の勇猛心は溶け去る。

詩篇第四五篇四〜五節（紀元前第一千年紀）

ギリシア火はぶどう酒の樽ほどの大きな塊となって飛び、火焰の長さは長槍の柄ほどにもなった。雷鳴のような轟音を発しながら空中を飛ぶさまは、怒り狂った巨大な竜のように思われた。

ジャン・ド・ジョワンヴィル（一三〇九年）(1)

大陸氷河が後退して、現在まで続く間氷期が始まったとき、ホモ・サピエンスの一族は居住可能なすべての大陸に住みついていた。彼らは移住した土地の生態系に荒っぽい外科手術を施した。やがて、最後のケサイが死んでから数千年経った頃、人間は農民や牧畜民として、独自の生態系を行き当たりばったりに築き始めた。

南西アジアおよび隣接する北アフリカでは、ごく早い時期に農耕や牧畜が始まった。この地域では、数日あるいはたった一日歩いただけで、周囲の景観が激変する。山岳地帯と平地、峡谷と

砂漠というように著しい対比をなす環境のもとで、諸々の生物は環境に適応して生き残る術を身につけた。この地域はアフリカ大陸とユーラシア大陸のつなぎ目であり、さらに広く目を転じれば、地中海とインド洋のつなぎ目でもある。この世界の十字路では、外来の新奇な事物がさかんに交流し、たがいに影響を及ぼし合った。

　この地域に住みついた人々は世界最古の文明を築き[2]、その成果をすみやかに東西に広めた。緯度がほぼ等しく気候も似かよっていた東西の地域では、南西アジアや北アフリカ原産の農作物は容易に広まった。さらに、この文明の発信地と同じような政治体制が発達し、都市国家が誕生し、のちには帝国が栄えた。たとえば、南西アジア原産のコムギ類は、いずれも皇帝が統治するローマ帝国と中国の漢王朝の人々の主食となった。シナ海から大西洋にいたるユーラシア大陸の広範な地域で、革新的な社会が次々と誕生した。もちろん、中央アメリカやアンデス地方の例から明らかなように、革新的な社会は世界のほかの地域でも生まれていた。だが、ユーラシア大陸の一連の文明社会は内発的な要因と辺境における異文化との交流という外発的な要因によって、その後数千年間にわたって最も広く採用された農業システムや宗教、政治体制やテクノロジーの源泉となった[3]。ローマ帝国の版図から中国にいたる地域一帯は、世界文明の中心地域《ハースランド》となった〔Hearthland：hearthには炉または炉床という意味のほかに、文化・文明の中心地域という意味がある〕。それゆえ、私はこの地域をハースランドと呼ぶことにする。

投石ひも（スリング）

ハースランドに居住したさまざまな人間集団も人類の通例として、飛び道具のテクノロジーのとりこになった。彼らはアトゥラトゥルと弓につぐ飛び道具発射装置として、旧約聖書に記されたダビデ〔前九六二没、または在位前一〇〇〇頃～前九六二〕の事跡で名高い携帯用投石器、すなわち投石ひも《スリング》を発明した。あるいは、ほかの地域で発明されたスリングを、時をおかずに使うようになった。スリングの形状は地域と時代によってさまざまだが、通常は眼帯のような形をしている（**図5**）。中央の浅い袋状の部分に投弾《ミサイル》を入れて、二本の紐の端を握り、頭上で数回振りまわしてから片方の紐を離す。すると、ミサイルが時速一〇〇キロメートル以上のスピードで飛び出すのだ。袋状の部分はおもに革でつくり、ミサイルには重さ三〇グラムくらいの石を使うことが多かった[4]。

スリングにはミサイルを高速で飛ばせるという以外に、つくるのに手間もコストもかからず、ミサイルが容易に手に入るという利点があった。ダビデが用いたミサイルは、小川で拾った五つの滑らかな石だった。

> ダビデは袋に手を入れて石を一つ取り出すと、スリングでそれを飛ばし、そのペリシテ人の額を撃った。石はペリシテ人の額にめりこみ、彼はうつ伏せに地に倒れた[5]。

図5　スリングの一例［ダイヤグラムグループ編『武器――歴史・形・用法・威力』田島優・北村孝一訳，マール社より］

かくして、イスラエルに一騎打ちを挑んだペリシテ人の巨人戦士ゴリアテは、スリングの達人の一撃によって、あえない最期を遂げたのだ。

スリングは新石器時代のかなり早い時期から用いられていた。たぶん後期旧石器時代にも使われていたのだろうが、その証拠を見つけるのは難しい。なぜなら、植物の繊維や毛髪や腱や革でつくられたスリングは、アトゥラトゥルや弓よりさらに腐りやすいからだ。スリング用の鉛の弾丸は容易に識別できるが、(空気抵抗のわりに石よりも重いことから)鉛弾がつくられるようになったのは、スリングの歴史がもっと進んでからだった。発明された時期がいつであったにせよ、スリングはダビデの時代には、つまり後期青銅器時代ないし前期鉄器時代には、すでに広範な地域で使われていた。それから五〇〇年経っても、クセノポン〔前四三一~前三五五頃〕が紀元前四〇〇年頃に著わした『アナバシス』から明らかなように、スリングの使い手は軍隊で重要な地位を占めていた。エルナン・コルテス〔一四八五~一五四七〕に率いられてメキシコに侵略したスペイン人は、アトゥラトゥルのみならず、スリングで放たれたミサイルもかわさなければならなかった。十八世紀に太平洋を航海したキャプテン・クックは、ポリネシア人がスリングを使うのを目撃している。

けれども、スリングには以下のような短所がある。スリングを使う動作は、アトゥラトゥルを使う場合と同じくらいのスペースと時間を必要とする。スリングはしゃがんだ姿勢では使えないし、馬上ではなかなか使いこなせない。しかも、正確に標的に当てるためには、羊飼いの少年ダビデが羊の群れを狙う獣に対してスリングを使っていたように、子どもの頃からの実践が欠かせない。弓も幼い頃から訓練を始めた方がよいのはもちろんだが、並みの射手の方が並みのスリングの使い手よりも容易に、いわゆる納屋の戸〔当たりそこないのない大きな的の意〕に命中させられるだろう。弓の射手は矢を放つ前に、狙いを定めることができる。それに対してスリングの使い手は、直感としかいいようのないものだけを頼りに、紐を手放すのに最適な瞬間を一秒の何分の一というレベルで正確に判断しなくてはならないのだ(6)。これはまさに、腕渡り《ブラキエーション》をしていた祖先をもつ動物でなければ、思いもよらない離れ業である。本人も相手も動いていたにもかかわらず、ダビデはゴリアテの額という小さな的《まと》に石を命中させた。ダビデの腕前は、この話がかち得た知名度に値するといえるだろう。

弓の改良

だが、ダビデの名声にもかかわらず、スリングは個人用飛び道具の首位の座を弓矢に譲る運命にあった。なぜなら、弓矢には前述した長所があるうえに、さらなる改良の余地があったからだ。弓と矢が重要な地位を占めていたことは、火器が弓矢に取って代わり始めてからまる八世紀経った今日でも、アーチャー〔Archer：弓の射手〕やフレッチャー〔Fletcher：矢の製造人〕という名前が電話帳に多数見られることからもうかがえる。

弓の力とは、射手が矢をつがえて弓を引くときに、弓（と、おそらくその一部は弦）に蓄えられるエネルギーにほかならない。弓が硬ければ硬いほど、このエネルギーは大きくなるが、弓を引く人間の筋力にはいかんともしがたい限界がある。弓をつくる職人はこの問題を解決するために、弓の改良に取り組んだ（弓の力とは矢をつがえて一定の長さを引いたときの弓の反発力で、通常はその長さを引くのに要する力を重さの単位で表わす）。

素材の弾性が一定であれば、弓の力は以下に述べる二本の線で囲まれた部分の面積に比例する。一本の線は弦を張っていないときに弓が描く線であり、もう一本の線は矢を射る位置まで弓を引いたときに弦が描く線である。この面積が大きければ大きいほど、矢の速度が大きくなる。

矢の速度を増す最も単純な方法は、この面積をできるだけ大きくすることである。第二章で述べたように、最も初期の弓は単弓《セルフボウ》と呼ばれ、一本の弦と一本の長い棒からなるきわめて単純な構造をしていた。棒の素材は単一で、通常はある種の木材が用いられた。セルフボウの力は（やはり素材の弾性が一定であれば）弓幹《ゆがら》の長さによって決まる。弓が長いほど前述した二本の線で囲まれる部分が大きくなるので、矢の速度も大きくなる。

クロスボウが普及する以前の西ヨーロッパでは、もっぱらセルフボウが使われていた[7]。私たちに馴染み深いセルフボウは、中世のイギリスで使われていた長弓《ロングボウ》である。ロングボウの長さは射手の身長とほぼ同じか、やや長かった。後述するメアリー・ローズ号から回収されたロングボウについて試算したところ、弓を引くのに要する力は、なんと四五キログラムから八〇キログラムにまで達したという。矢が放たれてエネルギーが放出されるまで、これだけの筋力が弓に蓄えられるのだ（あまりに強力な弓は、立ったままでは扱えないだろう。射手は仰向けに寝て両足を弓に押し当てた状態で、矢を射たのだろうか？）。セルフボウは安価なうえに、一分間に最大一〇本の矢を狙いを定めて射ることができた。

しかし、兵器としてのセルフボウには限界があった。たしかに、セルフボウで射た矢には動物を殺すだけの威力があるが、狙う相手が盾や革製ないし金属製の防具で身を固めた人間となると、そうはいかない。また、いくら弓を長くしようとしても、射手の腕の長さというおのずからなる限界がある。実戦において、馬上で長弓を使いこなしたり、城壁の矢狭間《やざま》から首尾よく矢を射ることが、はたして容易にできるだろうか？(8)

弓に力が加わると、さまざまな歪みが生じる。弓を引くと、弓の背（射手から遠い方）は伸びて、弓腹《ゆはら》は縮む。背はしだいに裂け始め、ついには木端微塵になる（この破片はスリザー（slither）と呼ばれる）。一方、弓腹にはしわがよる（このしわはフレット（fret）ないしクリスタル（crystal）と呼ばれる(9)）。こうした現象が一つでも生じると、弓は使い物にならなくなる。先史時代から世界各地の弓のつくり手はこの問題に取り組み、その解決策として複数の素材からなる合成弓《コンポジットボウ》を開発した。すなわち、セルフボウの背側に動物の腱を、腹側に獣の角《つの》などの硬い素材を、獣や魚の膠《にかわ》で貼りつけたのだ。その結果、弓の弾性は数倍も高まり、圧縮に対する抵抗力も高まった。合成弓はかなり短くしても、ロングボウとほとんど遜色のない速度で矢を飛ばすことができる。それゆえ、ロングボウと同等の破壊力をもちながら、はるかに扱いやすい弓をつくれるようになった。

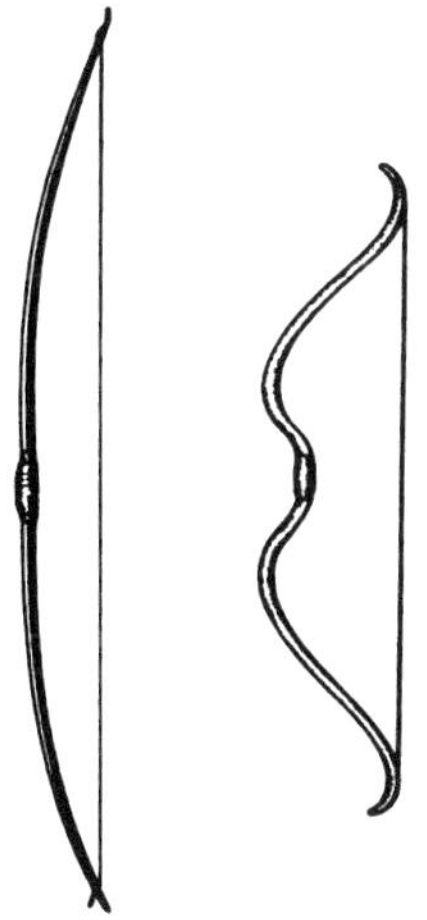

図6　セルフボウないしロングボウ（左）と逆反りの合成弓（右）

セルフボウの別のタイプの改良版が、反《そ》り弓または逆反りの弓（reflexed bow）である。このタイプの弓は、弦を張っていないときに直線ないし一様なカーブを描くのではなく、Sという字の最後がもう一回カーブしたような形状をしている（図6）。反りの程度がはなはだしいものは、弦を張っていないときには、弦を張ったときとは正反対に背が圧縮されて弓腹が伸び、弓の両端が触れそうになる。弦を張っていないときの弓が描く線と、矢を射る位置まで引いたときに弦が描く線で囲まれる部分の面積は――それゆえ弦を引いたときに弓に蓄えられるエネルギーも――同じくらいの長さで一様にカーブした弓のそれに比べて、かなり大きくなる〔普通の弓では弦を引いて弓の自然の反りを強めるだけだが、逆反りの弓では弓自体の彎曲が逆になっており、弦をしぼってこの彎曲を元に戻したうえ、さらに逆に反らせることになる〕。アケメネス朝ペルシアのクセルクセス一世〔またはクシャヤールーシャ、前五一九頃～前四六五〕が率いるペルシア軍とともにギリシアに侵攻したアラブ人部隊の射手たちも、このタイプの弓を携えていた。彼らが携えた弓は弦をはずすと反対側に反り返った、とヘロドトスは述べている(10)。

伝統的な弓職人の技が編み出した傑作が、逆反りの合成弓（reflexed composite bow）である。典型的なものでは、弓幹の素材は木で、背は動物の腱、弓腹は角《つの》で補強されている。弦を張ったときと張らないときでは、正反対といってよいほど弓の形状が異なっている。その長さは、同程度の力を有するセルフボウよりも短い。さらに、やはり同程度の力を有する逆反りのセルフボウや単なる強化弓〔セルフボウの背を動物の腱などで裏打ちして強化したもの〕よりも短い。逆反りの合成弓をつくるのは容易ではなく、弦を張るのにも高度な技《わざ》が要る――弦を張っている最中に、往々にして弓が手からすっぽ抜け、もとの反り返った状態に戻ってしまうのだ。だが、このタイプの弓は嵩張らないうえに強力なので、こうした問題に立ち向かうだけの価値があった(11)。
オデュッセウスはこのタイプの大きな弓をもっていたが、トロイに遠征する際には屋敷に置いていった。彼の妻のペネロペーにいい寄ってくる男たちは誰一人として、この弓を使いこなせなかった。だが、オデュッセウスは二〇年後に帰宅するや、こともなげにこの大弓に弦を張り、右手で弾いて弦をこころみると、弦は「その指の下でツバメの鳴き声にも似た響きを立てて、美しく鳴った」(12)。ペネロペーの求婚者たちは愕然としたが、時すでに遅く、たちまちオデュッセウスに退治されてしまった。

強力で使いやすい弓を必要としていた騎兵にとって、逆反りの合成弓はことのほか重宝だった。実際、この弓はそもそも――たぶんアッシリアの――騎兵のためにつくられたと推測されている。紀元前二千年紀には確実に、もしかすると早くも紀元前三千年紀に、アジアの大草原かその近傍でつくられていたようだ(13)。パルティア人が馬上で放った矢は、逆反りの合成弓で射たものに違いない〔パルティアは西アジアの王国で、パルティア人騎兵が退却するとき、後ろ向きで矢を射たことから、Parthian shotには最後の一矢、転じて捨て台詞の意味がある〕。チンギス・ハン〔一一六二～一二二七〕はこの弓で武装した騎馬弓兵部隊を率いて、ユーラシア大陸の大半を征服した。

逆反りの合成弓は、職人が木や腱や角といった自然の素材でつくった飛び道具発射装置の最高傑作である。オスマントルコの弓職人は総じて、あらゆる時代をつうじて最高の弓職人と評価されている。一七八九年、オスマントルコのセリム三世〔在位一七八九～一八〇七〕は彼らが提供したこのタイプの弓を用いて、八八九メートルの飛距離を出したという。この矢は軽くて特殊なつくりの「遠矢」の一種だったのだろうが、それにしても、この飛距離は驚異的で――むしろ信じがたいほどだ(14)。

クロスボウ——最初の機械仕掛けの兵器

機械的な仕掛けを用いずに、木と腱、角《つの》と人間の筋力だけで矢を飛ばす場合は、せいぜいこれくらいの飛距離しか出せないだろう（あるいは、これほどの飛距離を出せるというべきか）。やがて、弓職人は機械的な仕掛けを採りいれて、クロスボウ〔中国では弩《ど》〕を発明した。クロスボウは紀元前四世紀頃の中国で発明されたと推測されており、紀元前二世紀には確実に使用されていた。クロスボウは、木製ないし金属製の長い柄〔弓床ないしティラー〕の端に、頑丈な弓を垂直に取りつけたものである。弦を張るときには、柄の弓側の端にとりつけた鐙《あぶみ》に片足をかけて、両脚と背中の筋力をフルに使って弦を引き絞り、柄の弦受けにひっかける。クロスボウが発達して強力になるにつれて、弦を巻き上げる精巧な装置が用いられるようになった。クロスボウの矢は通常は金属製で、いみじくも太矢《ボルト》〔boltには稲妻という意味がある〕と呼ばれていた（角型の矢尻のついた矢は、なんと「クォーラル」と呼ばれていた！〔quarrelには喧嘩の意味もある〕）。弦につがえたボルトは、柄に刻んだ溝ないし爪状の支持装置に装着される。ボルトは普通の矢より短く、先細になっているので、矢尻の反対側の端の方が太い。たとえ羽をつけなくても、後部が矢尻より風の抵抗を強く受けるので、ボルトはまっすぐに飛ぶ。柄に取りつけた引き金を引くと、弦が弦受けからはずれてボルトが勢いよく射出される（図7）。

ウエストポイントのアメリカ陸軍士官学校の博物館には、十四世紀のフランスのクロスボウが所蔵されている。弓の長さは一メートル強で、柄はあまり長くない。ボルトの長さは約三八センチメートルである。近代の戦争で使われた標準的な歩兵用ライフル銃に比べて、もち運びや操作がとくに困難であるとは思えない。クロスボウは、とくに防御用の兵器として絶大な効果を発揮した。城壁や胸墻《きょうしょう》の後ろから矢を射る場合、クロスボウはアトゥラトゥルや普通の弓よりずっ

図7　聖人の処刑に用いられた逆反りの合成弓とクロスボウ．下方に、クロスボウの端の鐙（あぶみ）に足をかけて弦を引き上げている姿が描かれている．アントニオ・ポライウォロ『聖セバスティアヌスの殉教』[Alinari/Art Resource, New York]

と使いやすいのだ。

クロスボウの大きな利点の一つに、初心者でも容易に操作法を習得できることがあげられる。普通の弓でも、五〇歩離れたところから「納屋の戸」に射当てる程度の技量なら、容易に習得できる。だが、もっと小さな的《まと》に着実に命中させるとなると、小さい頃からの訓練が欠かせない。弦と矢を引き、狙いを定めて矢を放つという一連の動作において、射手は腕と背中と胸とさらには脚の筋肉を最大限に収縮あるいは伸展させつつ、身体の動きを完全にコントロールしなくてはならないのだ(15)。

これがきわめて困難な行為であることは、弓術家の心得を説いた古代中国の以下の文章からもうかがえる。「左手は石を拒《ふせ》ぐが如くし、右手は枝を付するが如くす〔左手は飛んでくる石を防ぐようにのばし、右手は枝を撫でるように軽く握る〕。右手これ「矢」を発し、左手は知らず――これ蓋《けだ》し射の道なり」(16)

ヘンリー八世〔一四九一～一五四七〕の海軍で対仏戦に活躍したメアリー・ローズ号は、一五四五年にイギリス南岸沖で沈没した。〔一九七〇年代から開始された引きあげ事業によって〕この船から回収された弓の射手の骨格は、その鍛錬のほどを物語っている。重い弓を引くことによってとくに影響を受ける左の前腕と右手の骨、背骨の上部が、変形していたのだ(17)。

クロスボウの射手も、弦を引くときには渾身の力をふりしぼらなくてはならない。だが、いったん弦を弦受けにかければ、力を抜いた状態で照準を合わせたり、引き金を操作することができる。遠くの標的を狙う場合は柄の先端をもちあげるので、柄によって視界が遮られる。とはいえ、概していえば、クロスボウの射手はライフル銃の射手より多大の努力を要するわけではない。この新型の弓は戦場でめざましい効果を発揮したので、熟練した射手はおおいに尊重され、スペインでは騎士に叙せられるほどだった。クロスボウの使用を強力に推し進めたイギリスの獅子心王ことリチャード一世〔一一五七〜九九〕は、一一九九年にフランス南西部アキテーヌの攻囲戦において、クロスボウが放ったボルトによって命を落とした(18)。

クロスボウの大きな短所は、矢を射るのに要する時間が従来の弓よりずっと長いことだった。だが、ボルトの重量と速度に起因する破壊力は、とくに鋼鉄製の弓が合成弓に取って代わってからは、こうした欠点を補って余りあるものだった。狩りや戦闘の現場でロングボウを用いる場合、その力はせいぜい四五キログラムほどが限界だろう。これに対して、クロスボウははるかに強力である。たとえば、ある大きなクロスボウの力は五五〇キログラムで、ボルトを四二〇メートル飛ばしたという実験結果が得られている。中国の辺境では、最上の部類の逆反りの合成弓で武装した侵略者たちでさえ、防衛軍の弩には歯が立たなかった。中国人は一度に数本の太矢を発射できる弩（図8）や、連発式の弩も発明した。後者は一種の弾倉に矢の束を入れ、一本射ると次の矢が自動的に発射位置に下りてくる仕組みになっていた。

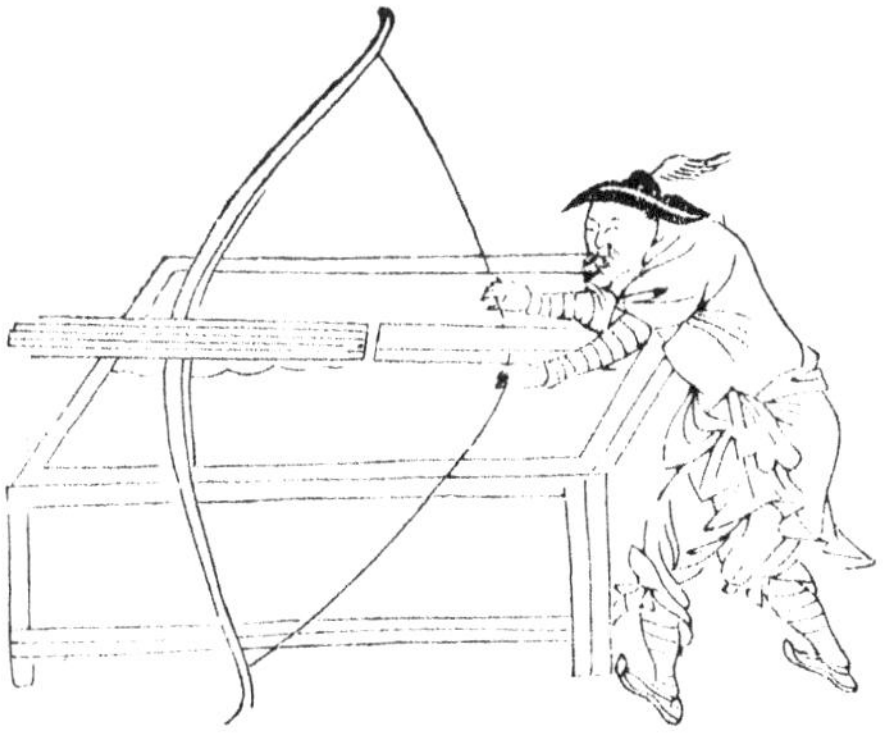
図8　中国の多発式の弩（1601年，木版画）［ロバート・K.G.テンプル『図説中国の科学と文明』牛山輝代監訳，河出書房新社より］

クロスボウの威力は絶大だったので、並みの技量の兵士でも、騎兵の甲冑を確実に射抜くことができた。一一三九年の第二回ラテラノ公会議において、キリスト教徒相互間の戦闘ではクロスボウを使用することが禁止されたのは、こうした事情によるものだろう。キリスト教会と同様に階級制度に基づく社会の安定を重視していた中国の儒家たちも、弩の威力に懸念を抱いていたふしがうかがえる。だが、キリスト教会も中国の指導層も、世の趨勢には逆らえなかった。クロスボウはユーラシア大陸全域で数世紀間にわたって、個人用の飛び道具発射装置として傑出した地位を保ち続けた。エルナン・コルテスがメキシコを侵略する際にクロスボウ部隊を伴ったのは、彼の懐古趣味のなせる業ではなかったのだ(19)。

鋼鉄製のクロスボウはきわめて性能の優れた兵器だった。だが、私たちにとってより重要なのは、この兵器が軍事テクノロジーの潮流の変化を示す前触れだったということだ。そう、梃子《てこ》と歯車と鋼鉄でできたクロスボウは、機械だったのだ。機械化された兵器は戦争の性質を一変させ、戦争の機械化という趨勢は今日まで衰えることなく続いている。

攻城用投石器の出現

紀元一〇〇〇年頃から、飛び道具の分野では科学技術《テクノロジー》が職人の技能《クラフト》に取って代わり始めた。敵がしばしば城壁の背後にたてこもるようになったので、城壁を打ち壊すための飛び道具がぜひとも必要になった（防御する側からいえば、攻めてくる敵を城壁から遠ざけておけるような飛び道具が必要になった）。こうして、軍事技術者というきわめて重要な職業的専門家が誕生する道が開かれた。

地中海からシナ海にいたるハースランドではすでに古代ギリシアの昔から、弓と同様に素材の弾性をエネルギー源としたり、ねじった紐や毛髪などの反発力を利用して、石や矢を飛ばす各種の飛び道具発射装置が開発されていた。その例として、アークバリスタ、バリスタ、カタパルト、マンゴネル、オナガーなどがあげられるが、その定義は時とところによってまちまちである[20]（ちなみに、現代の兵器の命名法もけっして系統だっているとはいえない。たとえば、戦車《タンク》はその油槽《タンク》に燃料を入れなければ動かない、というように）。

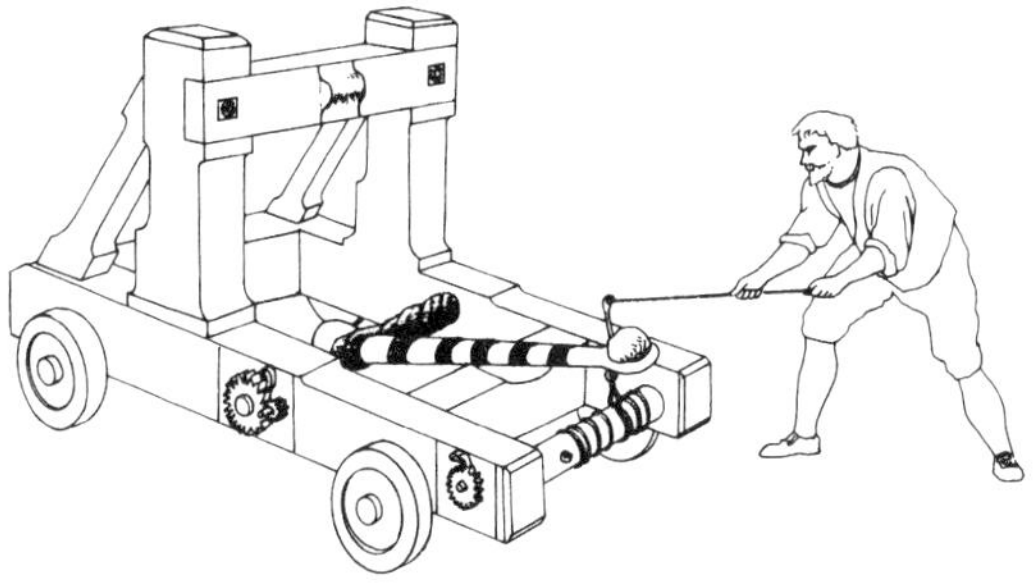

図 9　ねじれ式発射装置の例（カタパルト）［前掲『武器』より］

これらの装置の小さなものは大きな合成弓やクロスボウほどのサイズしかなかったが、時の経過とともに大型化が進み、専用の台座に据えて用いられた。後期のねじれ式発射装置の典型的なものは、次のような仕組みになっていた。きつく縒りあわせた腱や毛髪の束の中に（ミサイルを発射する梃子《てこ》の役割をする）腕木《アーム》を差しこむ。ウィンチを用いてアームを後ろに引くと繊維の束がねじれて、その反発力によってアームにエネルギーが蓄えられる。そこでアームの留め金をはずすと、アームが大きく前方に振れて、ミサイルが勢いよく飛び出す（**図 9**）。ミサイルには、長さ数メートルの矢や大きな石が使われていたようだ。ユダの王ウジャフが「矢や大石《おおいし》を放てるように」工夫した装置をつくり、エルサレムの塔や城壁の稜堡《りょうほう》の上に据えつけさせたと旧約聖書に記されているのは、こうした兵器だったのだ(21)。

ねじれの反発力を利用した発射装置の有用性は、ごく限られていた。ミサイルの最大射程と重量は束ねた繊維の強度と弾性によって決まってしまうが、これらの属性は天候によって変化する。また、繊維が消耗するのも速かった。こうした欠点は、子どもが遊ぶゴムバンド製のパチンコと共通している。やがて紀元第一千年紀の半ばになると、トレビュシェットと呼ばれる新しいタイプの攻城用投石器が登場して、ねじれ式発射装置に取って代わった(22)。

トレビュシェットはいわば、アトゥラトゥルと、ダビデが愛用したスリングを合体して大きくしたものとみなせるだろう。その構造はごく単純で、長いアームの片方の端に近い部分を支点に固定し、支点から遠い方の端にスリングを取りつけて、その中にミサイルを入れるというものである。このタイプの発射装置で最も初期のものは牽引式トレビュシェットと呼ばれ、中国で発明されたと推測されている。支点に近い方の端に取りつけたロープを一人ないし数人の人間が引っ張り、反対側の端ではミサイルを入れたスリングを一人の人間が支える。ロープを引っ張る力が最大になった瞬間に、たいていはスリングを支えている人物の足が地面から離れそうになったときに、スリングを手放す。すると、アームが急激に回転して、ミサイルが勢いよく飛び出すのだ。

平衡おもり式トレビュシェットの衝撃

遅くとも十二世紀前半頃までに——たぶんイスラム教徒《ムスリム》の考案によって——一団の人間がロー

プを引く代わりにおもりを利用するという大きな改良が、トレビュシェットに施された。人間の筋力だけに依存した装置は、その大きさにおのずからなる限界がある。ロープと引き手の数が一〇〇ないし二〇〇、あるいは三〇〇くらいまでならうまく作動するかもしれないが、ロープが一〇〇本になったら蜂の巣をつつくような状態になって、引き手たちが折り重なって倒れるのがおちだろう。おもりは（土砂を詰めた箱で間に合うので）どこでも手に入ったし、充分な重量さえあれば、いつでもその機能を果たしてくれた。もっと重いおもりが必要になったら、土でも石でも手に入るものを足せばよい。

図10　中型の平衡おもり式トレビュシェット［Robert Payne-Gallway, *The Crossbow* (1903). ニューヨーク公共図書館蔵］

このタイプのトレビュシェットは、平衡おもり式トレビュシェットと呼ばれている。長い方のアームをウインチなどで引きおろし、先端に取りつけたスリングにミサイルを載せて固定する。その結果、おもりを取りつけた短い方のアームは、もちあがった状態で固定される。長い方のアームを放すと、（まっすぐ落下するように調整した）おもりがどさっと落ちる。アームが急激に回転してスリングが伸びきると、ミサイルが飛び出す。スリングが伸びることによって、ミサイルの飛行速度が大幅に増す（図10）。「ウォーウルフ（warwolf）」と称されたような巨大なトレビュシェットの場合、アームの長さは一五メートルから一八メートル、おもりの重さは数百キログラムに達し、重さ一〇〇キログラム以上のミサイルを数百メートルも飛ばすことができた。このタイプのトレビュシェットは強力であるだけでなく、人力が直接関与する部分が最小限になったことから予想できるように、従来のいかなるミサイル発射装置よりも命中精度が高かった。最近、デンマークで中型のトレビュシェットを復元して、一八〇メートル先の標的に向けて発射実験を行なったところ、ミサイルの着弾点は六メートル平方の中におさまったという(23)。

現代でも好事家やマニアたちが自作のトレビュシェットで、グランドピアノや自動車をかなり遠くまで飛ばしている。このことからも、このタイプのミサイル発射装置がかつて戦場で絶大な威力を発揮していたことがうかがえる(24)。一九九八年の秋、単なる好事家以上の志をもった面々が、アメリカやヨーロッパ諸国からスコットランドはインヴァネスのアーカート城に集まった。彼らは二台のトレビュシェットをつくり、実際に城壁を破壊できるか否かを実験した。彼らは重さ三〇〇ポンド〔一四〇キログラム〕ものミサイルを発射し、トレビュシェットで城壁を破壊できることを実証した。ちなみに、このプロジェクトの名称は「ハイランド・フリング」(25)だった〔Highland flingはスコットランドの活発なダンス。スコットランド高地のハイランドと、投げ飛ばすという意味のflingをかけている〕。

平衡おもり式トレビュシェットのおかげで、攻撃側は防御側より著しく優位になった。明代の学者で政治家の丘濬《きゅうしゅん》〔字は仲深、一四二〇〜九五〕は十五世紀にこう述べている。

開発された当初から、この種の投石器は都市の攻囲戦で用いられた。破壊を免れた都市は一つもなかった。また、艦船に対して用いられたときには、撃沈を免れた船は一艘もなかった(26)。

平衡おもり式トレビュシェットは兵器として総じて有用だったので、急速に普及した。さらに、一二〇〇年代に空前の大帝国を築きつつあったモンゴル人にとってとりわけ有用だったことが、その普及に拍車をかけたに違いない。モンゴル軍の兵士は何よりも騎兵であり、工兵ではなかった。彼らは防御側にまわることなく、ひたすら攻撃した。彼らには城壁を打ち壊す手段が必要だった。平衡おもり式トレビュシェットを発明したのはムスリムであり、その後まもなく当時最大級のトレビュシェットをつくったのはフランク人であったにせよ、これを最も必要としており、さらに最大かつ最良の装置をつくる専門家を雇うのに必要なものをもっていたのは、モンゴル人だった。彼らは専門技術者に、威信や金、軍や官僚組織の高い地位を惜しげもなく与えた。彼らはトレビュシェットをつくる技術者としてペルシア人やシリア人ばかりか、マルコ・ポーロ〔一二五四～一三二四〕が述べているように、彼やその父のニッコロのようなフランク人も雇い入れていた(27)。

十三世紀半ばには、モンゴル人はこの新しいミサイル発射装置を大々的に使って、はなばなしい成功をおさめていた。たとえば、一二四〇年にはキエフの攻囲戦でロシア軍を(28)、一二七〇年代には襄陽の攻城戦で中国軍を破っている。モンゴル軍は各地で勝利を重ね、ユーラシア大陸の大半を征服して、パックス・モンゴリカ〔モンゴルの支配による平和〕を打ち立てた。パックス・モンゴリカのもとで、商人や旅人は安全に大陸を往来できるようになり、かつては多数の兵士が配置されていた地域においてすら、ある程度厚遇されるようになった。数十年続いたパックス・モンゴリカのあいだに、新しいアイディアや発明品がかつてない勢いでハースランドに広まった。その中には、紙や印刷術、平衡おもり式トレビュシェットも含まれていた。

必要とあらば、トレビュシェットは大石以外のミサイルも飛ばすことができた。敵に苦痛と死を与えうるものは何であれ、敵陣めがけて飛ばすだけの価値があった。モンゴル人は城壁で囲まれた襄陽の町に焼夷弾を投げ入れ、クリミア半島沿岸のカッファにはペストの犠牲者の遺体を投げ入れた。この出来事によって、アジアのペストが〔カッファを通商の根拠地としていた〕ジェノヴァの商人と船乗りを媒介として西ヨーロッパに伝わり、一三四七年の大流行を引き起こしたのかもしれない(29)。

トレビュシェットは中国人に衝撃を与えた。道家の中には、この偉大な装置には守護神がついていると信じる者も現われた。トレビュシェットが放つミサイルとそのつくり手の腕前を、王沂《おうき》は次のように讃えている〔一三二五年頃の『伊濱集』〕。

風を裂き、雲を貫いて、砲弾が飛んでゆく。
轟音を響かせ、流れ星のように天空を突き進む――
城壁を越えると、ドスン！　寺院も邸宅も崩れ落ちる。
そして人々は一人残らず、混乱のきわみに陥る。

かくして、技術の絶頂は勝利の絶頂をもたらす(30)。

火薬を発射薬とする射石砲《ボンバード》が発明されるまで、平衡おもり式トレビュシェットはハースランド全域にわたって、攻囲する側とされる側すべての希望と恐怖の的だった。このミサイル発射装置は大きいうえに操作が複雑で、ほんの少し効果を高めるために調整するのも容易ではなかった。ましてて、これをつくるとなると、貴族や商人や農夫が日常の仕事の合間にできることではなかった。たとえば、ウォーウルフと称された巨大なトレビュシェットをつくるのに、イギリスのエドワード一世(一二三九〜一三〇七)は五〇人の大工と――ここが重要な点だが――五人の職工長を必要とした(31)。この熟練工たちこそ、武器製造の専門技術者の嚆矢とみなせるだろう。専門技術者はどこでも重んじられたので、ちょうど第二次世界大戦後のドイツのロケット技術者のように、おのれの技能を国境を越えて売り歩くことができた。一二九七年、エノー伯はリールを攻囲するために、こうした専門技術者の一人にトレビュシェットの製造を依頼した。その技術者は十中八九平民だったと思われるが、エノー伯は「親愛なるトレビュシェットの巨匠」(32)と呼びかけていた。

ヨーロッパでは一三八〇年を過ぎる頃まで、トレビュシェットの人気はまったく衰えなかった。一四七五年から一四七六年のスペインのブルゴスの攻囲戦でも、トレビュシェットは新兵器の火薬を用いる射石砲とともに使用されていた。旧世界が新世界を侵略したときでさえ、トレビュシェットの出番があった。一五二一年にアステカ王国の首都テノチティトラン(現在のメキシコシティー）を攻囲したときに火薬が足りなくなったため、エルナン・コルテスは現地でトレビュシェットをつくらせた。ところが、ミサイルはほぼ真上に飛んだかと思うと、発射地点のすぐ近くに落ちてきたので、コルテスはこの装置を解体させた(33)。今日の好事家諸氏は肝に銘じているだろうが、平衡おもり式トレビュシェットは原理は単純でも、実際に使用するとなると一筋縄では行かないものなのだ。

火を投げる

投げるという行為は、単に手で石を投げることであれ、トレビュシェットで馬の死体を投げ飛ばすことであれ、離れたところに変化を引き起こすために人間が好んで用いる二つの方法のうちの一つでしかない。もう一つの方法が、火の使用である。人類は太古の昔から、これら二つの方法を結びつけることを夢見てきた。最初のきっかけは、誰かが激怒のあまり、焚き火から燃えさしを摑みとって、怒りの原因となった相手に投げつけたことだったのかもしれない。あるいは、なんの邪気もなく閃く炎と飛び散る火の粉を見るために、夜空に向かって松明を振りあげたことだったのかもしれない。

文字で記された資料や芸術作品に登場するずっと以前から、人間は火をつけた矢を放っていたに違いない。小枝や草や藁で家をつくる社会では、焼夷性の武器は大きな危害をもたらす。その後、城壁が高くなり、軍隊の規模が大きくなるにつれて、焼夷性のミサイルはしだいに大型化した。アッシリアの浅浮彫りに描かれた情景を見ると、紀元前九世紀にはすでに、攻囲側は炎をあげている壺を町に投げ入れ、防御側も火を投げて応酬していた。中国の戦国時代さなかの紀元前四世紀に著わされた世界最古の兵法書である『孫子』〔第一二篇・火攻篇〕には、火を投げることも取り入れた五とおりの火攻めの方法が記載されている[34]。

藁や木を燃やして投げるだけでは、破壊力も殺傷力もたいしたことはない。城壁や塔に当たると跳ね返って落ちてしまうし、水をかければすぐに消える。人間はこうした飛び道具では飽きたらず、焼夷性と付着性に優れ、水をかけても容易に消えないものを欲するようになった。三世紀のソフィストのピロストラトス〔一七〇頃〜二四〇頃〕は、インドのヒュパシス川〔インダス川支流のベアス川の旧称〕に生息する白い虫を溶かしてつくる油を紹介している。この油はいったん火がつくと容易に消えず、ある地方の王はこれを用いて敵の城壁を焼き、都市を次々と占領したという[35]。

可燃性の物質は（たとえば松脂のように）植物から大量に得ることができた。さらに、太古の太陽エネルギーを蓄えたナフサや瀝青《ビチューメン》や石油などが、豊富に産出していた。とりわけ今日の中東地域では、地盤から滲み出るほどだった。これらの化石燃料は地獄の火のように燃え、ある種の物質を加えると、蜂蜜のように粘着性が高まった。水をかけても、消えるどころか、かえって炎が広がった。ユーフラテス川に臨むサモサタでは、水中で燃える物質が産出したと伝えられている[36]。

こうした焼夷性物質はめざましい効果を発揮したことだろう――もし、敵が一ヶ所にとどまって石油を降り注がれるにまかせ、石油に点火されるのに何ら抵抗しなかったならば。アラブのある年代記作者が、そうした事例を記している。十二世紀末にムスリムが十字軍の首都アクレ〔スイ

〔ラエル北西部の地中海に臨む都市〕を攻囲したときの話だが、ムスリム勢がナフサその他の可燃物を入れた壺を、キリスト教徒が立てこもった塔の一つに次々と投げ入れた。それらの壺は点火されておらず、導火線もついていなかったので、何事も起こらなかった。これを敵の無能さの証拠と受けとったキリスト教徒たちは元気づき、くだんの塔に戻った。そのあとで、アラブ人たちは火のついた壺を投げ入れたのだ。塔は爆発炎上し、防御陣は全滅した(37)。

けれども、敵が――たとえそれが頭の働きの鈍いフランク人であっても――これほど協力的なケースはめったにない。敵陣に火を投げ入れる実用的な手段を、ぜひとも開発しなければならなかった。ペロポンネソス戦争〔前四三一〜前四〇四〕中にデリオン〔古代アテナイの北西部にあった海港〕を攻囲したボイオティア連盟軍は、炎そのものか、せめて高温のガスを敵に浴びせようと、珍妙な仕掛けを考案した。それは大きな木製の筒にふいごと大鍋を取りつけたもので、彼らはこの装置をデリオンの城壁の下まで運び、鍋いっぱいに石炭と硫黄とピッチを入れて火をつけた。そして、ふいごで筒に空気を送って、大鍋から立ちのぼる巨大な炎を城壁に吹きつけた。防御側は大混乱に陥り、算を乱して持ち場を離れた。その間にボイオティア勢は城壁内に突入し、デリオンを陥れた(38)。ボイオティア勢にとってはめでたいなりゆきだったが、彼らの焼夷兵器の射程はせいぜい数メートルだったろう。また、敵があまりにも無能だったことが、彼らに幸いしたといえるだろう。

ギリシア火の登場

その名に値する焼夷兵器を初めて実戦で用いたのは、ビザンツ人だった。彼らの兵器は、十字軍によってギリシア火と名づけられた。ある言い伝えによれば、ギリシア人はトロイを攻囲していたときにギリシア火を発明したとされている。だが、これは真実ではない。別の言い伝えによれば、紀元三〇〇年頃に好戦的な天使が、ローマ皇帝として最初にキリスト教に改宗したコンスタンティヌス一世〔二八〇頃~三三七〕にギリシア火の製法を教えたとされている。これもまた真実ではない。だが、最初にギリシア火を使ったのは、この皇帝にちなんでコンスタンチノープルと名づけられた都市を首都にいただくビザンツ帝国のキリスト教徒だった。その時期は七世紀と推定されている。

ギリシア火はナパームに似た液状ないしジェル状の物質で、小さな容器に入れて手榴弾のように投げることも、浴槽のような大きな容器に入れてトレビュシェットで飛ばすことも、あるいは大小さまざまの筒を用いて炎を噴射することも可能だった。ギリシア火は可燃性であると否とを問わず何にでもこびりつき、水をかけても消えなかった。ギリシア火は水面上でも燃え、水と接すると発火するという記述も散見される。その主成分はある種の蒸留した石油で、付着性を付与するために一種ないし数種の成分を加えていたものと思われる。もしかすると、燃焼力を高めるために硝石も加えていたかもしれない。記録によれば、ギリシア火を消すには酢、砂、尿だけが有効だったという。こうした断片的な情報からその製法を知ることは、不可能としかいいようがない(39)。

ビザンツ軍がムスリムその他の軍勢を撃退するうえで、ギリシア火は重要な役割を果たした。とりわけ、海戦ではめざましい威力を発揮した。ビザンツ人は一種の手動ポンプでギリシア火を噴射し、自在に曲げられるホースを用いて敵艦にギリシア火を降り注いだ。ホースの口には、獰猛なライオンや異様な怪物が金属でかたどられていた。ビザンツ帝国の修道士で年代記作者のテオファネス（七六〇頃〜八一八）によれば、彼らの敵は「燃える液体の威力を思い知って、恐怖におののいた」[40]という。

十字軍に参加してギリシア火の洗礼を受けたフランク人のジャン・ド・ジョワンヴィル（一二二五頃〜一三一七）は、「ギリシア火が空中を飛ぶさまは巨大な竜のように思われた」と述べている。（彼が「雷鳴のような轟音を発しながら」と形容していることから、一種のロケットのようにも思われるが、そう考えるには時期が早すぎる。この轟音は、激しく燃えさかるミサイルが空中を高速で飛ぶことに起因していたに違いない）。

ビザンツ帝国はギリシア火の製法を秘匿しようとした。だが、石油やその類《たぐい》の物質は当時でも今日と同様にさまざまな地域で産出していたし、ビザンツ人のライバルや敵たちに化学の知識が皆無だったわけでもない。紀元一〇〇〇年には、中国人はすでに複動式ポンプを採り入れて、一様に炎を噴出する「猛火油放射器」を開発していた。十二世紀中葉以降、ムスリムは十字軍との戦闘では常に、ギリシア火に似た焼夷兵器を用いていた。それから一〇〇年後、モンゴル軍は巨大なトレビュシェットで焼夷弾を飛ばしていた。その主成分はナフサ〔低沸点の石油溜分〕と推測されているが、ナフサ以上に激しく燃える物質であった可能性もある。

一二〇〇年代になると、たち遅れた西ヨーロッパを除くハースランドの主要な地域すべてで、ギリシア火やその類の焼夷兵器が野戦でも攻城戦でも使用されるようになった。だが、奇妙なことに、他に先駆けてギリシア火を用いたビザンツ人は、一〇〇〇年以後はギリシア火にめったに言及しなくなった。一二〇〇年以後、彼らがギリシア火を使ったことを示す証拠は、少なくともギリシア火と称されるものを使ったという証拠は、まったく残されていない(41)。彼らの敵が焼夷兵器をさかんに使うようになるにつれて、火を投げたり噴射するテクノロジーに対するビザンツ人の関心が薄れたと解釈するのは、的を射ていないだろう。真相はおそらく、皇帝と側近だけがもっていたギリシア火の製法書が、頻発した宮廷クーデターの際に紛失したというところだろう。さらに、ギリシア火に類する兵器がすっかり普及したので、ことさら秘密兵器として喧伝されなくなったということだろう(42)。

あるいは、ギリシア火の影を薄くさせるようなものが、新たに登場していたのかもしれない。現代人が心ならずも慣れてしまった軍拡競争という事態が、当時の世界でも加速されようとしていた。ものを飛ばしたり燃やすことのできる何か恐ろしいものが、新たに出現するのは不可避のなりゆきだった。実をいうと、それはすでに誕生していた。そして、いかなる地域に住んでいる人間も、その影響を免れることはできなかった。それがまさに火薬だったのだ。

第二の加速

火薬

第一千年紀前半のハースランドにはローマと中国という中央集権化した帝国が存在していたが、その大半を占める広大な地域には、二大帝国の実権が及んでいなかった。両帝国の中枢が接触することは稀で、中国の支配層はローマ帝国について知識も関心もまったくといってよいほどもち合わせておらず、逆もまた同様だった。ハースランドの諸々の社会は、サハラ砂漠以南のアフリカ大陸やユーラシア大陸北部の社会とは、つかの間の接触をするにとどまっていた。アメリカ大陸やオセアニア地方の人々と接触していなかったことは、いうまでもない。紀元五〇〇年頃のハースランドは、通信網が欠陥だらけのまま、孤立した砲台が点々と連なっているという状況だった。

さらなる中央集権化への歩みが遅々としていたのには、さまざまな理由があった。そのすべてを述べるだけの紙幅はないので、本書のテーマに関連した理由を一つだけ提示しよう。それは、当時の飛び道具のテクノロジーがいまだ原始的な段階にあったために、野心的な商人や宣教師や軍人たちのニーズに応えられなかったということだ。革新を嫌う社会風土の中で、これら中央集権化を求める人々はしばしば白眼視され、憎悪の的とさえなった。彼らは防御と攻撃のためのよりよい手段を必要としていた。遠距離からはるかに効率的に敵を殺せる兵器を、それによって賞賛の念を喚起できるばかりか、人々を威嚇して服従させ、むりやり「文明化」させられるような兵器を、彼らは必要としていたのだ。そうでもしなければ、人々は限られた行動範囲と眠ったような伝統の中で、無気力に生き続けてゆくだけだろう。

紀元一〇〇〇年前後から、ハースランドの砲台間の通信網が機能するようになるにつれて、こうした状況に変化が訪れた。イスラームが勃興して勢力圏を広げた結果、スペインから中央アジアにいたる地域で、アラビア語がエリート層の言語となった。ムスリムの船乗りはモンスーンに乗ってインド洋を縦横無尽に航海し、やがてインド洋の彼方に乗り出した。奴隷商人は思考力を備えた彼らの商品を商うために、ユーラシア大陸とアフリカ大陸を東奔西走した。シルクロードには隊商が列をなした。一二六一年にはモンゴルの宮廷に、金髪と碧眼という奇怪千万な風貌をしたスカンディナヴィアの商業使節団が現われた(1)。職業的な旅行家が異国の風物を探訪し、帰国すると熱心な聴衆に見聞を語った。こうした旅行家の中ではマルコ・ポーロとイブン・バトゥータ〔一三〇四〜六八頃〕が最も有名だが、この二人の前にも後にも同じような旅行家が多数存在していた。クロスボウやトレビュシェット、ギリシア火や火薬などの新たな遠距離兵器が、まるで水銀が転がるようにハースランドの端から端まで伝播した。これらの中で最も重要だったのが、最後に登場した火薬だった。

第六章

中国の不老不死の霊薬《エリクシル》――火薬の起源

黒い竜が卵形のものを打ち上げた。
大きさは優に五升（約九リットル）マスほど。
爆発すると、雷鳴を轟かせ竜が一頭飛び出した
空中のその姿、きらめく閃光燃え盛る火炎。
最初の一発は混沌を二つに分かつ大轟音。
山河もひっくりかえる驚天動地……

張憲『鐵礮行』（一三四一年頃）(1)

〔ロバート・K・G・テンプル『図説中国の科学と文明』
牛山輝代監訳、河出書房新社〕

霰弾は、屋根や田畑に音を立てて降りそそぐ。あたりの大気をつんざく砲弾は我々のすぐそばを、また我々の頭上を越えて飛び去る。小銃弾は、ひゅうと落として射込まれる。

カール・フォン・クラウゼヴィッツ『戦争論』（一八三三年）(2)

火薬はそもそも戦争の産物ではなく、また、火災を起こす手段としてつくられたのでもない。火薬はシチューのごとく混沌とした原始的な神秘思想から生まれ、その起源はこともあろうに

不老不死の霊薬《エリクシル》だったとみなされている。占星術師が天文学者の先駆けであったように、錬金術師は化学者の先駆けだった。ハースランドのいたるところで、錬金術師はさまざまな物質の本質と物質相互の関係を究明することにより、現実世界の謎を解明しようとしていた。彼らはとりわけ、水銀という液状の金属や硫黄という燃える石など、特殊な物質の研究に力を注いでいた。中国では、不老不死の霊薬を求める道教徒の錬丹術師がこうした物質の系統的な研究を代々続けていたので、重要な知見が得られるのは必然的ななりゆきだった(3)。

第一千年紀の末頃には、中国の錬丹術師は硝石（硝酸カリウムKNO_3）を含有する混合物の性質に通暁していた。硝石は有機物の分解によって生じる。ワインの貯蔵所の壁に白っぽい結晶が析出しているのを、目にした人も多いだろう。硝石は空気中で酸素と化合するだけでなく、ほかの物質に酸素を供給するというきわめて独特な性質をもっている。それゆえ、非常にものが燃えにくい状況下でも、硝石はそれ自体が激しく燃えると同時に、ほかの物質の燃焼を促進する。

道教の錬丹術書は「火薬の君は硝石で、硫黄と木炭は臣である」と、硝石が黒色火薬の重要な成分であるという認識を示している。火薬の理論を論じた別の書物は「硝石の性は直（垂直方向）であるのに対して、硫黄の性は横（水平方向）である」と述べている(4)。これはおそらく、硝石が硫黄や木炭に比べて、燃焼力がきわめて強いことを指しているのだろう。初期の火薬の製法を記録した最古の文献は道教経典の一つで、八五〇年頃に著わされたと推測される『真元妙《しんげんみょう》道要略《どうようりゃく》』という書物である。その一節は「硫黄と鶏冠石〔二硫化砒素〕および硝石に〔炭素を含む〕蜂蜜を混ぜて加熱していた者が、自分の手や顔を火傷し、仕事をしていた家まで丸焼けにした」(5)と、不注意な実験が大惨事を引き起こすことを警告している。たしかに、これほど変わった物質なら、タムシの治療にも健康増進にも効果が期待できるだろう。それどころか、不老長寿をもたらしてくれる、と思うのももっともだろう(6)。

火薬の燃焼速度を決定する主要な条件は、硝石とその他の成分の混合比である。硫黄と炭素も燃焼に関与するが、決定的に重要な役割を果たすのは硝石である。硝石の含有率が一定の値以上であれば、火薬は急速に燃焼する。たとえば、硝石の含有率が七五パーセントの場合、火薬は急激に燃焼して、一挙に三〇〇〇倍の体積の気体を発生する――つまり、爆発するのだ(7)〔爆発という言葉は厳密な意味での科学用語ではなく、本書では主として、急速な燃焼によって発生した大量の高温ガスにより圧力が上昇したのちに、その圧力が解放される現象を指している。火薬や爆薬が急速に燃焼するときに、衝撃波の発生を伴う現象を爆轟、伴わない現象を爆燃と称する。火薬の燃焼では衝撃波による破壊は生じず、発生した高温ガスの膨張による推進力がさまざまな作用をする〕。

錬丹術師から火薬技術者へ

敵対する陣営が互いに大石を投げ合い、ギリシア火の類を噴射していたハースランドでは、火災を起こし、ものを飛ばす性質のある物質が兵器に取り入れられるのは不可避のなりゆきだった。宋朝の中国で黒色火薬が発明されたとする説が有力視されているのは、もっともなことと思われる。宋朝の人々は精力と才知に溢れ、しかも内部抗争と、辺境を脅かす遊牧民との闘争から自衛する手段を切実に必要としていたからだ。

中国人が火薬技術者の先駆けとなったのは、彼らが古来爆竹に親しんでいたことから、爆発現象は制御可能で実用にも供せられるという認識があったからではないだろうか。竹を火に投げ入れると、節《ふし》と節のあいだに閉じこめられた空気が急激に膨張し、大きな音を発して破裂する。中国の人々は火薬が発明される以前から何世代にもわたって爆竹を生活に取り入れていたので、単に竹筒を爆《や》くことから竹筒に火薬を詰めて爆発させることへの発展は、容易に進んだものと思われる〔本来は前者は爆竹もしくは爆竿、後者は爆仗（ばくじょう）という名称であるが、後者も爆竹と広く称されている、と注8文献の一三〇～一頁に記されている〕。遅くとも十三世紀には、中国の除夜は今日と同様に、騒音と硝煙で満たされていたのだ(8)。

爆弾が初めてつくられたのは、いったいいつのことだったのだろう？　中国の科学史の大家、ケンブリッジ大学のジョゼフ・ニーダム〔一九〇〇～九五〕の恐るべき手腕とエネルギーをもってしても、その時期を正確に特定することはできなかった。「霹靂《へきれき》炮」〔点火すると雷鳴のような轟音を発する〕に、「震天雷」〔鉄の容器に火薬を密封した新型爆弾で、破壊力は霹靂炮をはるかに凌駕した〕が取って代わったのは、いつだったのだろうか。両者の違いはどのようなものだったのだろうか(9)。そもそも、これらは私たちが今日いう意味での「爆弾」だったのだろうか？　それとも、もっぱら騒音を発する道具として使われていたのだろうか？　火薬が登場する以前の戦場はむしろ静寂が支配していたので、騒音そのものが敵を威嚇する強力な手段となっただろう。ムスリムは火薬を入手するや、爆仗をびっしりと吊りさげた耐火性の防具や防火衣を、辺境に派遣する騎兵と馬に着用させた。この騎兵隊が全軍の先頭に立ち、敵と遭遇すると爆杖にものをいわせて、敵を追い散らしたという(10)。

さて、ニーダムのいう「爛骨火油神炮」とは、はたして真の意味での爆弾だったのだろうか？　この装置は、ごく薄手の壊れやすい陶器の中心部に火薬を充填して、その内容物を勢いよく撒き散らすような仕掛けになっていた。その内容物たるや、尿や糞便や葱《ねぎ》の絞り汁に鉄の小球や陶器の破片などを混ぜた、まさに悪魔の粥ともいうべき代物だった。空を飛ぶ鳥でさえ、この爆弾の影響を免れなかった、と当時の史料に記されている。たしかに、そのとおりだったろうが、これは真の意味での爆弾とはとてもいえない(11)。

時の経過とともに火薬中の硝石の比率はしだいに増加し、火薬の威力はますます高まった。火薬を詰める容器も、当初は紙を重ねたものだったのが金属製になり、硬度と強度がしだいに増した。遅くとも十三世紀には——おそらくはそれ以前から——中国人は火薬を詰めた手榴弾を投げ、火薬を装填した爆弾を大型投石器《トレビユシエット》で飛ばしていた。こうして、ハースランドの人々は世界のほかの地域を征服しうる力を手中にした。このとき、近代的な戦争への道が開かれ、ヴェルダン〔第一次世界大戦の激戦地となったフランス北東部の都市〕やスターリングラード〔第二次世界大戦の激戦地となったボルガ川下流に臨む都市〕のような悲劇が避けられない運命となったのだろう(12)。

火薬でものを飛ばす

火薬が燃焼して発生するガスをものを撒き散らすためではなく、ものを飛ばすために利用する方法を考案したのも、中国人が他に先んじていた。この革新的な発明においても、中国人が古来爆竹に親しんでいたことが重要な役割を果たしたと思われる。彼らは中空で強靭な竹という素材を日常的に使っていたので、筒状の装置を考案する下地ができていた(13)。銃や砲とはつまるところ、筒にミサイルを装填し、その後ろで大量のガスを急激に発生させて、筒の先端から高速でミサイルを押し出す装置にほかならないのだ。

中国人はカタパルトやトレビュシェットなど素材の弾性や重力を利用する各種の投石器や、はては鳥や牛その他の動物を利用するなど、ありとあらゆるミサイル運搬装置を考案した(14)。これらの装置はいずれも、火砲には発展しなかった。だが、ついに九〇〇年代に、ジョゼフ・ニーダムが「fire-lance」と英訳した装置、すなわち火槍《かそう》が発明された。これは、一端を閉じた筒に硝石より硫黄と木炭の含量を多くした火薬を詰めたもので、この筒を開いている方の端を前に向けて槍の穂先の脇に結びつけるのだ。筒は当初は竹製だったようだが、のちに金属製になった。火槍の目的は爆発することでも――少なくとも最初のうちは――ミサイルを飛ばすことでもなかった。火槍はいわば五分間火炎放射器で、ギリシア火を噴射する携帯用ポンプに類するものだった。火槍は敵の歩兵や騎兵を撃退するのに効果的で、とりわけ要塞や城の守備兵器として、城壁の下方からの攻撃に対して威力を発揮した。

はじめのうち、火槍が噴射するのは炎だけだった。やがて、火槍中の火薬の燃焼によってものを飛ばせることがわかってくると、火薬に砂や各種の刺激物や有毒物質が加えられるようになった。さらに陶器の破片や金属片が混入され、ついには矢が――通常は一度に数本の矢が――装塡されるようになった。火槍にはさまざまな改良が施され、その一部は大型化して専用の脚架に載せられるようになった。筒も強化され、火薬中の硝石の含有率も増加した。筒の直径に対して(単数ないし複数の)ミサイルの直径が相対的に大きくなり、ついに火薬の燃焼ガスがミサイルを高速で押し出すまで(今では「筒」より適切な言葉である)砲身から漏出しなくなったときに――つまり、この装置の主たる目的が火を噴射することからミサイルを発射することに発展した

図11　火縄銃の原型となった手砲（1400年頃）［ニーダーザクセン国立大学図書館蔵，ゲッティンゲン］

ときに——火槍は一種の火砲となっていた。こうした変化が十四世紀初頭までに生じていたことは、確実とみなされている(15)。十五世紀半ばには、この種の火器〔火薬を用いて弾丸を発射する兵器の総称〕は中国の軍隊の標準的な兵器となっていた。そして、わずかに遅れて、ハースランドの多くの国の軍隊でも標準的な兵器となったのだ（**図11**）。

火薬の燃焼によって爆発的に発生するガスは、銃弾や砲弾や爆弾などを発射するためにも、爆発物を搭載した物体を推進させるためにも利用できる。前者の機能を利用したのが銃や砲であり、後者の機能を利用したのがロケットである。かつて火槍を使っていた人々は、この装置が作動するときの反動を、つまりロケット効果を実感していたはずである。それから数百年後にアイザック・ニュートン卿が作用反作用の法則として体系化したように、物体に直接力を及ぼしたときには、その力と大きさが等しく向きが反対の力を受けるのだ。

ロケットの誕生

人類はすでに数千年以上にわたって、可燃物を塗って火をつけた矢を弓で射ていた。十二世紀に中国人は火薬を詰めた小さな容器を矢に取りつけて、火矢の改良をこころみた。火薬中の硝石のおかげで、空中を高速で飛んでも火が消えることはなくなったが、矢そのものに推進力があったわけではない。実のところ、火薬を装着した矢は普通の矢より重くなって動きが鈍くなるので、飛翔速度も飛距離も低下する。容器に火がついてガスが噴出し、後方に向かう推力が生じた場合はなおさらだった。こうした問題点が人々をさらなる実験に駆り立てた。

竹を燃やしていると、両端を節《ふし》で区切られた竹稈が破裂する前に節の一つに穴があき、その穴から熱せられた空気が勢いよく漏れ出るために、竹がヒューヒュー音を立てて跳ねまわることがある。こうした現象に中国人が気づかなかったはずはない。この現象にヒントを得た何者かが、竹筒の片方の節に穴をあけ、爆発を起こさない程度に硝石の量を加減した火薬を詰めて点火することを考えついた。この人物は、火をつけるとすぐに跳び退《すさ》らなければならなかっただろう。なぜなら、これこそ世界初のロケット花火だったからだ。一二六四年、地老鼠または火老鼠《かろうそ》と称されたロケット花火が、中国の宮廷にデビューした。それは南宋の第五代皇帝の理宗〔一二〇五〜六四〕が皇太后の恭聖のために催した宴会の余興だったが、地老鼠は後方に炎を出しながら地上を走りまわった。皇太后は喜ぶどころか、ネズミを見たヴィクトリア朝の貴婦人さながら、裳裾を身体に巻きつけて怯えるばかりだった。もちろん、宴会はただちに中止された[16]。

火籠箭

この頃、火老鼠はすでに戦場で使われていた。城壁の防御にとりわけ効果を発揮した西《せい》瓜《か》炮《ほう》なる兵器は、火薬に点火すると爆発して、大量の鉄菱《びし》(足を突き刺すために多数の鉄の棘を組み合

図12 中国の籠型ロケット発射装置，火籠箭（かろうせん）
[Joseph Needham, *Science and Civilisation in China*, Vol. 5, Pt. 7]

わせたもの）や火老鼠などの内容物をばら撒いた。飛散した火老鼠は着火して激しく跳びはねるので、敵兵も馬も驚いて退散した(17)。

　これと時を前後して、中国の弓の射手たちは小さな火槍を逆向きに、つまり開口部を敵ではなく射手の方に向けて矢にとりつけると、矢の速度と射程が大幅に増すことを発見した。射手が火傷を負いかねないという問題は、矢が飛び出してから火薬が着火するように、短い導火線を用いることで解決できた。もっとよい解決方法は、弓をいっさい使わずに、専用の発射装置で矢を――ロケットとして――発射することだった。こうして、片腕で抱えて火薬を詰めた容器に点火すると、自動的に矢が飛び出す発射装置が発明された（図12）。「火箭《かせん》」と称されたロケットが、早くも一二〇〇年頃に実戦で用いられていたようだ(18)〔「火箭」は唐代以前は油や硫黄などの可燃物を塗った火矢を意味したが、北宋時代には矢の先端に焼夷剤としての火薬をとりつけ、弓か弩で発射するものとなった。その後、弓を用いず、火薬の推進力で飛ばすロケットを意味するようになった〕。

　ロケット兵器に矢継ぎ早に改良を重ねる過程で、中国人もその敵たちも、火薬の真ん中に空隙をあけておくと、火薬が均等に燃えてロケットがまっすぐに飛ぶこと、ロケット後端の噴出孔を小さくすると、噴出ガスの流速が増してミサイルの推進速度も増すことを学習した。まもなく、この種のロケットの射程は五〇〇メートル以上が標準となった。その命中精度はきわめて低かったが、一度に数十、数百と発射すれば、都市に壊滅的な打撃を与えることも、反対に攻囲軍を大混乱に陥れることも可能だった(19)。

爆発に魅せられて

中国人が黒色火薬を発明してから火器を発明するまでには数世紀もの時間がかかったが、火器の製造法がハースランドの端から端まで伝わるには、わずか数十年しか要さなかった。おそらくパックス・モンゴリカのあいだに、伝播速度が加速度的に高まったものと思われる。火器に関する知識の伝播を媒介したのは、軍事技術者という新たに台頭した階層だった。火器を製造したり、その使用法を訓練するためには、正真正銘の専門家が必要だった。軍事技術者は社会に必要不可欠な存在となり、彼らはあらゆる種類の境界線を越えて活動の場を広げていった。

その初期の例を一つあげると、一三〇〇年頃のインド北西部では、イスラームに改宗したモンゴル人たちが弓や牽引式トレビュシェットで、おそらく火薬を用いたと思われる焼夷性ミサイルを放っていた。ペルシア語の詩作が多いインドの詩人アミール・ホスロー〔一二五三～一三二五〕によれば、これらネオ・ムスリムの一部はさらに「イスラームの太陽から顔を背けて、土星の住人の仲間入りをした」。つまり、ヒンドゥー教を奉ずるインド人のために働くようになったというのだ(20)。

その後、人類はますます火薬への傾倒を強め、綿火薬やTNT爆薬、さらには原子爆弾の開発へとひた走った。それは、火力で劣勢に立ったら迫害され征服されるのは必定である、という確信のなせる業だった。こうした主張は往々にして的を射ているが、普遍的に通用するものではない。道理を尽くした反論に耳を傾け、再考すべきケースもままあるだろう。だが、人々が爆発物に執着するのには、道理を超越した理由がある。人類は爆発物そのものを、それが生み出す壮観な情景と歓喜と恐怖ゆえに、熱愛しているのだ。

アメリカの独立戦争のさなかの一七七六年、ベンジャミン・フランクリン〔一七〇六〜九〇〕はアメリカ民兵軍の火薬が不足することを懸念し、「これほど優れた兵器を使わないのは賢明ではない」として、弓矢に頼らざるを得ない状況を夢想した。フランクリンは以下のように、弓矢の長所を列挙した。弓矢の命中精度は小銃のそれに優るとも劣らない。銃弾一発を装填して発射するあいだに、四本の矢を射ることができる。火薬は硝煙を発して戦場の視界を悪くするが、弓矢ではそんなことは起こらない。銃弾で軽傷を負っても戦闘を続行できるだろうが、「身体のどの部分であれ、ひとたび矢が刺されば、その矢を引き抜くまで戦闘不能になる」。最後に最も重要な点は、「小銃や弾薬とは異なり、弓と矢はどこでも容易に入手できる」(21)。

火薬時代に突入してからすでに五〇〇年が経ち、小銃は雨天でも通常は問題なく使えるようになり、大砲の暴発事故もめったに起こらなくなっていた。それにもかかわらず、フランクリンのごとき賢明な人物が、このように時勢に逆行する感傷にふけっていたのだ。それでは、火器の性能が弓矢と大差なかった時代に、次章で見るように、分別があったはずの人々が火器の採用に血眼になったのはなぜなのだろうか？

それはひとえに、人類には轟音と閃光に強く心を惹かれる性向があるからにほかならない。かかる性向は戦闘の場だけでなく、何かを祝うときにも現われる。一九九九年の大晦日、新しい千年紀の訪れを祝うための買い物に散財するにとどまらず、この世の富める者たちは――いや、それをいうなら貧しき者たちも――ほんのつかの間の喜びのためにおびただしい量の花火を打ち上げた。アメリカ合衆国だけでも、一億五六九〇万ポンド〔七万一二三〇トン〕の花火を空にぶちまけたのだ(22)。人類は何かを爆発させることを誇らしく思い、それに魅せられるものなのだろう。

爆発という現象は、火と雷鳴に魅了される人類の原始的な感情を刺激する。それはまた、幼い子どもや酔っ払いが石や食物や排泄物などを手当たりしだいに投げて発散する類の凶暴な感情に、吐け口を与える。何かを爆発させることで、私たちは原始的な自己表現をはなばなしく行なうことができるのだ。

人類のこうした性向を裏づけるものを、詩人たちの言葉の中に探ってみよう。詩人とは、理性では対処することがかなわず、しばしば理性が認識すらしない強い欲求を考察する専門家である。ジョン・ミルトン〔一六〇八～七四〕は『失楽園』の第六巻で、アダム以前の時代に火薬を発明した責めを、彼が生み出した偉大なアンチヒーローのサタンに負わせている。ミルトンは彼の抑圧された熱情をこの偉大な反逆者に仮託し、サタンの巨大な大砲をおどろおどろしく描くことで、破壊と混乱のきわみを活写している。

――これらの巨砲の喉の奥から吐き出された濛々たる煙で真暗になってしまった。そこから発する唸り声は、轟然たる大音響をたててあたりの大気に充満し、また、まさに悪魔の吐物《へど》ともいうべき、無数に繋がっている雷霆《いかずち》と鉄の弾丸の霰《あられ》とを、汚らしく吐きちらし、大気の臓腑《はらわた》を無残にもことごとく引き裂いた。勝利を誇っていた味方の軍勢めがけて撃ち込まれた弾丸の猛威たるや誠に凄じく、本来なら磐石のように毅然として立ちはだかるはずであった者も、弾丸を受けたが最後、誰一人として立っておれるものはなく、ただもう幾千、幾万となく倒れ伏すのみで、大天使の上にさらに天使が覆いかぶさって顛倒するといった有様であった……〔ミルトン『失楽園』平井正穂訳、筑摩書房〕

むろん、サタンが勝利をおさめることはない。大天使ミカエルは報復として山々を投げ飛ばし、神はその息子を派遣してサタンとその軍勢を大砲もろとも、天国から地獄に追いやる。けれども、ミルトンはやがて到来する未来を、火薬が重要な役割を果たす未来を予言している。そう、彼にはそれが見えていたのだ。

もし将来悪意がこの世に瀰慢《びまん》するようなことがあれば、お前の子孫の誰かが、凶悪な意図にかられ、或は悪魔の陰謀に誑《たぶら》かされて同じような器具を考え出して、戦争と骨肉相食む殺戮に狂奔し、罪に塗《まみ》れた同胞を苦しめることになるかもしれない(23)。〔同〕

ミルトンの予言どおり、火薬が初めてこの世に広まって以来、それぞれの時代は中世の射石砲から五〇メガトンの水爆にいたるまで、人々を惑わす兵器を生み出してきたのである。

第七章

「火薬帝国」の誕生

わが軍の兵士一人だけで、貴下の軍勢すべてを打ち負かせるのだ。信じられぬなら、試してみるがよい。兵士たちに発砲を停止せよと一言命じてもらえれば、それで充分だ。

マルジュ・ダービク〔アレッポの北方〕の戦闘後、オスマントルコの「冷酷者」セリム一世の捕虜となった氏名不詳のマムルーク軍の司令官（一五一六年）(1)

人類はものを粉々に吹き飛ばす火薬を用いて、さまざまな共同体を国家や帝国に統合してきた。その過程を詳細に見ると、まるでおびただしい数のガーターヘビが絡まり合っているかのように、戦争や戦闘や征服や威嚇が錯綜した複雑な様相を呈している。この過程を整然と区分したり考察することは望むべくもないが、私たちはあえて挑戦しなければならない。というのは、火薬の影響を考慮せずに第二千年紀を理解しようとするのは、火山活動を無視して地質学を講じようとするに等しいものだからだ。

この問題に取り組むには、火薬が普及した速度と政治に及ぼした影響の大きさにしたがって、諸々の社会を順に考察することが有用である。ここでは、社会を考察する鍵として二つの変数に着目しよう。その一つは社会が火薬を——徐々に、あるいは急速に——導入した速度であり、もう一つは火薬と結びついた社会の変化に抵抗する政治的および広義の文化的伝統の根強さである。

中国の場合

まず、火薬の普及に最も時間がかかり、火薬が社会に及ぼした影響が——少なくとも直接的には——最も小さかった中国から考察しよう。シャルルマーニュ〔七四二～八一四〕がフランク国王ならびに西ローマ帝国皇帝として西ヨーロッパに君臨していた頃、中国では前章で述べたように、道教徒の錬丹術師が火傷を負いながら硝石の混合物を研究していた。それから火砲とロケットが発明されるまで、実に数世紀もの歳月を要したのだ。火薬は初めて爆発するまでは、単にジュージュー、ブツブツと音を立て、時にものを撒き散らすだけだった。それゆえ、火薬の影響は発明当初はあまり目立たず、その後も長いあいだ軽微なものにとどまった。

中国の文明ほど、過去にしっかりと根ざした文明はない。中国は荒廃の嵐に何度も見舞われたが、文明が根底から破壊されることも、長期にわたって中断することもなかった。それに対してローマ帝国は崩壊し、その跡を継いで勃興した西ヨーロッパの国々は、いずれもローマ帝国の安っぽい模造品《ノックオフ》でしかなかった。中国の王朝は国内の反乱や外敵の侵略によって再三再四倒れたが、その墓の上に同じような王朝が現われては栄え、帝国の構造そのものはもちこたえた。

中国に火薬を用いる兵器が登場したとき、皇帝に服従し上級官吏に恭順するという伝統は、すでに長い歴史を有していた。それ以来、中国人は天命を奉ずる王朝を決する過程で、数度にわたって火器を自在に使用した。しかし、ひとたび権力闘争がおさまると、彼らは古代からの慣習に沈潜して、怠惰な夢を貪った。

十七世紀に満州族が北方から中原に侵攻すると、明朝の軍隊は原始的な大砲とロケットを閃かせて応戦したが、侵略者が勝利をおさめて清朝を樹立した。満州族は漢民族が培った文化を恭しく受け入れ、積極的に中国の伝統に同化した。そして、飛び道具の改良より重要とみなした諸々の事柄に関心を向けた。

十七世紀のことだが、清朝の皇帝が一度だけ兵器の近代化をもくろんだ。これは異例の出来事だったが、きわめて示唆に富んでいる。この皇帝は実際的な人物だったので、この事業の責任者には中国の技術者ではなく、中国在留のヨーロッパ人であるイエズス会の宣教師たちを任命した。大砲製造の責任者として、それまで青銅製の精巧な天文機器類をつくっていたフラマン人の神父フェルディナンド・フェルビースト〔または南懐仁、一六二三〜八八〕に白羽の矢が立った。フェルビーストは、皇帝の成功を神に祈るゆえ「この世の戦争にはかかわらせないでほしい」(2)と懇願し、皇帝の命令を拒もうとした。皇帝が態度を硬化させたので、フェルビーストはやむなく三〇〇門の古い大砲を修復して改良し、さらに小型の大砲を一三二門鋳造した。彼はこれらの大砲すべてに、聖人の名前とイエスを象徴する十字架を刻んだ。フェルビーストは中国語で著わした大砲の説明書も献呈したが、中国人はこれを紛失してしまった(3)。この事業が一件落着すると、中国人は旧態依然たる生活に戻った。それから二世紀後にアヘン戦争〔一八三九〜四二〕が勃発し、はるかに大きく性能の優れたイギリス軍の大砲の脅威に曝されたときに、中国人は依然としてフエルビーストが設計した大砲を使っていたのだ(4)。

日本の場合

死と破壊をもたらす手段としての火薬のデビューは、日本では中国よりも唐突に訪れた(もっとも、後述するように、ほかの国々や地域ほどには唐突でなかった)。火薬は日本の社会に急激な変化をもたらしたが、社会の構造を根本的に変えはしなかった。一五四三年、火縄銃をもったポルトガルの冒険家たちが、中国の貨物船で種子島に漂着した。日本には中国の皇帝に相当する天皇が存在したが、天皇は実権をもっておらず、戦国時代さなかの日本は混乱の極みにあった。当時の日本では火薬はほとんど使われていなかったが、日本人も東アジアの住人の例に洩れず、何世代も前から火器の話を伝え聞いていた。火縄銃は新しいタイプの武器として日本人に衝撃を与えたが、必ずしも晴天の霹靂《へきれき》ではなかったのだ。日本のリーダーたちは混乱から抜け出すために、火縄銃に飛びついた。

それから数年も経つと、世界で最も優れた金属細工師と目される日本の刀鍛冶は、火縄銃と小口径の火砲をつくっていた。その後の日本の歴史の流れを決めたのは射石砲ではなく、おそらくこれらの銃砲だったのだろう(5)。日本の火縄銃はヨーロッパのそれに比べて、口径が大きく、引き金装置の信頼性が高かった。さらに、雨で火縄が濡れることを防ぐとともに、闇の中で火縄が赤くくすぶるのを敵の目から隠すための小さな覆いがついていた。一五四九年、天下統一をもくろむ織田信長(一五三四~八二)は配下の軍勢のために、五〇〇挺の火縄銃をつくらせた。それから四半世紀後の長篠の戦い〔一五七五年〕では、鉄砲を装備した信長の足軽隊の圧倒的な火力が、信長に生涯最大の勝利をもたらした。信長の鉄砲隊は三列横隊で一列ごとに発砲し、その間《かん》に次の列が火薬を装塡した。これは火薬の装塡に時間がかかるのを克服するためにとられた策だが、日本人はヨーロッパ人にかなり先んじて、この方法を考案していたのだ。

もし、信長の兵士たちが同時代に書かれたミシェル・ド・モンテーニュ〔一五三三～九二〕の『随想録』を読んだなら、小銃の威力を評価したモンテーニュの言葉に同感したことだろう。いわく、小銃はきわめて効果的なので、兵士たちはじきに「昔の人がゾウに運ばせたような堡塁《ほうるい》に閉じこめられたまま、戦場に連れ出されることになるだろう」(6)。

信長は一五八二年に暗殺されたため、天下統一の野望を果たすことができなかった。天下統一をなし遂げ、最高権力者の地位に登りつめたのは、農民あがりの策士で天才的な戦術家の豊臣秀吉〔一五三七、一説に三六～九八〕だった。秀吉の成功の原動力は、鉄砲隊の活用という信長譲りの戦法だった(7)。

天下統一を果たしたとはいえ、日本の社会は依然として危険をはらんでいた。諸国の大名は独自の軍隊と火器を保有していた。誇り高く血の気の多い武士はもちろん、農民の多くも火器を私有しており、彼らがふたたび暴力を行使するおそれがあった。日本の近海には奇妙な艤装《ぎそう》をほどこしたポルトガル船などの異国船が出没し、各地の港で舶来の品を売りつけていた。キリスト教という奇怪な宗教が内陸部にまで浸透し、数千人単位で改宗者を獲得していた。日本がようやく平和を達成したように思われたまさにそのとき、その社会はあるべき日本の姿とは似ても似つかぬものに変わろうとしていたのだ。

秀吉は鎖国への道を拓き、彼の後継者たちはそれを踏襲した。その結果、外来文化の導入にきわめて積極的だったこの東アジアの国は、外国人から隠者王国〔一六三六～一八七六年間の、中国以外の国との接触を断った朝鮮〕と称される類《たぐい》の国に変容してしまった。日本の指導層は、外国人との接触をほぼ完全に禁止した。キリスト教の宣教師たちを追放ないし処刑し、キリスト教に改宗した日本人には死か棄教かと迫った。

外国の影響を排除したとはいえ、国内に火器をもった勢力が多数残存している以上、日本の安定に対する脅威はなくならなかった。秀吉と彼の後継者たちは銃を没収して鋳潰《いつぶ》し、巨大な仏像を鋳造した。厳しい認可制度を設けて、銃の製造所をしだいに減らした。武士に対しては、飛び道具を卑しみ、剣の道に邁進することを奨励した。こうして日本全土から、ごく少数の例外を除いて火器が姿を消した。一六三七年に農民とキリスト教徒が蜂起した島原の乱が制圧されると、その後二〇〇年余りにわたって、日本の兵士が火器を使用する機会はほとんどなくなった。武士の多くは官僚となり、刀を帯びるのは身分を示す象徴的な行為に過ぎなくなった[8]。

日本の統治者たちは政治的な中央集権化を進めるために、銃を利用した。そして、その目的をある程度達成すると、その状態を維持するために銃を放棄した。日本の鎖国は二世紀以上続いたが、一八五〇年代にマシュー・ペリー提督〔一七九四～一八五八〕率いるアメリカの艦隊が浦賀に来航するにおよんで、終止符が打たれた。黒船に搭載されていた艦砲は、日本の大砲をミサイルとして発射できるほど巨大だった。火薬が形成した世界ではいかなる社会も、火薬がらみの競争に参加する時期を遅らせることはできたとしても、永久に参加しないままではいられないのだ。

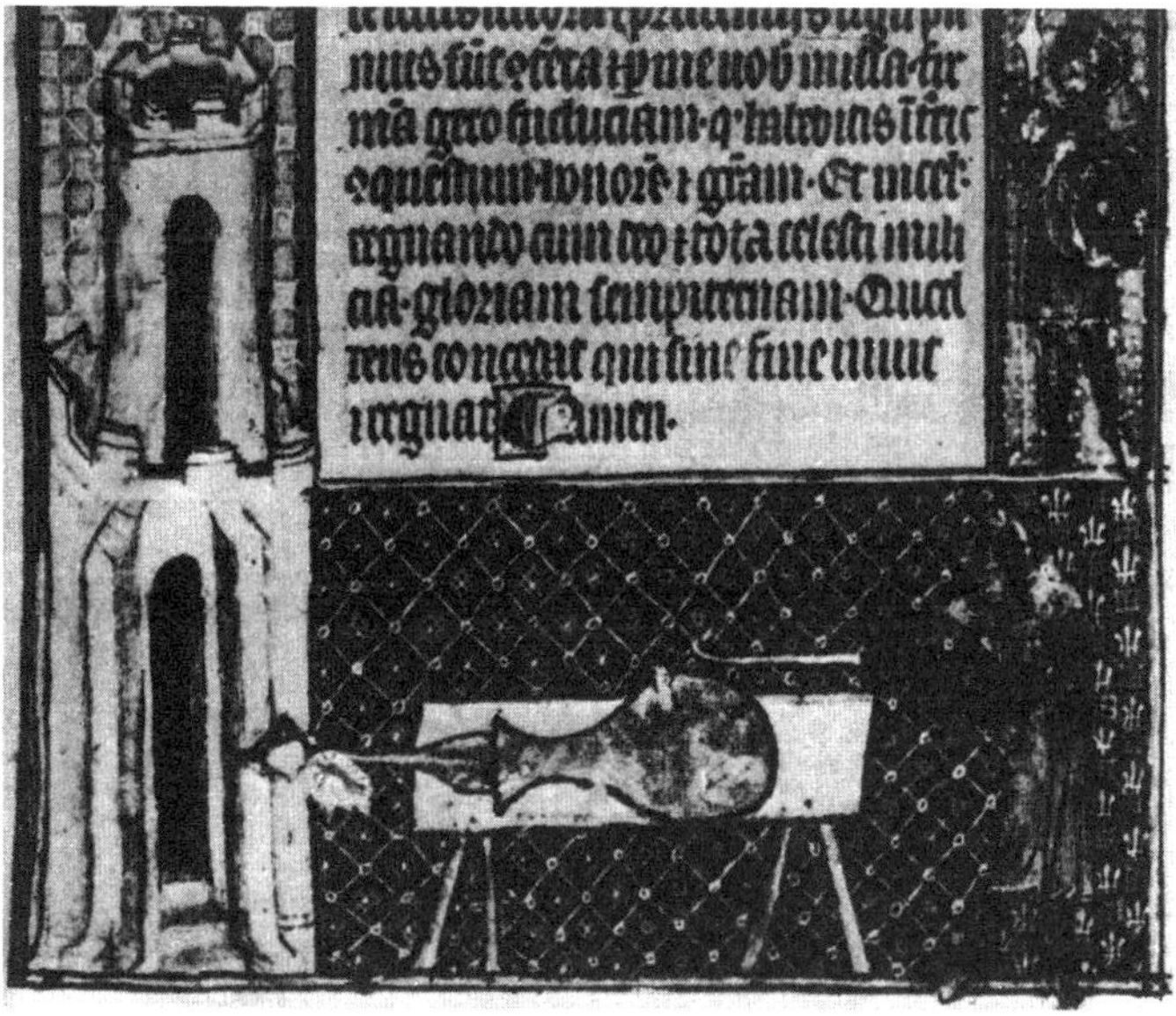

図13　大砲を描いた14世紀初期の彩飾画（ミリメートのウォルターの写本，1327年）［MS.92 folio 70，オックスフォード大学，クライストチャーチ図書館蔵］

攻城兵器としての射石砲

火器は東アジア諸国の戦争遂行能力をおおいに高めたが、この地域の政治状況は、ハースランドのそのほかの地域ほど急激に変化しなかった。ハースランドでは世の常として、皇帝たらんという野心を抱いた指導者が輩出した。けれども、彼らはおのれの野心を実現するための有効な手段をもっていなかった。彼らはしばしば野戦における勝利の余勢を駆って、さらなる軍事行動を展開したが、敗れた側は城壁や要塞の中に逃げこんで籠城戦にもちこむのが通例だった。攻城戦に決着をつけるには数ヶ月、時には数年という長い時間がかかり、攻囲軍を維持できなくなることも珍しくなかった。最精鋭の軍隊でさえ、飢えや疫病に屈し、兵士のあいだに不平が募った。中央集権をもくろむ野心家には、城壁を破壊し、帝国の建設を加速する手段が必要だった。それに応えたのが、攻城兵器としての大砲だった。

その鮮明な図が今日まで伝えられている最初の大砲は、人間の身長よりやや長く、砲尾で火薬が爆発的に燃焼するのに耐えられるように、筒状ではなく梨型をしている。この有名な図は、一三二七年の日付のあるヨーロッパの写本（ミリメート写本）の彩飾画である。この大砲には、球形砲弾ではなく大きな矢が装塡されている（図13）（大砲で矢を発射するのは珍しいことではなかった。記録によれば、一三四二年にフランスの大砲鋳物師たちが、大砲で発射する真鍮の矢羽《やばね》のついた矢を四〇〇本つくるために雇われている[9]）。

城壁を破壊する目的でつくられた最古の大砲である射石砲《ボンバード》が登場したのは、十四世紀後半である。初期の射石砲のほとんどは鋳造ではなく、樽をつくるのと同様の手法でつくられていた。当時の大砲つくりの職人は多くの場合、普通の鍛冶屋に過ぎなかった。彼らは鉄の棒材を筒状に並べ、そのまわりに高温に熱した鉄の輪をはめた。この箍《たが》が冷えて縮むと、鉄の棒材は互いに締めつけられて密着する。鐘をつくる鋳物師など鋳造の経験を積んだ職人たちが大砲つくりに雇われるようになったのは、かなり先のことだった。こうして初めて、耐久性のある頑丈な大砲がつくられるようになり、大砲が破裂して砲手が死ぬといった事故が減り始めた。

射石砲の一部は、今日でも博物館や城の庭に展示されている。一五四九年に鋳造された最大級の攻城砲マーリク・イ・マイダン（Malik-i Maidan）〔戦場の支配者の意〕は、インドのビジャプール〔かつてのイスラーム王国の首都）で見ることができる。その長さは四メートルを超え、口径は七〇センチメートルで、砲口にはかっと口を開いた竜がかたどられている。ムガル帝国のある年代記作者によれば、かかる巨大な大砲は「国家という荘厳な殿堂を守る驚嘆すべき錠であり、征服への扉を開く鍵」だった。プロイセン王国のフリードリヒ大王（一七一二〜八六）も大砲に熱中し、「最も尊重すべき王者の証《あかし》」[10]と称していた。

まさにこうした兵器を用いて、野心を抱いた男たちは歴史家のマーシャル・G・S・ホジソンとウィリアム・マクニールのいう「火薬帝国」を築きあげた[11]。本章では、オスマントルコ帝国、ムガル帝国、ロシア帝国という世界史に大きな足跡を残した三つの火薬帝国を考察し、さらに火薬製造所レベルの小さな火薬帝国の一つを考察しよう。

火薬帝国の系譜

オスマントルコ人は剣と合成弓、騎兵を主体とする戦術を駆使し、さらに政治的手腕をふるって、一三〇〇年代初頭にアナトリア地方北西部に国を築いた。彼らはここを拠点に東はセルジュクトルコ、南はマムルーク朝、西はビザンツ帝国に対抗して領土を拡張した。かくして、オスマントルコ帝国は世界最強の帝国の一つとなった。

一三〇〇年代半ばにはオスマントルコは小アジアを支配し、ダーダネルス海峡を越えてヨーロッパにも地歩を築いていた。十四世紀後半には、彼らは野戦や攻城戦で火砲を使用していた。とくにバルカン半島の戦闘では、イタリアの都市国家から火砲を購入したり、イタリア人やハンガリー人など諸国の砲匠を雇うことができたので、さかんに火砲を使用した。一三八九年のコソヴォの戦いで、オスマントルコ軍は火砲の威力によって、セルビア率いるキリスト教国連合軍に大勝した。「火砲が唸り、地は呻いた」と、セルビアのある修道士は記している(12)。この戦闘は、火砲が使用された最初の野戦だった。銃砲は今日もなおコソヴォでのムスリムとセルビア人の闘争において、人々の生命と生活を脅かしている(13)。

オスマントルコ軍は次々と勝利を重ねたが、彼らには喉に引っかかった魚の骨のように、ぜひとも取り除かねばならないものがあった。それは、第二のローマと称されたコンスタンチノープルだった。ムスリムのオスマントルコ帝国の中心部に、キリスト教徒のビザンツ帝国の首都が存在していたのだ。一四五三年四月六日、オスマントルコ軍はトルコ人が「赤いリンゴ《キジル・エルマー》」(14)と呼んでいたこの都市の攻囲を開始し、砲撃の火蓋を切った。

コンスタンチノープルが誇っていたビザンツ帝国の軍隊も十五世紀には衰退の途上にあり、同盟国の陸海軍もコンスタンチノープルの防衛に熱意を見せず、なかなか支援に駆けつけなかった。この都市の防御の要《かなめ》は、半島に位置するという地の利と、二重に築かれた長大な城壁だった。オスマントルコのスルタンのメフメト二世(一四三二～八一)は、「コンスタンチノープルの価値はその城壁にある」と評していた。

ウルバンと名乗るハンガリー出身の大砲鋳物師は、新たに出現した諸国を渡り歩くエリート軍事技術者の典型で、後述するヴェルナー・フォン・ブラウン(一九一二～七七)の原型ともいうべき人物だった。ウルバンはビザンツ皇帝が提示した報酬には満足せず、気前のよいメフメト二世

図14　1453年のコンスタンチノープル攻囲戦でメフメト２世が用いたのと同種の射石砲

のもとで働くことを選んだ。彼が雇い主のためにつくった最初の射石砲が発射した砲弾は、ボスポラス海峡を航行していたヴェネツィア船を直撃して撃沈した。これはむしろヴェネツィア船が不運だったというべきで、当時の大砲の命中精度は総じて低かった。それでも、当事者には強烈な印象を与えた出来事だった。メフメト二世はこの倍の大きさの大砲をつくるよう、ウルバンに命じた。全長七メートル近い世界最大の大砲が完成し、「マホメッタ」と名づけられた。言い伝えによれば、マホメッタはあまりに凄まじい音を立てたので、それが聞こえる範囲にいた妊婦たちは流産したという。この射石砲が放った球形砲弾の重さは、四〇〇キログラムを超えていた。こうして火薬の時代は、その時代にふさわしい最初の兵器を手に入れたのだ（**図14**）。

ビザンツ軍もトルコ軍もありとあらゆる装置を使って、石や太矢《ダート》や「燃える水」なるものを放った。しかし、戦闘の帰趨を決したのは、大小さまざまの大砲だった。コンスタンチノープルに対する最後の総攻撃が始まったとき、防衛軍が城壁の上から見たのは、この都市の大部分が瓦礫の山と化した光景だった(15)。一四五三年五月二九日、トルコ軍はコンスタンチノープルに入城した(16)。

オスマントルコの射石砲の実物と、時には(一五四九年に前述したマーリク・イ・マイダンを鋳造したフサイン・ハーンのような)トルコ人の大砲鋳物師が、遠くスマトラ島まで及ぶイスラーム圏全域に火薬のテクノロジーを広めた。彼らの最良の弟子は、インドに帝国を建設したムガル人だったといえるだろう。ムガル帝国〔一五二六〜四〇、一五五五〜一八五八〕の創建者で初代皇帝のバーブル〔一四八三〜一五三〇〕は、一五二六年にパーニーパットの戦いで最初の勝利をおさめた。敵はデリーのスルタンで、その兵力はバーブルの軍勢を凌いでいた。しかし、バーブルの軍隊は火縄銃と二門の大砲を保有していたうえに、オスマントルコの戦術の専門家二人を顧問として擁していた。大砲はとくに敵軍のゾウに対して効果的だった。マンモスがアトゥラトゥルの餌食になったように、ゾウは火砲から身を守る術がなかった。その翌年のカーヌアの戦闘でも、ムガル軍は数の上では劣勢だった。だが、彼らは八万人の騎兵と五〇〇頭のゾウを火器で迎え撃ち、ふたたび勝利をおさめた。

ムガル帝国で最も偉大な皇帝は、バーブルの孫のアクバル〔一五四二〜一六〇五〕だった。アクバルは熱烈な火薬信奉者で、新しい大砲はすべて、みずから検分するほどだった。一五六八年、ムガル軍は砲車で運んだ三門の大砲と、現地で鋳造した巨大な大砲を用いて、チトールの要塞を奪取した。その翌年、アクバルはランタムボルの要塞を包囲し、数百頭の去勢牛とゾウに引かせて運んだ一五門の攻城砲で砲撃した。この要塞は一ヶ月で陥落した(17)。

ハースランドの中心部から遠く離れた北辺の地で、第三の強大な火薬帝国が勃興した。モスクワ大公のイワン三世〔一四四〇～一五〇五〕が輸入した銃砲を用いてモンゴルの軛《くびき》を脱し、さらにライバルたちの高慢の鼻をへし折って、十五世紀末に全ロシアの統治者と名乗りをあげたのだ。恐怖帝と称されたイワン四世〔一五三〇～八四〕は、イワン三世の帝国主義的野望と火器に対する嗜好を受け継いでいた（恐怖帝という異名は残忍さより威厳を意味していたが、この皇帝は残忍でもあった〔日本語では通常「イワン雷帝」と訳されている〕）。イワン四世は麾下の軍勢を率いて東方のカザンや南東方のアストラハンなど、モンゴル帝国の流れを汲む汗国《ハンこく》を攻略した。これらの国では火器はまだ普及しておらず、火器に対抗する戦術も知られていなかった。火縄銃部隊を率いて行ける戦場や、とくに艀《はしけ》や橇《そり》で大砲を運べる戦場では、イワン四世の軍隊はなばなしい戦果をあげた。一五五二年、イワン四世は一五〇門の火砲をもって、木で築かれたカザンの城壁を撃ち破った（このほかに巨大なトレビュシェット一門も使用した。新兵器が優れているとはいえ、従来の兵器を捨て去る理由はない）。イワン四世が没したとき、彼の帝国の版図はヴォルガ川の全流域とカスピ海まで広がっていた。

イワン四世の存命中に、コサックの頭目イェルマーク・ティモフェーエヴィチ〔一五八四没〕が火器で武装した部隊を率いて、ウラル山脈を越えてシベリアに遠征した。これ以後、ツァーリの帝国は東方への領土拡張政策を推し進め、ついに太平洋に到達した[18]。

ハワイの場合

ユーラシア大陸でもアフリカ大陸でも、進取の気性に富むリーダーが伝統的な軍隊の概念を脱却し、兵器庫を刷新すべく「銃砲に飛びついた」地域では、火薬が新たな権力中枢の勃興を促した。けれども、こうした情勢をもたらしたのはひとり火薬にとどまらず、この流れを促進したり、あるいは逆行させるような実に多くの要因が、矛盾しあい錯綜しながら作用していた。それゆえ、その全体像は明瞭というにはほど遠い。こうした地域とは対照的に、太平洋の島々では、火薬が政治に及ぼした影響をほぼ純粋に考察することができる。火薬は島民の生活に、相対的にいうなら瞬時に入ってきた。だが、大陸から離れているという地理的条件のおかげで、島民は大陸の人間の脅威に曝され、直接支配されるという運命を免れることができた。一七七八年にいたるまでの数百年間、ハワイ諸島は人間が居住している島々の中で最も孤立した状態にあり、島民たちは世界と隔絶して暮らしていた。ハワイの先住民を襲った運命は、火薬の影響を単純明快に示している。

一七七八年にキャプテン・クック率いるレゾルーション号とディスカバリー号が、水平線の彼方から現われた。ハワイの先住民はクック一行の所持品に驚嘆し、そのすべてを欲しがったが、とりわけマスケット銃と大砲に魅了された。侵略者はまず、火器を発砲して島民を威嚇した。やがて物珍しさが薄れてくると、火器で〔盗みを働くなどした〕島民を殺傷して、これが閃光と轟音を発するだけの装置ではないことを思い知らせた。

こうした野蛮な意思伝達法は、一七七九年にクック隊がふたたびハワイ諸島に寄港した際に頂点に達した。クックは一発目は島民を威嚇するために、二発目は殺すためにマスケット銃を発砲し、その直後に自身が島民の手で殺されてしまった。クックとともに上陸していた部下たちはその場で殺されるか、銃を捨てて船に逃げ帰った。このとき初めて、ハワイ先住民の手に銃が渡ったのである(19)。

その後、ヨーロッパやアメリカの船が食糧や水、そしてしばしば女性を求めて、ハワイ諸島に来航するようになった。先住民はその対価として金属製品や衣類や帽子、そして火器を要求した(20)。あまり強硬に要求すると——彼らはしばしばそうしたのだが——時として望んだ以上の弾丸をお見舞いされた。たとえば一七九〇年には、アメリカの商船「エレノア号」が無差別に発砲して、一〇〇人余りの島民の命を奪った。数日後、島民は同船の僚船の「フェア・アメリカン号」を襲撃し、最後まで抵抗した一人のハウリ（白人）もろとも捕獲した。この船には大砲一門が装備され、マスケット銃多数と弾薬が搭載されていた。

この貴重な分捕り品を手に入れたのは、ハワイ島の酋長の一人で、ある来島者から「白人並みに強欲」と評されたカメハメハ〔一世、一七五八〜一八一九〕だった。それ以来、カメハメハは火器と火薬の調達に勤《いそ》しむとともに、火器の使用法や管理法に習熟したハウリの顧問を獲得した（もし、ムガル帝国の皇子たちのようにトルコ人の砲手も獲得できたら、カメハメハも彼のライバルたちもさぞ喜んだことだろう。もちろん、これは望むべくもないことだった）。一八〇四年には、カメハメハは六〇〇挺のマスケット銃、一四門の大砲、四〇門の旋回砲、六門の小型迫撃砲を保有していた(21)。

十八世紀末から十九世紀初頭にかけて、カメハメハはハワイ八島の統一という先人がなし得なかった事業を推し進めた。その過程で、彼の敵味方合わせて数百人もの、あるいは数千人ものハワイ人が命を落とした。ハワイ統一をかけて行なわれた数多の戦闘の中で典型的なものは、「赤い火を噴く《ケプワハウラウラ》砲の戦い」と呼ばれていた。一七九五年に現在のホノルル市を見下ろすヌウアヌ谷《バリ》で繰り広げられた戦闘で、カメハメハ軍は硝煙の中で決定的な勝利をかちとり、ハワイ統一王朝に向けて大きく歩を進めた(22)。カメハメハは古典的な火薬帝国の最後の皇帝だった。

ヨーロッパの場合——百年戦争の頃

ハワイとは地球の反対側にあり、スルタンやツァーリの火薬帝国の西方に位置する西ヨーロッパに火器が到来したときの政治情勢は、火縄銃を携えたポルトガル人が出現したときの日本のそれによく似ていた。西ヨーロッパにもローマ帝国という帝国の伝統があったものの、当時は都市国家や公国や男爵領や司教管区など多様な政治単位が割拠し、権力が分散した状態にあった。しかも、これらの政治組織の一部は常に戦争状態にあった。「イタリア」と「ドイツ」という言葉は地理学上の用語に過ぎず、特定の政治組織を表わすものではなかった。たしかにヨーロッパには——たとえばフランスやイギリスの王たちが主張していたように——諸々の王国が存在していた。だが、それらの王国は、中央集権化した国民国家には遠く及ばないものだった。王たちは、そしておそらく教皇たちも、ヨーロッパ全域にわたる火薬帝国に君臨することを夢見ていたが、彼らの誰一人としてこの夢の実現に成功していなかった。

ヨーロッパはあたかも恋人が差し出す花束であるかのように、心からの愛情をもって火薬を受け入れた。一三二六年二月一一日、フィレンツェの議会は共和国防衛のために大砲と砲弾を製造する責任者として、二人の役人を任命した。これは、火器が実戦に使用されるようになってまもない時期の出来事である[23]。十四世紀の時点では西ヨーロッパの火器は中国のそれに劣っていたと思われるが、中国では火器の改良が遅々としていたのに対して、西ヨーロッパでは比較的すみやかに改良が進んだ。十五世紀にはオスマン帝国が最大級の射石砲の大半を保有していたようだが、メフメト二世が寵愛した大砲鋳物師ウルバンの例からわかるように、トルコ人はしばしば火薬や火器の専門技術者をバルカン半島の国々やイタリアなどのヨーロッパ諸国から迎え入れていた。

ヨーロッパに有利に作用した自然条件は鉱物資源に恵まれていたことであり、不利に作用したのは温帯性の気候ゆえに硝石が乏しいことだった。そのため、ヨーロッパ人は長いあいだ、硝石を人工的につくることを余儀なくされた。最初期の硝石「プランテーション」の一つが、一三八八年のフランクフルトの記録に残っている。硝石をつくる手順はいたって単純で、有機廃棄物を穴か大きな桶に入れ、尿を混ぜて一年間漬けておき、それを掘り出して漉《こ》し、洗って煮沸する。これで自前の硝石ができあがるのだ[24]。硝石をつくるには時間と手間がかかったが、西ヨーロッパの野心的な王たちは大量の硝石を必要としていたのだ。

彼らの前に立ちはだかる障害の最たるものは城壁だった。王たちは当初、攻城用の飛び道具として、トレビュシェット以上のものをもっていなかった。トレビュシェットはいくらか役に立ったものの、堅固さを増した城壁を破壊するほどの威力はなかった。もし、百年戦争〔一三三七〜一四五三〕の際に、イギリス軍が本国に撤退する代わりにノルマンディーの城に立てこもり、フランス軍が消耗して退却するまで籠城していたならば、はたしてフランス王はこの戦争で勝利をおさめ、フランスを統一することができただろうか（**図15**）。

今日エジンバラ城に展示されているモンス・メグのような射石砲が、フランス王が抱えていた問題に対する解決策だった。この十五世紀の怪物は長さが一三フィート〔三・九メートル〕、口径は一九インチ〔四八センチメートル〕で、重さは五トンもある。モンス・メグは重さ三三〇ポンド〔一五〇キログラム〕の球形砲弾を放っていた（初期の砲弾は鉄ではなく石でつくられていた）(25)。

図15　15世紀半ばのヨーロッパの野戦砲．クロスボウで焼夷弾を発射していることにも注目されたい．［*German Firework Book*, 1450年頃］

百年戦争におけるフランスの精神的ヒーローは、のちに聖女に列せられたジャンヌ・ダルク〔一四一二頃〜三一〕だった。しかし、イギリスは一四三一年に彼女を火刑に処し、フランス内の領土を占領し続けた。百年戦争末期のフランスのヒーローは、テクノロジーに精通した火器の製造技術者ジャン・ビュローだった（あるいは、であったに違いない）。ビュローは未来から来た幽霊のような存在で、「生まれが卑しく、背丈も小さかったが、意志強固で大胆不敵だった」と評されている。彼もまた諸国を渡り歩く技術者の一人で、おそらくイギリス軍の砲手としてキャリアを踏み出し、その後陣営を変えたものと思われる。ビュローがつくった大砲その他の火器はフランス王をおおいに益し、一時は一ヶ月に五件の割合でノルマンディー地方の攻城戦を勝利に導いた。イギリスが最後まで死守していたボルドーの攻囲戦では、ビュローはみずから砲兵隊を指揮して活躍した。一四五三年一〇月一九日、ボルドーのイギリス軍はついに降伏した。フランス王は時をおかずに、平民出身のビュローをボルドー市の終身市長に任命した(26)。

火薬はイギリス、フランス、スペインなどの国民国家の形成に、大きな役割を果たした。だが、さらなる中央集権化をめざす動きは、じきにその勢いを失った。ひとたび放たれた火薬の精霊《ジン》は、すでに西ヨーロッパのさまざまな政治組織に広まっていた。また、新しい飛び道具のテクノロジーは、射石砲で頂点に達したわけではない。ヨーロッパに君臨するただ一人の権力者は、まだ現われていなかった。

覇権争いの膠着

フランスとブルゴーニュ公国は、高品質の火薬を用いて小さくても頑丈な大砲で重い鉄製の球形砲弾を発射すれば、旧来の巨大な射石砲で石の砲弾を発射するのに優るとも劣らないダメージを与えられることを発見した。フランスはさらに、大砲の機動性が砲弾の初速に劣らず重要であることを認識し、性能のよい砲車を開発した。一四九〇年代にフランスはイタリアに侵攻し、破壊と略奪をほしいままにしながらナポリまで進軍した。マキャヴェッリ〔一四六九〜一五二七〕は「どれほど厚い城壁も、火砲があれば数日で破壊されてしまう」(27)と慨嘆した。この時点では、西ヨーロッパ帝国の皇帝の座に就くのはフランス人であろうと思われていた。

だが、実際には、そういうなりゆきにはならなかった。フランスは火器を巧みに使うのがライバルたちよりわずかに先んじていただけで、ライバルたちもまもなく改良された大砲や砲車を手に入れた。さらに、築城術にもルネサンスが訪れた。中央集権国家の樹立をもくろむ者たちにとって、これはゆゆしき事態だった。なぜなら、彼らの野望を実現するためには、いかなる城壁も破壊することが不可欠だったからだ。

イタリアの人々はフランスの侵略者によって、石を高く積みあげただけの城壁は砲撃に耐えられないことを思い知らされた。必死になったイタリア人は城壁の前面に土を積み上げて、厚い傾斜面をつくった。すると、この盛り土した斜面に砲弾がめりこみ、城壁は破壊されずにもちこたえた。土を掘り出した跡には濠をつくり、城壁のまわりをめぐらせた。この濠も攻撃してくる部隊の障害物となった。いったい、どうやったら濠を吹き飛ばすことができようか？
イタリア式築城術《トラス・イタリアンヌ》と呼ばれる築城様式は、外面を石で築き、防衛側が側面から射撃できるように、城壁から鋭角に突き出た稜堡《りょうほ》を設けていた。西ヨーロッパのほぼ全域で、この様式が標準的になった（大砲は東アジアにおいても、重厚な城壁、幾重にもめぐらせた濠、入り組んだ構造といった築城術の発達を促したが、西ヨーロッパほど急激かつ決定的な影響は及ぼさなかったようだ(28)）。イタリア式築城術の設計家たちも大砲鋳物師と同様に、利益の多い国際的なビジネスの担い手となった。レオナルド・ダ・ヴィンチ〔一四五二〜一五一九〕もミケランジェロ〔一四七五〜一五六四〕も、築城術に手を染めていた。ミケランジェロは自分を売りこむに当たって「絵画と彫刻のことはよくわからないが、築城術に関してはたっぷり経験を積んでいる」(29)とまで述べていた。

中央集権をめざす西ヨーロッパのたどたどしい歩みは遅くなり、汎ヨーロッパ帝国にはほど遠いところで止まってしまった。火器の効果は、競合し合う諸国の不安定だが驚くほど長もちする並存状態を助長し、維持するにとどまった(30)。

帝国主義時代の到来

十六世紀になると、ハースランド内の隣接する領土を併合して火薬帝国を創設しようとする勢力に、翳りが見え始めた。西ヨーロッパ諸国はいうに及ばず、もはやいかなる強国も新型の火器を独占してはおらず、それに対抗ないし防御する手段は広まる一方だった。ほとんど絶え間なく戦い合っていたためだろうが、ヨーロッパ諸国は火薬の製造と使用にかけては、群を抜いて精力的かつ独創的だった。戦火によって隣接する国や地域を併合して帝国を築くという企てに挫折すると、彼らは母国とは遠く離れた海外に帝国を築くことに方針を転換した。

第一千年紀に海外帝国の建設を阻んでいた大きな障害は、船舶の性能の問題だった。射程の短い小型の武器しか搭載できないうえに、乗船する者のほとんどが漕ぎ手や操船に欠かせない者たちで、兵士や入植者予備軍を乗せる余裕がなかったのだ。だが一四〇〇年には、ハースランドの国々はこうした問題を解決しつつあった。明朝の中国は世界最大級の船舶を擁する艦隊を組み、アフリカの東海岸まで遠征した。その後、中国の指導層は外界との接触に対する関心を失い、冒険的な行為や海外との交易を禁ずるよう皇帝に具申して、およそ二〇〇年後の日本の鎖国政策の先鞭をつけた。中国は、世界最初の海外帝国を建設する道をみずから閉ざしたのである。

大西洋岸の西ヨーロッパ諸国は十五世紀末には、大三角帆や大横帆を張るシップ型帆船を有していた。これらは中国の基準からすれば小さいとはいえ、外洋の航海に適していた。航行のエネルギーを風から得ることによって、船に乗る者は操船以外の仕事に従事できるようになった。これらの帆船は当初は船首と船尾だけに大砲を据えつけていたが、やがて従来は漕ぎ手とオールが占領していた舷側にも、大砲を並べるようになった。はじめのうち大砲は上甲板に置かれたが、船の安定を保つために、口径の小さい大砲をごく少数搭載するにとどまっていた。十六世紀になると、ヨーロッパ人はしだいに下甲板の幅を上甲板より広くして、大型の大砲を下甲板に装備し、舷側に砲門〔堅塁・艦船・障壁などに設けた射撃口〕を設けるようになった。喫水線近くに重量物を置くことは、船を安定させるうえでも有効だった。一六一八年にイギリスの改革委員会《コミッショナー・オヴ・リフォーム》は遅ればせながら、こうした経緯を次のように簡潔にまとめている。

経験の教えるところでは、昨今の海戦は相手の船に乗り移って白兵戦にもちこんだり、弓矢や小銃や剣をおおいに使うようなことはめったになく、主として大砲を用いて帆柱《マスト》や帆桁《ヤード》を破壊し、船を切り裂き、傾かせ、穴をあけるといった戦法で遂行されている。この点を鑑みて、国王陛下の海軍のおおいなる優位を維持するためには、各艦に搭載可能なかぎりの大砲を装備するように細心の注意をはらうべきである(31)。

いまや、射石砲に取って代わった新型大砲の最大級のものでも、敵やいずれ奴隷とされる運命の人間が居住する土地の港や沖合いまで、すみやかに(文字どおり)船《シップ》で運べるようになった。射石砲が何世代にもわたって果たしてきた攻城兵器の役割を、大砲が担うようになったのだ。さらに、ヨーロッパの帆船は兵士や入植者も運搬した(32)。こうして、中東の火薬帝国にほぼ匹敵する西ヨーロッパの帝国が、海外に築かれる下地が整った。

火薬は世界各地で繰り広げられたヨーロッパ帝国主義のドラマで主役を演じたが、常に勝利をもたらしたわけではない。ヨーロッパ人が海の彼方から現われたとき、アジアの沿岸地域にはすでに火器の長い歴史があった。防衛側は火器による攻撃に反撃する術を心得ており、あるいはじきに習得した。そして、侵略者が改良した兵器をもって十九世紀にふたたび現われるまで、白い帝国主義が絶頂に達するのを遅らせた。いくぶん趣きを異にする紆余曲折はあったものの、サハラ砂漠以南のアフリカでも、事態は同じように推移した。火器は早くも一四〇〇年代にこの地に到来していたが、アフリカの先住民はその後二、三世紀間にわたって、積極的に火器を取り入れようとはしなかった。この時期、奴隷貿易と結びついた暴力は激しさを増し、それに伴ってアフリカの輸入は急増した。あるオランダの仲買人はその実態を驚くべきメタファーで語っている。いわく、われわれ貿易業者は「自分で喉をかき切れるように、奴らにナイフを売ってやっているのだ」[33]と。それでも、疾病や苛酷な気候条件、不屈の抵抗運動が、領土の征服を代価に見合うものとさせなかった。やはり十九世紀に、ライフル銃がマスケット銃に取って代わり、自動式機関銃のマクシム銃が出現するまでは。

新世界へ

ヨーロッパの帝国主義者がほぼ完璧な勝利をおさめたのは、新世界（と、前述したようにシベリア）においてだった。新世界の先住民は火薬について何も知らず、警告すら与えられなかった。モンテーニュは「われわれの大砲の閃光や小銃の轟音」が新世界の住民に与えたであろう効果について、「未経験の者に不意打ちをくわせるならば、絶頂期のカエサル〔前一〇〇〜前四四〕をさえ混乱させることができる」[34]と述べている。

一四九二年にキューバの海岸に到着するや、コロンブス〔一四四六頃〜一五〇六〕は時をおかずに先住民のタイノ族〔現在は絶滅〕に彼の武器を披露した。彼はまず前菜代わりに、部下の一人に「トルコ弓」（間違いなく合成弓のことだろう）を射させ、ついでメインコースとして大砲とマスケット銃を発砲させた。先住民たちは地にひれ伏し、その後、コロンブスに黄金のマスクを贈って敬意を表した(35)。

エルナン・コルテスも、メキシコで同じような芝居を打った。彼はアステカ帝国の皇帝が派遣した使者の第一陣に対して、大砲を一発撃って見せた。使者たちは「まるで死んだように床に倒れた」。彼らはモンテスマ二世（またはモクテスマ、一四六六～一五二〇）に、大砲が轟音を発し、その中から球のようなものが飛び出して「木を木端微塵にした」と報告した。「まるで魔法をかけられたかのように、一瞬のうちに木が消え失せた」(36)と。

火薬が発する閃光と轟音の宣伝効果はじきに薄れたものの、それまでにヨーロッパ人たちは足場を築き、以後は火薬を殺人兵器として活用した。その一例をあげるなら、スペイン人がテノチティトラン（現在のメキシコシティー）を攻囲した際に、この都に通ずる土手道から障害を取り除き、いならぶアステカの兵士たちを一掃するのに、大砲はことのほか役に立った(37)。

初めて火器に接したアメリカ先住民たちは、モンゴル人やペルシア人やイタリア人らがそうであったように、深い感銘を受けるとともに、まもなくこの目新しい武器を使い始めた。たとえば、ニューイングランドの先住民は「火器に比べたら、自分たちの弓矢はおもちゃのようなもの」だとみなし、「火器を手に入れるためなら、いかなる代価を支払うこともいとわなかった」。けれども、ニューイングランドに限らず南北アメリカ大陸の先住民は無知であったがために、ハースランドの人々ほど有効に火器を活用できなかった。ハースランドではいかに遅れた地域であっても、火器を入手するだけでなく、火器の製造技術も習得できる程度には技術的に進んでいるのが普通だった(38)。一方、アメリカ先住民はそもそも火薬や鉄や鋼について何も知らず、辺境の部族は弓矢すら知らなかった。彼らは銃や砲を手に入れたが、それをつくる銃工や砲職人は手に入れられなかった。彼らはしばしば、(アフリカの先住民と同様に)火器の修理には熟達し、みずから弾丸をつくるようになったが、火器や火薬をみずからつくるには至らなかった。それゆえ、彼らはしだいに敵である侵略者たちに依存するようになってしまった(39)。

一八〇〇年には、ヨーロッパ人は地球の陸地の三五パーセントを占有または支配していた(40)。

第八章
機関銃・大砲・第一次大戦

二〇〇ヤード離れたところにいる敵を普通のマスケット銃で狙っても、その銃弾に当たって敵が死んだ例は一つもない。必要とあらば、私はいつでもこれを証明してみせよう。

ハンガー大佐（一八一四年）(1)

家畜のように死んでいくこの若者たちに、弔いの鐘は鳴りはしない。
ただ、怒り狂ったように凄まじい轟音を立てる大砲が、
ただ、追われるように切れ目なく銃声を立てる小銃が、
口早に唱える祈りの言葉が響くだけ。

ウィルフレッド・オウエン
『呪われた青春に捧げる頌歌』（一九一八年）

第二千年紀半ばの数百年のあいだに、世界の国々は中国が発明した火薬の軍事的および地政学的意義を理解するに至った。その一方で、この期間における飛び道具のテクノロジーの進歩は遅々としていた。筒に詰めた火薬に点火してミサイルを発射したり、筒そのものをミサイルとして飛ばすというように、火薬を発射薬や推進剤として用いることは――少なくとも初歩的な形では――一五〇〇年よりずっと以前になし遂げられていた。その時から十九世紀に至るまで、銃工や

砲匠やロケット技術者たちはこの類《たぐい》の装置を何千と——おそらくは何百万と——つくっていた。だが、彼らはついに、中国宋朝の革新的な発明に匹敵するものを生み出せなかった。彼らはより強力な大砲をつくり、粉末状の火薬よりも燃焼性に優れた粒状の火薬を開発した。砲架や砲車を発明し、さらに改良を重ねて機動性を向上させた。中空の爆裂型砲弾を開発し、その中にぶどう弾〔九個の小鉄球よりなる弾丸〕を装塡した。ロケットに長い棒をとりつけて姿勢を安定させ、命中精度を高めるという工夫もした。このほかにも彼らはさまざまな発明や改良をなしとげたが、これらはいずれもヨーロッパを中国宋朝の革新の枠組みから脱皮させるには至らなかった。

火砲の歴史の研究で名高いイアン・ホッグは、一三四六年のクレシーの戦いに従軍したエドワード三世〔一三一二〜七七〕の砲手をタイムスリップさせて一八七〇年の普仏戦争の戦場に連れてきても、この砲手はじきに違和感を感じなくなっただろう、と述べている。「なぜなら、大砲が発明されてから五〇〇年有余のあいだ、技術的な進歩はほとんどなかったからだ」(2)。細かいことをいうなら、この五〇〇年の始めと終わりからそれぞれ一〇〇年をカットすれば、ホッグの評価はより正確になるだろう。一三四六年当時の大砲はきわめて原始的であったのに対して、一八七〇年には砲身にらせん状の溝、すなわち腔線《ライフル》を刻んだ後装砲が曲がりなりにも出現していたのだから。とはいえ、ホッグの主張は的を射ている。

ルネサンス後期につくられた大型の火砲のほとんどと、一八〇〇年に存在していた事実上あらゆるサイズの大砲は、弾薬を砲口から装塡する方式の前装砲だった〔後装方式の発想自体は、前装方式とほぼ同じ時代に生まれ、小口径の砲は後装式のものもつくられていた〕。前装砲に弾薬を装塡するのは時間と手間がかかるうえに、砲手は敵の飛び道具に身を曝しながら、砲の前方に立って作業しなければならなかった。一八〇〇年当時の大砲は砲身に腔線を刻んでいない滑腔砲で、球形砲弾を発射していた。それゆえ、射程が短かいうえに、砲弾は無秩序に回転しながら砲口を飛び出して、思わぬ方向に飛んでいった(3)。

一八〇〇年になっても、歩兵の標準的な携帯兵器である手や肩で保持するタイプの小火器類には、一五〇〇年当時と同様の欠陥があった。点火方法が火縄式《マッチロック》であれ、火打石式《フリントロック》であれ、兵士は敵に身を曝した無防備な状態で、込矢《こみや》と呼ばれる棒を使ってマスケット銃〔滑腔式の長身銃〕の銃口から弾薬を装塡しなければならなかった。弾薬の装塡に時間がかかるので、熟練した兵士でも狙いを定めて発射できるのは、一分間に二、三発に過ぎなかった。滑腔式の銃身から発射される球形の銃弾は、射程が一〇〇メートル以上になると極端に精度が落ちた(4)。

一八一四年にハンガー大佐という人物が、「普通のマスケット銃で二〇〇ヤード〔一八〇メートル〕離れた敵を狙っても、月に命中させようとするようなものだ」(5)とこぼしていたのも無理はない。十六世紀の火縄銃に比べて、ハンガー大佐のマスケット銃は不発に終わることこそ少なかったが、命中精度はほとんど向上していなかったのだ。

「ブラウン・ベス」と称されたイギリス製の滑腔式マスケット銃の物語《サーガ》は、その歴史半ばにおける火薬テクノロジーの典型的な姿を端的に示している。ブラウン・ベスは命中精度があまりに低いので、照準器すら取りつけられていなかった。それにもかかわらず、一六九〇年から一八四〇年までの実に一五〇年間にわたって、イギリス陸軍の歩兵の制式兵器とされていたのだ。一五〇年という年月は、矢を発射する大砲がミリメート写本に描かれてからメフメト二世の攻城用射石砲がつくられるまで、あるいはブラウン・ベスが退役してからV－2ロケットが登場するまでの時間を大幅にうわまわっているのだ(6)。

ロケットの短所

初めて開発されてから十九世紀末に至るまでのロケットの発展の物語《サーガ》は、ブラウン・ベスの物語ほど単純ではないが、示唆に富んでいるうえに――思わぬ余禄だが――最後には人々に夢をもたせてくれる。これは、飛び道具のテクノロジーの歴史では稀有な現象である。

ロケットが火砲とほぼ同じ時期にハースランドの主要な兵器となったのには、もっともな理由があった。第一に、ロケット射手は大砲の砲手ほど訓練を必要としなかった。第二に、ロケットの射程は大砲に比べて遜色がないうえに、安価でもち運びがはるかに容易だった。標準的なロケットなら、兵士は肩に担いで徒歩で運搬できた。後に詳述するウィリアム・コングリーヴ〔一七七二～一八二八〕はロケットを「砲身の要らない火器の精髄」と称していた。第三に、いうまでもないことだが、ロケットには反動という厄介な問題がない。射手が導火線に点火して、ロケットの前と後ろから（必ず）離れさえすれば、何の問題もなく飛び出してゆくのだ。

もちろん、ロケットにも短所はあった。ロケットに火薬を装填すると早発する場合があったし、装填してから時間が経つと、時に自然発火したり、あるいはその反対に湿気を吸収して着火しなくなった。ロケットの短所の最たるものは、命中精度の低さだった。敵に向かってまっすぐ飛んでゆくというケースは稀で、フックしたりスライスしたり、時には反転して戻ってくることさえ

郵便はがき

料金受取人払

本郷局承認

5197

差出有効期間
2024年1月
31日まで

113-8790

（受取人）

東京都文京区
本郷7-2-8
吉川弘文館 営業部内
〈書物復権〉の会 事務局 行

ご住所 〒 TEL			
お名前（ふりがな）		年齢 代	
Eメールアドレス			
ご職業	お買上書店名		

※このハガキは、アンケートの収集、関連書籍のご案内のご本人確認・配送先確認を目的としたものです。ご記入いただいた個人情報は上記目的以外での使用はいたしません。以上、ご了解の上、ご記入願います。

11 出版社　共同復刊
〈書物復権〉

岩波書店／紀伊國屋書店／勁草書房／青土社／創元社
東京大学出版会／白水社／法政大学出版局／みすず書房／未來社／吉川弘文館

の度は〈書物復権〉復刊書目をご愛読いただき、まことにありがとうございます。

書は読者のみなさまからご要望の多かった復刊書です。ぜひアンケートにご協力ください。

ンケートに応えていただいた中から抽選で 10 名様に 2000 円分の図書カードを贈呈いたします。
023 年 1 月 31 日到着分まで有効）当選の発表は発送をもってかえさせていただきます。

 お買い上げいただいた書籍タイトル

この本をお買い上げいただいたきっかけは何ですか？
書店でみかけて　2．以前から探していた　3．書物復権はいつもチェックしている
ウェブサイトをみて（サイト名：　　　　　　　　　　　　　　　　　　　　　）
その他（　　　　　　　　　　　　　　　　　　　　　　　　　　　　　　　　）

よろしければご関心のジャンルをお知らせください。
哲学・思想　2．宗教　3．心理　4．社会科学　5．教育　6．歴史　7．文学
芸術　9．ノンフィクション　10．自然科学　11．医学　12．その他（　　　　）

おもにどこで書籍の情報を収集されていますか？
書店店頭　2．ネット書店　3．新聞広告・書評　4．出版社のウェブサイト
出版社や個人の SNS（具体的には：　　　　　　　　　　　　　　　　　　　）
その他（　　　　　　　　　　　　　　　　　）

今後、〈書物復権の会〉から新刊・復刊のご案内、イベント情報などのお知らせを
お送りしてもよろしいでしょうか？
．はい　　　　　　　　2．いいえ

はい、とお答えいただいた方にお聞きいたします。どんな情報がお役に立ちますか？
．復刊書の情報　2．参加型イベント案内　3．著者サイン会　4．各社図書目録
．その他（　　　　　　　　　　　　　　　　　　　　　　　　　　　　　　）

〈書物復権の会〉に対して、ご意見、ご要望がございましたらご自由にお書き下さい。

あっただろう。けれども、大きな目標に向けて大量に発射すると効果は覿面《てきめん》で、実戦経験の乏しい部隊や馬はパニックに陥った。

ムガル帝国では、アクバルの時代が終わると火砲に対する関心は薄れ、アクバルの後継者たちはロケットを好んで用いた(7)。フランスの旅行家フランソワ・ベルニエ〔一六二〇〜八八〕は、一六五八年にサーミガルを舞台にムガル帝国の皇子たちが繰り広げた帝位争奪戦争を目撃した。ベルニエは「バーン」と呼ばれるロケットについて、以下のように記している。バーンは通常は鉄製で長さは十数センチメートル、これに火薬を詰めて棒か矢に取りつける。射手は導火線に点火すると、普通は投げ槍のようにオーバーハンドで投げる(点火後すぐに投げることが肝要である)。空中を飛んでいるあいだに推進剤の火薬に点火するので、矢はなんと一〇〇〇メートルないしそれ以上も飛んだという(8)。矢が命中すれば兵士や馬は行動不能になっただろうし、焼夷性物質を搭載していれば火災を起こして破壊力を発揮しただろう。だが、バーンの効果は主として心理的なものだった。一七九〇年から一八一〇年までインドに滞在していたトマス・ウィリアムソン大尉によれば、「このヒューヒューと音をたて、曲がりくねりながら飛んでくる来襲者から、みな逃げまどい、バーンを取りつけた棒でおそらく手痛い一撃をくらっていた。この棒によって飛ぶ方向が決まるのだが、バーンはしばしば突如として進路を変え、思いもかけない方向に飛んでいった」(9)。

ロケットの改良

十八世紀にムガル帝国が分裂状態になると、南インドの植民地化をもくろむイギリスの東インド会社と、それに抗するマイソール王国とのあいだで戦争が勃発した。四次にわたって続いたマイソール戦争（一七六七〜六九、八〇〜八四、九〇〜九二、九九）は、ヨーロッパ人のあいだにロケットへの興味を再燃させた。ウィリアム・コングリーヴもその一人だった。彼は一三歳のときに、まるで将来を予言するかのように「僕は絶対に月に行く」と書いていた（当時はインドのロケットについて見聞する前だったので、コングリーヴ少年は気球で月に行くつもりでいた(10)）。

コングリーヴが初めてつくったロケットは、インドのロケットには遠く及ばなかった。だが、自信に満ち、細心さと忍耐強さを兼ね備えたコングリーヴは、まさに産業革命の申し子だった。彼はロケットを推進する火薬を改良し、それを丈夫な鉄製のケーシングに装塡した。安定棒を長くするとともに強度を高め、さらに試行錯誤の末に、ロケット本体にとりつける位置を側面から中心軸上に変えて命中精度を改善した。また、最大射程をもたらす発射角度を算出した。一八〇五年の夏までに、コングリーヴは多種多様なモデルをつくっていた。その中から標準的なモデルをつくり、技術的に信頼できる焼夷性の弾頭を搭載した。一八〇七年、イギリス軍はコペンハーゲンの攻撃にコングリーヴのロケットを採用し、この充分大きな目標のほとんどを焼き払った(11)。

その後も当分のあいだは、コングリーヴのロケットは世界各地の戦場で重要な役割を果たした。

アメリカ人にとって最も重要な戦闘は（そのわりに、これを記念するための努力は充分になされていないが）一八一四年八月、ワシントン近郊のブランデンブルグで火蓋が切られた。アメリカ民兵軍は押し寄せるイギリス軍に対して善戦したが、それもイギリス軍が猛烈なロケット攻撃をしかけてくるまでのことだった。実戦経験の乏しいアメリカ民兵軍はそれまで、このように恐ろしい武器に遭遇したことがなかったのだ。数世紀前に中国軍のロケット兵器に初めて襲われた敵軍の兵士たちがきっとそうであったように、そして十数年後にアクラ近郊のアカンタマス〔ドドワの別名〕でイギリス軍のロケット弾の餌食になったガーナのアシャンティ王国の人々のように、アメリカ民兵軍は恐慌をきたして敗走した(12)。一八一四年八月二四日の夜、イギリス軍はアメリカ連邦議会議事堂を焼き払った。

いみじくも『エレボス』〔「原初の暗黒」、「冥界」を意味するギリシア神話の神〕と名づけられたコングリーヴのロケット船〔ロケット砲を装備した小艦艇〕を従えたイギリスの艦隊は、ボルティモアを焼き払うためにチェサピーク湾を遡上し、ボルティモア港のマクヘンリー要塞でアメリカ民兵軍と対峙した。このとき、捕虜としてイギリス艦船に抑留されていたアメリカ人のフランシス・スコット・キー〔一七七九～一八四三〕は、「ロケット弾が赤く閃き、砲弾が空中で炸裂する中で、われらの旗は夜どおし要塞にはためいていた」と書き綴った。彼の詩は、のちにアメリカの国歌となった。くだんの旗にはいくつも穴があいているが、その一部はコングリーヴのロケット弾によるものだろう。この旗は、通常はスミソニアン博物館で一般公開されている。ここから徒歩数分のところに連邦議会議事堂があるが、この建物は、イギリス軍に焼き打ちされたのちに新たに建造されたものである(13)。

コングリーヴは、いかなる要塞も破壊できるほど強力な一トンの弾頭を搭載したロケットという、後述するペーネミュンデもどきの構想を抱いていたが、ほとんど支援を得られなかった。その後の五〇年間、ロケット兵器はクリミア戦争〔一八五三〜五六〕を筆頭に大小さまざまの戦争で使用されたが、その戦果は火砲に比べると見劣りがした。第二次アヘン戦争の直接の原因となったアロー号事件が発生した一八五六年に、清朝の中国軍は広東の珠江を航行するイギリスの艦艇に向けて、自前のロケットを発射した。その結果は、アンチ・ロケット派がことあるごとに引き合いに出す類のものだった。一発のロケット弾がイギリス船に穴をあけたものの、ケネディ提督によれば「概して中国のロケットはたいした損害を与えず、ほぼ二回に一回は発射地点に舞い戻っていた」(14)。

技術者と発明家は営々とロケットの研究を続け、そのサイズを(いくぶん)大きくし、その射程を(大幅に)増し、さらに命中精度を向上させた。ウィリアム・ヘール〔一七九七〜一八七〇〕は扱いにくいうえに効果の小さい安定棒を取り除き、噴射孔に角度をつけたり噴射ガスで回転する羽根をとりつけてロケットを回転させることにより、姿勢を安定させて命中精度を大幅に改善した。けれども、時が経過するとともに、戦場でのロケットの出番は減る一方で、勝敗を決する場面で使われることは稀になった。これとは対照的に、ヨーロッパの海外帝国のフロンティアでは、ブランデンブルグのアメリカ人のようにこの手の飛び道具に接したことのない先住民に対して、ロケットはいまだに絶大な威力を発揮していた。

歴史はしばしば皮肉な展開をするが、十九世紀のロケット工学もその一例であり、しかも好もしい展開をした稀有な事例である。それは、ヘールのロケットが軍という国家の暴力行使システムの道具ではなく、救命事業の道具になったということだ。ヘールのロケットのおかげで、救助船も出せないほど荒れた海で沈没しかけている船から、船員や船客たちを助けられるようになったのだ。陸地からロケットで救命ロープを発射すると、難破船の乗員たちはロープに連結した太い綱を手繰り寄せてマストに結びつけ、救命ブイを伝って海岸までたどり着いた。一八七〇年代には、こうした方法でイギリスだけでも合計九四〇七人が救助された(15)。

機関銃の発明と大砲の改良

十九世紀のハースランドは――今回はその東端ではなく西端の地域で――ふたたび発明の黄金時代に突入しようとしていた。この時期にロケット工学がたいして進歩しなかったことは、一見不可解な現象のように思われる。この時期の西洋社会では銃砲のテクノロジーがあまりにもめざましく進歩したので、ロケットは舞台裏に追いやられてしまったのだ。

武器の改良は歴史家が産業革命と称する現象の一部であり、産業革命全体と関連づけて考察しなければならない。蒸気機関車と蒸気船は、重くて巨大な大砲やかつてないほど大量の弾薬を戦場に運ぶことを可能にした。新たに開発された鋼鉄類や精密な工作機械の出現、互換性のあるパーツの大量生産は、兵器のデザインや生産様式や使用方法に革命的な変化をもたらした。十九世紀後半には、小銃も大砲も弾薬を後部から装塡する後装式が主流になり、操作が容易になるとともに発射速度〔単位時間当たりの発射回数〕が大幅に増した。銃身や砲身に腔線を刻む〔施条《しじょう》する〕ことで、弾丸にスピンがかかりジャイロ効果で弾道が安定するために、命中精度が高まった。発射薬の点火方法は、引き金を引くと撃鉄が雷管を強打して火薬を発火させる管打ち式《パーカッションロック》が、くすぶる火縄や火打石に取って代わり始めた(16)。

こうした諸々の変化によって戦闘の様相が一変したことは、クリミア戦争とアメリカの南北戦争〔一八六一〜六五〕で明白になった。施条した銃砲が圧倒的な破壊力を発揮し、兵士たちは塹壕や地下掩蔽壕に避難することを余儀なくされた。歩兵による単調な正面攻撃はもはや時代遅れになった。だが、この教訓はその後半世紀以上にわたって、真に理解されなかった。

アメリカの南北戦争が引き金となって、実用に耐える——少なくとも敵を威嚇できる——最初の機関銃〔早い発射速度で連発できる口径二〇ミリメートル未満の小火器〕が誕生した。それは、リチャード・ガトリング〔一八一八〜一九〇三〕が発明したクランクで操作する多銃身のガトリング銃である。ガトリング銃とマスケット銃の違いはマコーマックの刈り取り機と鎌、ミシンと縫い針の違いに相当すると誇りながら、ガトリングは将来をこう予測していた。

> この速射性をもってすれば、兵士一人で一〇〇人分の任務を遂行できるだろう。この銃があれば大部隊を編成する必要はなくなり、その結果、戦闘や疾病に曝される兵士は大幅に減るだろう(17)。

ガトリングの予測が当てはまるのは、この新兵器を保有している社会と保有していない社会の

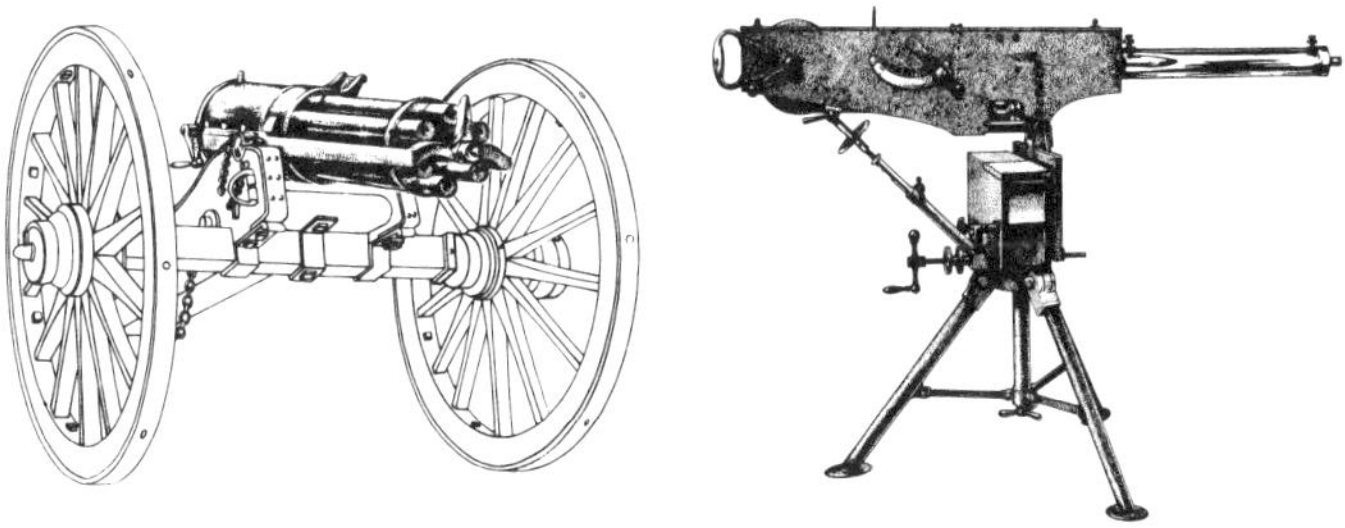

図16　ガトリング銃（左）とマクシム銃（右）［前掲『武器』より］

あいだの戦争だけであることが、のちに実証された。ガトリング銃について、一八八三年に最初の本格的な機関銃、すなわち単銃身で完全自動式のマクシム銃が登場した（図16）。フランス生まれのイギリスの作家で詩人のヒレア・ベロック（一八七〇〜一九五三）は自作の詩の中で、「ありがたや、われわれはマクシム銃をもっているが、やつらはもっていない」[18]と、イギリスの植民者に語らせている。

　十九世紀後半には、ガトリング銃やマクシム銃のように実用に耐える後装式の施条砲が開発された。これらの最新型の大砲には、反動を抑えるための油圧式緩衝器が取りつけられていた。命中精度と貫通力を高めるために、砲弾は従来の球形砲弾《カノンボール》に代わって、シェルすなわち前端が尖った円筒形の砲弾が開発・採用された。十九世紀末には、フランス軍の七五ミリ砲に代表される施条式の速射野戦砲は、列強諸国の兵器庫に欠かせないものとなっていた[19]。

　火砲の鋳造技術が進歩したため、メフメト二世の射石砲の後継者たるにふさわしい巨大な大砲をつくることが可能になった。どれほど大きな大砲でも、蒸気機関車なら先進諸国の戦略地点まで運ぶことができた。帆柱も複雑な艤装も要らない蒸気船は、巨大な砲を運搬する恰好の手段となった。装甲を施した軍艦は戦略上重要な海域を遊弋《ゆうよく》し、川を遡行することもできた。そして、行く先々で思うままに死と破壊を撒き散らした。

新型の銃と大砲は陸戦用であれ海戦用であれ、従来の銃砲より射程が長く、破壊力ははるかに強大だった。その理由の一つは、黒色火薬の時代が終わり、ニトロセルロースを主成分とする綿火薬やコルダイト〔紐状の無煙火薬〕など、より強力な火薬が登場したことだった。新種の火薬は砲弾《シェル》や銃弾をより強く、より遠くまで飛ばした。炸薬を装塡した砲弾は着弾すると爆発して、恐ろしいほどの破壊力を発揮した。

ヨーロッパの優越

銃砲の破壊力が飛躍的に高まったおかげで、ヨーロッパ諸国は十九世紀後半の数十年のあいだに、アメリカなどヨーロッパに起源をもつ国々を除く世界の全域に対して圧倒的に優勢になった。有史以来、一つの地域がこれほど突出した軍事力をもった例はない[20]。もしかすると先史時代には、アトゥラトゥルをもったクロマニョン人がネアンデルタール人に対して、これに匹敵するほどの優位を誇っていたのかもしれない。もっともこれは、ネアンデルタール人はアトゥラトゥルをもっていなかったと（きわめて大胆に）仮定したうえでの話である。

飛び道具のテクノロジーの分野で西洋世界が優位を誇っていた絶頂期には、その犠牲者たちは絶望のあまり、時に魔術の類に助けを求めた。義和団運動〔一八九九年から華北一帯に爆発的にひろがった中国人民の反帝国主義運動〕の担い手たちは、呪文を唱えれば〔民間信仰の神々や歴史上・伝説上の英雄・半神が身体に乗りうつって〕西洋の飛び道具から身を守れる、とみずからを信じこませた。一八四〇年にイギリスの植民地となったニュージーランドでは、マオリ族が呪文のような言葉を唱えながら、ハウハウ運動と呼ばれる反植民地化運動を展開した。アメリカ先住民のあいだでは白人の抑圧に対する抵抗運動として、特別なシャツを身につけてゴースト・ダンス〔死者の霊と交通するために行なう宗教的舞踏〕を踊ることが広まった。だが、このシャツも、義和団やマオリ族の呪文が招来したのと同じ結果を招いただけだった。

若い時分に船員としてコンゴ川流域地方で働いていたジョゼフ・コンラッド〔一八五七〜一九二四〕は、ヨーロッパ人たちがおのれの優越性をフルに行使する姿を目撃し、軍事的な優越性の底の浅さを痛感した。沖合に停泊していた一隻のフランスの軍艦が陸地にひたすら砲弾を射ちこんでいる情景を、コンラッドはこう描いている。「パン、六インチ砲の一つが鳴る。小さな焔が閃いては消え、やがて小さな白煙が消える。そして可愛らしい弾丸が、微《かす》かな唸りを残して飛んで行く――だが、ただそれっきりなんにも起こらない」[21]。たしかに何事も起こらなかったのだろう――その日や、その月のうちには。けれども数年という期間で見れば、実に多くのことが起こっていたのだ。西ヨーロッパ列強は、一八〇〇年には世界の地表の三五パーセントを支配していた。そして一九一四年には、この数字は八四パーセントに達していた[22]。こうした事態は――おそらくコンラッドも予想していたであろうように――それほど長くは続かなかった。だが、その影響はきわめて大きく、後々まで尾を引いた。

ヨーロッパの内なる衝突――第一次世界大戦の勃発

新しい飛び道具のテクノロジーは、西ヨーロッパ社会の内部にも大きな変化を引き起こした。新しい兵器は、かつて滑腔式の銃砲がそうであったように、火薬時代の到来とともに出現した国民国家のあいだの競争意識を抑えることができなかった。それどころか、国家間の衝突を従来よりはるかに破壊的で血なまぐさいものにしてしまった。一九一四年八月に第一次世界大戦が勃発したとき、この戦争は（それぞれの観点から）わが軍の勝利をもって早期に終結するだろう、というのが大方の見方だった。ドイツを主体とする同盟国《セントラルパワーズ》は、その名が示すとおりの強みをもっていた。すなわち、交戦諸国の中央《セントラル》に位置していたので、戦況の変化に迅速に対応しつつ、同盟国の輸送機関を利用して兵力を最短経路で前線から前線へと動かすことができた。ドイツをはじめとする同盟国の大きな弱みもまた、中央に位置することにあった。つまり、彼らは敵に取り囲まれていたのである。

ドイツは世界の資源をあてにできなかったので、長期戦に勝てる公算は小さかった。それゆえ、敵の連合国より迅速に行動するだけでなく、強大な破壊力をもつ新兵器を開発する必要に迫られていた。新兵器を使用するに際しては連合国の非戦闘員も巻き添えにせざるを得ないだろうと、ドイツは想定していた。

二十世紀初頭に当時のドイツ陸軍参謀総長アルフリート・シュリーフェン（一八三三～一九一三）は、フランスとロシアとの二正面戦争を回避する戦略として、いわゆるシュリーフェン計画を策定した。これは、動員と同時に大兵力をベルギーを経由してフランスに進攻させ、短期間でフランス防衛軍を包囲殲滅したのちに、すばやく東部戦線に主力を転じてオーストリア軍と合流し、じっくりとロシア軍を殲滅するというものだった。第一次世界大戦の開戦当初、ドイツはシュリーフェン計画を修正して実行に移した。一九一四年八月、中立国のベルギーを突破してフランスに侵攻せんとするドイツ軍の前に立ちはだかる大きな障害は、ベルギー東部のリエージュの周囲に築かれた堡塁群だった。この堡塁群こそ、火砲の進歩に対抗して五〇〇年にわたって発達してきた築城術の最終産物だった。防壁はより厚く、濠はより深く、より大きくなった大砲は、あたかも艦砲のように装甲を施した旋回砲塔に据えられていた。かかる要塞を攻略するには従来はじっくり攻囲するしかなかったが、それでは短期決戦を旨とするシュリーフェン計画が台無しになる。となると、すみやかに粉砕するしかなかったが、そのためにはメフメト二世の射石砲をはるかに凌ぐ巨大な大砲が必要だった。

　ドイツは口径四二〇ミリ、重量四〇トンの臼砲〔砲身が口径に比して短く、射角の大きい火砲〕を開発した(23)。この怪物並みの巨砲を製造したのは、鋳鋼と大砲の製造で一家をなしたドイツのクルップ社だった。この臼砲はクルップ社の所有者ベルタ・クルップ・フォン・ボーレン〔一八八六～一九五七〕に敬意を表して、「大きなベルタ《ディッケ・ベルタ》」〔英語では「ビッグ・バーサ」〕と名づけられた（彼女はこの名称を「しかたなく」受け入れた）。大きなベルタから発射された八二〇キログラムの砲弾は、高さ五キロメートル弱、水平距離一四キロメートルの弾道を描いた。一九一四年八月一二日、最初の砲弾がベルギーの領土に着弾した。その炸裂音があまりに凄まじかったので、ベルギーの人々は堡塁の弾薬庫がそっくり爆発したと思ったという。

　ドイツ軍の砲手は八発目の砲弾をポンティス堡塁に命中させ、この砲弾はコンクリート製の屋根を貫通した。さらなる砲弾を受けて、ポンティス堡塁は翌日の一二時三〇分に陥落した。大きなベルタはリエージュの堡塁を次々と砲撃した。一二の堡塁はいずれも、数ヶ月間はもちこたえられるように設計され、人員を配置され、補給されていたのだが、わずか四日間ですべてが陥落した。大きなベルタはメフメト二世の射石砲と同様に――しかも、ずっと短い時間で――みごとに役目を果たしたのだ(24)。

　ドイツ軍は連合国の予想をはるかにうわまわる速度で進軍したものの、勝利をおさめるには至らなかった。フランス軍とイギリス軍は強固な防御線を築き、西部戦線はキリングフィールドと化した。この戦線では四年間にわたって、一〇〇〇メートル前進するか後退するかが死活問題とみなされた。速射性に優れたフランス軍の七五ミリ野戦砲や大きなベルタ、連合軍の巨大な臼砲などの新兵器は敵の防御線に突破口を開くと期待されていたが、案に相違して、土地をかきまわしてお粥《ポリッジ》のようにするだけだった。こうした状況下では、迅速な進軍は望むべくもなかった。機関銃は――ガトリングの言葉を借りるなら、マコーマックの刈り取り機が穀物を刈り取るように――突撃してくる敵兵をなぎ倒し、伝統的な武勇の行使を愚かな行為に変えてしまった。「機関銃の掃射を浴び続けても、大隊一個が全滅するわけではない」と、実際に行なわれた残虐な戦法を目撃した人物が述べている。

一列のうち何人かはほぼ確実に弾丸の中を、いうなれば弾丸の隙間を縫って、走りぬけていくだろう。だが、もしも、一列全員が断固たる勇気をもって、見通しのよい場所を進み続ければ、その結果は疑いようがない[25]。

ドイツ軍がフランス軍、大英帝国軍、アメリカ軍と戦火を交えた西部戦線における戦闘犠牲者数は、たちまちのうちに一九一四年には予想もしなかったレベルに達した。アドルフ・ヒトラー〔一八八九～一九四五〕が所属していた第一六バヴァリア連隊には、前線に配備されたときには三六〇〇人の兵士がいたが、それから一ヵ月後に無傷で生き残っていたのはわずか六一一人だった[26]。イギリス軍の将校として敵味方の中間地帯《ノーマンズランド》の反対側にいた詩人のロバート・グレイヴズ〔一八九五～一九八五〕は、悲惨な状況を苦々しく回想している。

そして、銃や大砲はなんと楽しげだったことか――
子どもがパイの皮を少しずつかじるように、工場や教会の壁を
少しずつ削ってゆく。子どもがしなやかな小枝で
タンポポをたたくように、木立の木々をなぎ倒す！
丘の上から機関銃がおもちゃのような響きをたてると、
麓では一列に並んだ勇敢なブリキの兵隊がばたばたと倒れる……[27]

両陣営の兵士たちはまるでモグラのように塹壕に身を潜め、北海からスイスまで延々と塹壕を掘った――これはまさに、地上ならぬ地下で大々的に再現されたイタリア式築城術だった。

戦況の膠着状態を打破するために、交戦諸国は新兵器に望みを託した。この分野では、ヨーロッパ随一の科学力と工業力を誇るドイツが概して先頭を走っていた。ドイツの科学者や技術者はあっぱれなことに、こうした要請に応えた。彼らは新種の毒ガスを開発し、大戦末期には砲弾に詰めて散布した。爆弾を運搬する航空機やツェッペリン型飛行船を開発し、無差別に爆弾を投下した。有刺鉄線や塹壕を踏み潰して進む戦車を開発し、戦争に機動性を取り戻した。しかし、これらの新兵器はいずれも戦争の帰結を決する要因たりえず、あるいは、そうなるには登場するのが遅すぎた。

パリ砲の登場

開戦から四年経った一九一八年には、交戦国すべてが絶望の淵に追いやられていた。三月にロシアが降伏したため（レーニン政権が同盟諸国と単独講和条約を結んだ）、ドイツは東部戦線から西部戦線に兵力を移すことができた。だが、イギリス海軍の海上封鎖によりドイツ皇帝《カイゼル》の臣民は飢えに苦しみ、さらに新たに参戦したアメリカの部隊が続々とヨーロッパに上陸していた。時間はドイツの味方ではなかった。

エーリッヒ・ルーデンドルフ将軍（一八六五～一九三七）はリエージュ攻略で功績をあげたこともあずかって、ドイツ軍部の実質的な独裁者となっていた。一九一八年三月二一日、ルーデンドルフは配下の師団に連合軍に対する総攻撃を命じた。三月二三日、ルーデンドルフは史上空前の大砲でパリの砲撃を開始した。この大砲は、テクノロジーが生み出した膠着状態を打破するためにテクノロジーに訴えるという図式を示す、好個の事例である。

この数ヶ月前に、西部戦線で大型艦砲を使っていた将校たちが、ドイツ軍の前線からパリまでの距離をうわまわる射程一〇〇キロメートル以上の大砲をつくることを、ルーデンドルフに申請していた（かかる大砲ならイギリス海峡越しにイングランドも砲撃できる、と彼らは考えていたに違いない）。ルーデンドルフは彼らの申請を許可した。この大砲の製造は、かつて大きなベルタをつくったクルップ社の火砲部門に委託された。クルップ社は新しい兵器を一から開発する時間的余裕がなかったので、既存の艦砲の部品を用いて注文に応じた。

図17　パリ砲

ドイツ人は完成した長距離砲を皇帝《カイゼル》のヴィルヘルム二世〔一八五九～一九四一〕にちなんで、「ヴィルヘルム・ゲシュッツ（大砲）」と命名した。だが、フランス人その他は（よい名前を使わない理由もないので）大きなベルタと呼び、多くの人々は当時も今も単に「パリ砲」と呼んでいる（図17）。重量一四〇トンのパリ砲はそれまでにつくられた大砲の中で最重量級であり、砲身の長さは確実に他を凌いでいた。塹壕地帯のはるか彼方のパリを狙うには、充分大きな初速で砲弾を発射しなければならない。そのためには、発射薬の燃焼ガスをできるだけ長く、加速しつつ砲腔を進む砲弾の後方に閉じこめておかなければならない——つまり、砲身を非常に長くしなければならないのだ。大砲の鋳造技術者たちは施条した艦砲の砲身を二本つなぎ合わせ、その後端に施条していない筒をねじこんだ。その全長は実に三四メートルに達した。砲身があまりに長くて重いため、砲身を支える装置が必要だった。パリ砲を発砲すると、砲身はまるまる一分間激しく振動したという。

パリ砲が最初に放った砲弾の直径は二一センチメートルだった。砲弾による摩擦と高温ガスの腐食作用によって砲身の内張り《ライニング》が剝がれ、砲腔は少しずつ広がった。そのため、砲弾の直径を一つ一つ測定し、細いものから順番に発射した。六五回発射すると砲身は使えなくなり、取りかえなければならなかった。

パリ砲が最初に放った砲弾の重量は、およそ一二〇キログラムに過ぎなかった(28)。これは、リエージュの堡塁を粉砕した大きなベルタの砲弾の八二〇キログラムに比べるべくもない。だが、そもそもパリ砲に期待されていたのはフランス軍はおろか、パリを文字どおり粉砕することではなく、フランス人の士気を挫くことだった。パリ砲は心理的な兵器であり、人々の心を惑わせる魔法のような兵器だったのだ。次の世界大戦では、この種の兵器が続々と登場した。

三月二三日の午前七時一五分、フランス北部のラオン近くの林から、パリ砲が最初の砲弾を五五度の射角で発射した。砲弾は空気抵抗により減速し、最大射程をもたらす四五度の角度で成層圏に突入した。この砲弾は高度およそ四〇キロメートルに達し、大気の希薄な成層圏を大きく弧を描いて飛んでから、パリ一九区のセーヌ河岸六番地のまん前に着弾して炸裂した。落下地点と発射地点の距離は、地表面に沿って測ると一四〇キロメートル、地殻を貫いてまっすぐ測ると一〇八キロメートルである。人類はかつてこれほど高くまで、あるいはこれほど遠くまで、ものを飛ばしたことはなかった。

パリ砲の砲手は目標からあまりにも遠いところにいたので、犠牲者の叫び声を聞くこともなく――トレビュシェットによって、人類はすでにこの一線を越えていた――おのれが発射した砲弾の炸裂音すら耳に届かなかった。パリ砲のテクノロジーは、戦争に対する感情移入を抽象的な思考に還元してしまった。人間の道徳心をも、ニュートン〔力の単位〕やアインシュタイン〔光化学で使われるエネルギーの単位〕の次元に組みこもうとするかのように。

この日、パリ砲の砲弾はほぼ一五分ごとにパリに着弾し、そのうちの二一発が一五人を殺し、三六人を負傷させた。この大砲はまもなく戦列に加わった同種の数門の大砲とともに、二回の長い中断を挟みながら三月二三日から八月九日まで、フランスの首都を砲撃し続けた。合計三〇三発がパリとその近郊に命中し、二五六人を殺し、六二〇人を負傷させた。

パリ砲は第一次世界大戦の推移に何ら影響を及ぼさなかった[29]。一九一八年の秋に撤退するに際して、ドイツ軍はパリ砲を撤収したか、あるいは破壊した。連合国の武装解除委員会はパリ砲を完全な形でも、不完全な形でも発見できなかった[30]。ドイツの飛び道具のテクノロジーの巨匠は、仕事をまっとうできなかったのだ。

第三の加速

地球外空間と原子内空間へ

第一次世界大戦はごく控えめに見積もっても一千万の人命を奪い、すでに傷つき効力を失っていた勢力均衡システムを破綻させた。それに代わったシステムは動揺したまま、一世代も経ないうちに瓦解した。パリ砲の最初の砲弾がセーヌ河岸六番地の前で炸裂した日に生まれたフランスの子どもは、ドイツでヒトラーが政権に就いたときには、まだ徴兵年齢に達してもいなかった。

第二次世界大戦は第一次世界大戦より数倍も残虐なものとなった。それは、第一に中国と日本が端役から主役級に出世したために真に世界大戦の名に値するものになったからであり、第二にドイツとロシアでは皇帝に代わって権力を握った怪物がジェノサイドを実行したからであり、第三に人類が火を投げる能力が一九三九年から一九四五年のあいだに飛躍的に高まったからであった。

地上の戦闘員は改良された火砲や火炎放射器やナパームをもって、火起こし棒による大量虐殺の引き金を引き、瞬時に大量の人命を奪った。空には一度に一〇〇〇機もの航空機が飛びかい、都市に爆弾を雨霰《あられ》と降り注いだ。人類は硝酸アンモニウムとＴＮＴ爆薬を装塡した弾頭をロケットに搭載し、成層圏を経由してヨーロッパの諸都市に落下させた。人類はそれぞれ一個の原子爆弾で、日本の二つの都市を破壊した。戦争が終わったとき、ホモ・サピエンスというヒト科の種は、宇宙旅行も、種の自殺も、永遠に生き延びることもできる能力を備えていた。

第九章　V－2と原子爆弾

その不可視性の背後に、その衝撃と不吉な爆音の背後にこそ、真の恐ろしさがあり、嘲笑いながらドイツ的な確実性をもって彼に死を約束し……

トマス・ピンチョン（一九七三年）(1)

いったんロケットが打ち上げられたら、それがどこに落ちるかなんて誰も気にしない。ヴェルナー・フォン・ブラウンなら、「それは私の管轄ではない」というだろう。

トム・レーラー（一九六五年）(2)

火薬とは何だったんだ？　陳腐だ。電気とは何だったんだ？　無意味だ。この原子爆弾こそ、怒りに燃えたキリストの再臨なのだ！

ウィンストン・チャーチル（一九四五年）(3)

第二次世界大戦中における飛び道具のテクノロジーのめざましい進歩を物語っているのが、V兵器と称されるヒトラーの報復兵器《フェルゲルトゥングスヴァーフェン》である。ドイツの呼称にしたがえば、V兵器には飛行爆弾のV－1、史上初の長距離ロケットのV－2、通称高圧ポンプ砲のV－3が含まれる。本書ではこの番号の順にではなく、地球上の生命の将来にとって——もし存在するなら地球外の生命の将来にとっても——重要度が低い順に考察していこう。

不気味な新兵器——V-3構想

ヒトラーの実戦経験は事実上、第一次世界大戦中の西部戦線に限られていた。戦争の歴史をつうじて、この戦線ほど火砲の威力が戦況を左右した例はない。それゆえ、パリ砲はロンドン砲にもなりうると請合う輩《やから》にとって、ヒトラーはいいカモだった。しかも、絶対的な独裁者である総統《ヒューラー》は、自分が聞きたくないことには聞く耳をもたなかった。

一九四三年にレッヒリンク社の技師アウグスト・ケンダーズが軍需相を介して、フランスの海岸から直接ロンドンの心臓部を砲撃できる大砲の製造をヒトラーに具申した。ケンダーズの構想はのちにV-3として実現したが、その概略は次のようなものだった。この大砲は、砲身長一五〇メートルという極端に長い滑腔砲で、それゆえ自然の斜面か傾斜をつけた発射台《ランプ》ないしトンネルに据えつける。砲身に沿って、多数の薬室を枝状に設ける〔この形状から「ムカデ砲」とも呼ばれた〕。砲尾に装填した装薬に点火すると、砲弾が砲腔内を前進するにつれて、電気回路によって補助薬室の装薬が次々と着火して、その燃焼ガスが砲弾を加速する。その結果、砲弾は凄まじい初速で砲口を飛び出し、成層圏を通って一六〇キロメートル離れたイギリスの首都まで到達する。この大砲を五〇門つくり、一門あたり一分間に一回発射すれば、ロンドンは爆薬の嵐に見舞われる。イギリス人の士気は粉砕され、ドイツが勝利をおさめるのは必定である(4)。

ヒトラーはこの構想を積極的に受け入れ、フランス北部のカレーに近いミモイェックに巨大な掩蔽壕を構築し、高圧ポンプ砲ことV－3の発射場を一〇ヶ所設けることを許可した。砲口が正確にロンドンの方角を向くよう発射場を築き、一ヶ所あたり五門のV－3をつくること〔実際には実験用や短砲身型も含めて数門しか製造されなかった〕、支柱《シャフト》は石灰岩質の土壌に深く埋め、砲口だけを地表に出して、厚さ五メートルのスライド式シャッターで覆った鋼鉄とコンクリート製の掩蔽壕に据えつけることが決定された。ミモイェックでの作業は、V－3本体と砲弾の実験が終わる以前に、五〇〇〇人以上を動員して一九四三年八月に開始された。少なくとも二万五〇〇〇発の砲弾がつくられた。

ほかの場所で行なわれた大砲の実験では、期待したほどの射程は得られず、砲身はたびたび破裂した。多数の薬室に装填した火薬が、しかるべきタイミング、しかるべき順序で点火しないこともしばしばだった。案の定というべきか、掩蔽壕の建設は予定どおり進まず、切迫した連合軍のヨーロッパ大陸進攻に対処するために軍の優先順位が錯綜する中で、滞る一方だった。

図18　V－3［広田厚司『ドイツの火砲』光人社NF文庫より］

連合軍は偵察機の航空写真からミモイェックで不気味な事態が進行していることを察知し、この地域を繰り返し爆撃した。この作戦では、一万二〇〇〇ポンド〔五・四トン〕爆弾の「トールボーイ」がきわだった成果をあげた。一九四四年七月六日には、イギリス空軍《ロイヤル・エア・フォース》だけでも二〇〇〇トン近くの爆弾をくだんの掩蔽壕に投下した。八月半ば、余分な装備をはずして爆弾を満載したアメリカのB24爆撃機が、イギリス本土からミモイェックに出撃した〔適当な高度に達すると、パイロットはパラシュートで脱出し、あとは母機の遠隔操作により目標まで誘導されることになっていた〕。ところが、この爆撃機はイングランド南部上空で爆発炎上し、二人の乗員もろとも粉々に四散した。そのうちの一人は、後のアメリカ大統領の兄のジョゼフ・ケネディ〔一九一五〜四四〕だった。連合軍は八月にミモイェックを占領し、高圧ポンプ砲プロジェクトに幕を引いた(5)。

このプロジェクトは不合理で、途方もない失敗だった。V‐3が構想どおりに機能するようになるには、さらに数ヶ月、あるいは数年が必要だった。もし、機能するようになったとしても、連合軍は空襲やコマンド部隊による急襲など、あらゆる手段を尽くして発射基地を粉砕しただろう。ロンドン市民は疎開して、ミモイェックの大砲は無人の都市を砲撃するはめになっただろう。なにしろ、土を掘ることから始めて発射場をあらためてつくらないかぎり、V‐3は新たな標的に照準を合わせることができなかったのだ。そして、たとえV‐3の砲弾が頭上に降り注いだとしても、イギリス国民は一〇〇〇機に及ぶ爆撃機で空襲されているドイツ国民と同様に、歯を食いしばってひたすら耐え忍んだことだろう。

ヒトラーの高圧ポンプ砲とは対照的に、メフメト二世の射石砲は新たな標的にたやすく照準を合わせることができた。さらに、コンスタンチノープルは厳重に包囲されていたので住民はどこにも避難できず、永遠の標的としてこの都市に閉じこめられていた。巨砲を信奉する点では同じでも、メフメト二世には分別があったが、ヒトラーはそうではなかったのだ。

ロンドンに狙いを定めた不気味な発射場が鎮座するミモイェックの掩蔽壕を粉砕しようと、イギリスは躍起になった。フランスの歴史に造詣が深いシャルル・ド・ゴール〔一八九〇〜一九七〇〕は、なかなかイギリスと共同歩調をとろうとしなかった。ド・ゴールは〔イギリス王によって処刑された〕ジャンヌ・ダルクや、おそらく〔フランスの砲兵隊を組織してイギリス軍と戦った〕ジャン・ビューローのことも想起していたのだろう。そこで、イギリス軍は単独行動に踏み切り、数トン単位で爆弾を投下して掩蔽壕の入り口を塞ぎ、地上への開口部すべてを永久に封鎖した。報復兵器の歴史を研究しているデイヴィッド・アーヴィングはこう述べている。瓦礫の下には「今日にいたるまで、製鋼所やレール、弾薬用の高速リフトを完備した、アドルフ・ヒトラーの常軌を逸した『高圧ポンプ』プロジェクトの地下工場が埋まっている。この工場は今後もそのままの姿で残り、未来の考古学者を当惑させるに違いない」(6)。

飛行爆弾V－1

高圧ポンプ砲ことV－3は、砲手の発想による飛び道具のテクノロジーの〔こういってよければ〕精華だった(7)。これに対して、空飛ぶ爆弾、バズ爆弾、ドゥードルバッグ〔アリジゴクの意でイギリス人がつけたあだ名〕などと呼ばれたV－1は、飛行家の発想の産物だった。V－1は、高価な爆撃機と搭乗員を犠牲にせずに戦場から遠く離れた敵を攻撃するという目的で、ドイツ空軍《ルフトヴァッフェ》が開発した兵器である。V－1は、主として薄い鋼鉄板でつくられた小型で安あがりの無人飛行機だった――なにしろ、航空機に必要なすべての要素の中で、パイロットは最も高価な要素だったのだ。磁気コンパスとジャイロスコープで方向と姿勢を制御し、機体先端部にとりつけた小さなプロペラの回転数から飛

図19　V-1［ブライアン・フォード『ドイツ秘密兵器』渡辺修訳，並木書房より］

行距離を算出し、あらかじめ定められた距離を飛ぶと自動的に燃料の供給が止まってエンジンを停止させ、爆薬を詰めた巨大な弾頭もろとも機体が自由落下するという仕組みだった。機体上部に搭載したパルスジェット・エンジンは、洗練された技術ではないものの、充分に機能を果たした。このエンジンは、以下のような仕組みになっている。機体が前進すると空気の流れが生じて、燃焼室の先端に取りつけた蝶番式の空気取り入れ弁が開く。燃焼室にオクタン価の低いガソリンが噴射注入され、空気と混ざり合う。単純な点火プラグが作動して、ガソリンが爆発的に燃焼すると同時に弁が閉じ、燃焼ガスは後方のノズルから噴射される。その反作用で推力が発生し、機体を前方に推進させる。機体が前進すると、風圧によって燃焼室の弁がふたたび開き、上述したサイクルが繰り返される。パルスジェット・エンジンは消音器《マフラー》が故障した自動車のような騒音をたてたので、V-1は「バズ爆弾」〔buzz：ブンブンとうなる〕と呼ばれていた。V-1は昼夜をわかたず、雲のあるなしにかかわらず発射された。

　V-1の短所の一つは、時速三〇〇キロメートルに達しないとパルスジェット・エンジンが作動しないことだった。そのため、傾斜をつけた発射台のレールを滑らせて加速をつけて発射するか、V-1より大きな有人飛行機で運んで発射しなければならなかった。V-1のほとんどは発射台から飛び立ったが、発射台は空から容易に発見され、空爆に対して無防備だった。バズ爆弾はまっすぐに飛ぶので、狙いをつけるのは容易だった。パルスジェット・エンジンは大量の空気を必要とするので、高度二三〇〇メートルを超えると作動せず、その半分ほどの高度で最もよく作動した。それ以下の高度であれば、迎撃機や高射砲は難なくV-1を撃墜できた。エンジンの不調で、ついに離陸できない場合もあった。方向制御装置も信頼性に欠け、目標から大きくはずれることも珍しくなかった(8)。

一九四四年六月一三日、連合軍がノルマンディー上陸作戦を開始してから一週間後に、ドイツは初めてイギリスに向けてV-1を発射した。最初の数百機は連合軍の防衛線をらくらくと突破して、イギリス海峡を越えた。だが、連合軍はまもなくロンドンを、ついでベルギーの港湾都市アントワープを、V-1から防衛する態勢を整えた。一九四四年の秋以来、アントワープは連合軍の主要基地の一つになっていた。レーダー、高射砲群、近接信管〔弾頭部に装着した電波装置の働きで目標に近づくと爆発する〕、余分の装備をはずして速度を増した迎撃機、阻塞《そさい》気球〔航空機の進入を阻むためにケーブルで地上に固定した気球〕などを駆使して、連合軍はかなりの数のバズ爆弾を撃墜した。

ロンドンはアントワープほどV-1の直撃を被らなかった。だが、V-1に関する統計はロンドンのそれのほうが正確で（アントワープが前線に近かったことを考えれば、これは驚くに当たらない）、バズ爆弾の効果のほどを知るには充分である。それによれば、イギリスに向けて約八〇〇〇機が発射され、そのうち約五四〇〇機がイギリスに到達して、非戦闘員六一八四人を殺し、一万七〇〇〇人以上を負傷させた。だが、V-1の最大の貢献は、連合軍が本来ならドイツ軍およびドイツ国内の輸送機関や産業基地の攻撃に用いる航空機や火砲の一部を、この飛行爆弾を迎撃するために割かざるを得なくしたことだった(9)。

高まるロケット熱

戦場のぬかるみから雲の中に飛び立ったV-1は、航空工学的な思考の産物だった。これに対して、雲を貫いて真空空間に突入したV-2は、科学者と予言者の想像力の産物だった。彼らは戦争をつうじて、大きなロケットをつくるという彼らの切実な夢を、是が非でも実現させなければならないと確信するに至った。

十九世紀後半から二十世紀初期にかけて、ロケットの用途は娯楽と救命事業の分野に限られていた。第一次世界大戦中も、ロケットは信号弾や照明弾として用いられるにとどまった。戦勝国の政治指導者や軍の首脳はロケットを取るに足らぬものとみなしていたので、ヴェルサイユ条約を締結するに当たって、ドイツ軍に重砲の保有を禁じる一方で、ロケットにはいっさい言及しなかった。

将軍や提督、首相たちがロケットに無関心だったのとはうらはらに、大衆のあいだでは宇宙旅行に対する関心が高まり、真空空間を移動する唯一の実用的な手段であるロケットへの関心も高まった。一八六五年にジュール・ヴェルヌ〔一八二八～一九〇五〕は小説の中で、人類を月に送り出した。その一世代後に、H・G・ウェルズ〔一八六六～一九四六〕が火星人を地球に来襲させた。エドガー・ライス・バロウズ〔一八七五～一九五〇〕など、ヴェルヌやウェルズほど高名でない作家たちも十指に余るヒーローを誕生させ、太陽系を縦横無尽に飛びまわらせた。こうして、宇宙旅行は大衆文化に欠かせない香辛料となった(10)。

ロシア人のコンスタンチン・エドゥアルドーヴィチ・ツィオルコフスキー〔一八五七～一九三五〕、ドイツ系でルーマニア出身のヘルマン・オーベルト〔一八九四～一九八九〕、ヤンキーのロバート・H・ゴダード〔一八八二～一九四五〕のような一風変わった利発な子どもたちは、ヴェルヌの空想科学小説をむさぼり読んだ。H・G・ウェルズの『宇宙戦争』に耽溺したゴダードは、世にいう「宗教体験」もどきの神秘的な経験をした。一八九九年一〇月一九日、ゴダードは庭の桜の木の上で、火星まで飛んでいく夢を見た。その夢があまりに鮮烈だったので、彼はこの日を記念日として毎年祝っていた。

一九〇三年、ゴダードより四半世紀早く生まれたツィオルコフスキーは、『反作用装置〔ロケットの意〕による宇宙探査』の第一部を発表した。この論文は、緻密な推論と該博な知識に基づいた驚嘆すべきものだった。ライト兄弟〔一八七一～一九四八、一八六七～一九一二〕が世界で初めて自作の飛行機を離陸させようと苦闘していたときに、ツィオルコフスキーは次のように述べていた。

充分に証明されている科学的なデータに基づいて数学的に検討したところ、著者は以下のような結論に達した。すなわち、このような装置〔ロケット〕を用いれば、広大な天空に昇ってゆくことが可能であり、地球の大気圏外に居住することもおそらく可能である。……人類はこの装置を利用して、地球のみならず、宇宙のあらゆる天体の表面で定住できるようになるだろう(11)。

一八九四年生まれで前述した三人の中で最年少のオーベルトは、ヴェルヌの『地球から月へ』を繰り返し読んだが、無邪気に感心するにとどまらなかった。ヴェルヌの小説は巨大な大砲で人間を月に送り出しているが、オーベルトは十代のときにヴェルヌの方法を数学的に検討し、このように急激に加速すると体重の優に二万三〇〇〇倍の重力（今でいう二万三〇〇〇G）がかかるので、砲弾に乗った人間はペシャンコに潰れてしまうという結論を導いた。一九一二年にオーベルトは、大砲よりも液体燃料エンジンで推進するロケットの方が適切であると結論を下した。液体燃料は固体燃料より効率的に大きな推力を生じるうえに、出力を調節することも、さらには供給を停止したり再開することも可能だった。燃料を急速に燃焼させるには、いや、空気のない宇宙空間で燃料をともかく燃やすためには酸化剤が必要だが、オーベルトは一種の超《スーパー》硝石として（今日ではLOXと通称されている）液体酸素を推奨した(12)。液体酸素は沸点が摂氏マイナス一八三度できわ

図20　ゴダードの1号機［NASA］

めて扱いにくい物質だが、オーベルトは頓着しなかった。ツィオルコフスキーもずっと以前から同様の構想を抱いており、ゴダードはまもなくこの構想を実践に移そうとしていた。

一九二六年三月一六日、ゴダードはマサチューセッツ州のオーバーンにあったおばのエフィーの農園で、世界で初めて液体燃料ロケットの打ち上げに成功した（図20）。ゴダードには、そのロケットが「地上にいるのはもううんざりだ。君さえよければ、僕はどこかほかのところに行きたいんだ」と語りかけているように思えたという。このロケットの長さは三メートル強で、重量は五キログラムだった。育ちの悪い苗木を支えるフレームのような形をした珍妙なロケットは、滞空時間こそ二・五秒でライト兄弟が初めて飛ばした飛行機に及ばなかったものの、木の梢の高さまで上昇した(13)。けれども、ゴダードの成功は人目を引かなかった。のちにより大きな液体燃料ロケットで行なった数々の実験も、概して注目を集めなかった。ゴダードは生まれてくる時とところに恵まれていなかったのだ。

液体燃料ロケット実用化への道

二十世紀初頭には、宇宙旅行用の乗り物に関心をもつ人々の親交はほとんどなかったが――ゴダード、オーベルト、ツィオルコフスキーは何年ものあいだ、互いの存在を知らなかった――第一次世界大戦の終結後は、こうした人々のコミュニティーがしだいに発酵し始めた。イースト菌として科学者や技術者も交えた空想科学小説とロケットのファンのクラブが、ソ連やアメリカなど世界各地で誕生した。その中でも傑出していたのが、ドイツのコミュニティーだった。

第一次世界大戦の敗北はドイツを揺るがし、君主政体と旧来の支配層の桎梏からあらゆる種類のエネルギーを解き放った。一九二〇年代にはバウハウス〔一九一九年に設立された美術工芸学校〕を拠点に建築家や芸術家たちが先端的な造形活動を展開し、人々を魅了した。劇作家のベルトルト・ブレヒト〔一八九八～一九五六〕や作曲家のクルト・ヴァイル〔一九〇〇～五〇〕は衝撃的な作品を発表した。ルーマニア出身で大戦中にドイツに帰化したロケットの予言者ヘルマン・オーベルトも、世間の耳目を集めた人々の一人だった。オーベルトは天文学をテーマにした博士論文をハイデルベルク大学に提出したが、実際に天文学を扱っていないという理由で受理されなかった。そこで、彼はこの論文を『惑星間空間へのロケット』と題して一九二三年に出版した。この論文は緻密な論証に基づいており、随所に示された数式がその正しさを裏づけていた。それまで宇宙ロケットについて書かれたものの中で、この論文は群を抜いて詳細で、人々の好奇心をおおいに刺激した。一九二三年はまた、ヒトラーがビアホールで反乱を起こしたいわゆるミュンヘン一揆《プッチ》の年でもあった。宇宙への進出に影響を及ぼすことになるもう一つの流れが、ここでも始まっていたのだ。

一九二〇年代末のドイツでは、宇宙旅行ファンのクラブであるドイツ宇宙旅行協会が活動しており、宇宙旅行専門の雑誌も一誌刊行されていた。オーベルトは一九二三年の著作の増補改訂版を出版した。ロケットに熱中していた若き日のヴェルナー・フォン・ブラウンは、この本をそっくり暗記するほど熟読した。やはりオーベルトに師事していたマックス・ファリエ〔一八九五～一九三〇〕は『宇宙空間への旅』を出版し、ベストセラーとなった。

ロケット科学はその酸化剤である資金の不足に悩まされ、映画という異分野に活路を求めた。

オーベルトは映画監督のフリッツ・ラング〔一八九〇〜一九七六〕に接触し、『月世界の女』と題する映画の制作に参加した。契約によれば、オーベルトの役割は科学面での助言を与えるとともに、宣伝用に高度五〇キロメートルまで飛ぶ液体燃料ロケットをつくることとされていた(14)。

オーベルトと彼の仲間たちは空を飛ぶ乗り物用だけでなく、自動車や船舶用のロケットエンジンの開発にも取り組んでいた――その実験中にファリエは爆発事故で命を落とした。だが、映画の上映初日に飛ばす予定の高度五〇キロメートルまで上昇するロケットを、彼らはついにつくれなかった。当時の状況では、こんなロケットは誰にもつくれなかっただろう。専門家たちは、ロケットを地球の周回軌道に乗せたり、地球の重力を脱するにはどのくらいの速度が必要かという類《たぐい》の宇宙飛行の理論は熟知していたものの、理論を具体化するための技術や、そうした技術を特定のエンジンやロケットに応用する経験をもち合わせていなかったのだ。

液体燃料ロケットをつくるというのは、よほどの熱意をもって取り組まないかぎり意気が阻喪するほどの難事業だった。とりわけ重い積荷《ペイロード》を遠くまで運べるほど大きく、しかも目的地にぴたりと到達するロケットをつくるとなると、その難しさは増すばかりだった。ペイロードとしては人間や、その方面に関心がある向きでは相当量の爆発物が想定されていた。こうしたロケットは燃料として、巨大な爆弾並みの量の可燃物を搭載する。燃料は瞬時に燃えつきてはならず、一定の時間をかけて計画どおりに燃え続けなければならない。機体を構成する各種の金属板を損傷したり、燃焼室の近傍に配置する可燃性の液体に引火するような事態は、けっして起こってはならない。つまり、液体燃料ロケットというのは、いわば巨大なダイナマイトの棒のようなものでありながら、後端から秩序正しく爆発して推進する一方で、前部に積んだ荷物を損傷しないという厳しい条件を満たさなければならないのだ。

ロケットが大気圏内を凄まじい速度で通過するときには、激しい振動が生ずるだろう。機体は実体弾のごとき単純な固体ではなく、その内部にさまざまなポンプやチューブやタンクやチャンバーを搭載している。これらの中で、ロケットが機能するのに欠かせない流動や燃焼その他のプロセスが、前もって計算されたとおりに進行するのだ。コンパスやジャイロスコープのような精密機器類もほかの備品や装置と一緒に、音速の数倍の速度で飛ぶことになる。こうした機器類が振動によるダメージを受けているあいだにも、ロケットの重量とその分布は、燃料が消費されるにつれて劇的に変化する。

国家プロジェクトの始動

大きな液体燃料ロケットをつくるには、数百人もの科学者と技術者、数千人もの労働者、それに多額の資金が必要だった。その金額たるや、文字どおり天文学的な規模に達するものと思われた。個人であれ、企業であれ、ロケットファンの団体であれ、いかに裕福であろうとも、これほど多額の資金を投資することは不可能だった。とりわけ一九三〇年代には、社会は大恐慌の深淵にどっぷりはまっていたのだ。これほどの資金を賄《まかな》えるのは国家しかなかった。

超国家主義者でのちに将軍になったカール・エミル・ベッカー〔一八七四〜一九三九〕は、一九二九年当時はドイツ陸軍兵器局に所属する中佐だった。ベッカーは一九一八年のパリ砲の作戦に参加して、パリ砲の射程が長いのは発射薬の効果によるだけでなく、高い射角で射出された砲弾が目標までの距離の大部分を空気抵抗の少ない成層圏を飛ぶためでもあることを学んでいた。より大きな飛翔体《ミサイル》をより高く、それゆえより遠くまで飛ばせるような高性能の新兵器があれば、敵の士気を粉砕して戦争に勝てる、とベッカーは固く信じていた。これはほとんど信仰に近いものだった。彼はまた、ヴェルサイユ条約がドイツ軍に重砲の保有を禁じていながら、ロケットに関しては制限条項を規定していないことを熟知していた(15)。

一九二九年、ドイツ国防省はベッカーが策定した小型ロケット開発計画を承認した。ベッカーは民間人であると軍人であるとを問わず、熱心なロケット研究者の中から有望な人材を集め始めた。オーベルトはすでに資金が尽きて、ルーマニアに帰っていた。いずれにしても、オーベルトはあまりに理論家肌だったので、軍の要請には応えられなかっただろう。当時陸軍大尉だった(のちに将軍になる)ヴァルター・R・ドルンベルガー〔一八九五〜一九八〇〕は弾道学の専門家であり、砲兵将校として実戦経験も豊富だった。ベッカーが初期にスカウトした人材の中で、ドルンベルガーはまさにうってつけの人物だった。理論家や技術者と専門用語を使って話し合えるうえに、行政的な手腕も卓越していた。資金や人材や物資をめぐって空軍や海軍その他のライバルとの競争が熾烈になると、ドルンベルガーは根気よく精力的に立ちまわった。ベッカーがドルンベルガーに命じた任務は単純明快だった——「現在わが国が保有している火砲の砲弾より大きなペイロードを運搬できる液体燃料ロケットを開発せよ」。そして、この任務は、ドルンベルガー自身の強い願望とみごとに合致していたのである(16)。

一九三二年の秋にドルンベルガーは技術面の補佐役として、一九歳のヴェルナー・フォン・ブラウンを採用した。フォン・ブラウンは物理学者であり、技術者でもあった（このような人材はめったにいない）。名前に「フォン」がつくことからわかるように貴族の生まれで、家柄や身分を重視する相手にはそれらしくふるまう術を心得ていた。そのうえ、管理者としても有能で、カリスマ的なリーダーとなる資質に恵まれていた。フォン・ブラウンは——彼自身の言葉によれば——「黄金の雌牛」を捜し求めていた。彼はそれを軍の中で、最初はドイツ軍の、のちにはアメリカ軍の中で見出したのだ(17)。

ドルンベルガーはベルリン近郊のクンマースドルフにあった軍の射撃実験場にロケットの実験施設をつくり、専門家と資材や装置類を集めた。フォン・ブラウンはここで、『液体燃料ロケットの製造に関する考察と実験』と題する学位論文を完成させた。ベルリン大学はこの論文を受理し、政府はこれを機密扱いにした。これ以後、政府はロケットに関する研究業績をすべて機密扱いにした(18)。

クンマースドルフでは、軍部と宇宙旅行の実現をめざす研究者グループの騙し合いが繰り広げられた。軍人が欲していたのは超長距離兵器だったが、彼らは研究者たちがとくとくと語る話に恭しく耳を傾けることを学んだ。研究者が欲していたのは月や火星に行くための乗り物だったが、彼らもまた寛容にふるまった。それに、軍人たちが爆弾を運ぶために彼らのロケットをしばらく借用したいというなら、それはそれでかまわない——結局のところ、宇宙旅行ファンは愛国者になることもできたのだ。

一九三四年にドルンベルガーとフォン・ブラウンのチームは、小型の実験用液体燃料ロケット二機を打ち上げた。これらは高度二キロメートル以上まで上昇した。フォン・ブラウンはこのときすでに、離陸時の重量が七五〇キログラムというずっと大きなロケットの構想を練っていた。そのくらい大きければ最新式の誘導システムを搭載して、ロケットを投げ槍以上のものにできるだろう、と。一方、ドルンベルガーは（それとは知らずにコングリーヴと同様に）重さ一トンの弾頭を一六〇キロメートル運搬できるロケットの開発を目標に掲げていた(19)。ナチスが政権を掌握したドイツ政府はこの事業に対して、数百万マルクの資金を保証した。

ドイツのロケット・チームは、都市部から離れたところにクンマースドルフより広大な実験施設を設ける必要に迫られた。「ペーネミュンデはどうかしら？」と、フォン・ブラウンの母親が息子に勧めた。「あなたのお祖父様はよくカモ猟に通っていらしたものよ」と。ペーネミュンデはバルト海に面した辺鄙な村で、人口もわずかだった。その海岸からは、三〇〇キロメートル以上にわたってロケットの飛行を観察できた。しかもペーネミュンデは美しいところで、志を同じくする優秀な仲間とキャリアを積む身にとっては理想郷《シャングリラ》だった。ドイツのロケット・チームは一九三七年の春にペーネミュンデに移った(20)。

現代の液体燃料ロケット工学の礎《いしずえ》となった研究の大部分は、ペーネミュンデでなし遂げられた。ペーネミュンデはその規模と重要性において、原子爆弾研究におけるロスアラモスのように、ロケット研究を象徴する存在となった。金の無駄使いとしか思えないロケット開発に潤沢な資金を注ぐ組織は、当時の世界ではナチスのドイツ政府だけだった。ロケットは次々と爆発し、コースを逸脱し、墜落した。だが、こうした失敗の積み重ねによって、よりよいロケットをつくるためのデータが得られたのだ。

当時のロケット設計家が置かれた状況をたとえるなら、熱力学の法則の写しを手引きとして、駅馬車をモデルに自動車をつくれといわれたナポレオン時代の鍛冶屋のようなものだった。当初はささやかな成功をおさめたこともあったが、その後一九三九年までにペーネミュンデで行なわれた打ち上げ実験は、ことごとく失敗した。一九四〇年にはベッカーが自殺した。ペーネミュンデは失敗続きで何ら成果をあげていなかったのに対して、戦況はきわめて順調に推移していた。これに意を強くしたヒトラーは、先端的な技術の真価を理解していなかったために、実験段階のプロジェクトすべての予算削減を決定した。ドルンベルガーによれば、ベッカーが自殺したのは、この問題をめぐってヒトラーと言い争ったのちのことだったという(21)。

それでもドイツのロケット専門家たちが研究を続けたのは、ひとえにテクノロジーに対するロマンチシズムゆえだった。「そこには、奇跡を計画しているという趣があった」と、のちにヒトラー政権の軍需相となったアルベルト・シュペーア〔一九〇五～八一〕は回想している。

V-2の完成

一九四二年、ペーネミュンデのチームはV-2の原型機《プロトタイプ》の打ち上げ実験にこぎつけた。第一号機は発射台から離昇したものの、姿勢を崩して墜落した。第二号機は高度一〇キロメートルで爆発した。三回目の実験でペーネミュンデのチームはようやく幸運に恵まれ、長いあいだの忍耐が報われた。液体酸素とアルコールを燃料とするエンジンが火を噴くと、重量一四トン、全長一四メートルのロケットは高度八五キロメートルまで上昇し、時速五三〇〇キロメートルまで加速された。このロケットは予定飛行航路を飛び、発射から五分後に一九〇キロメートル離れたバルト海の海中に落下した（V-2は垂直に発射された後、慣性誘導により姿勢を徐々に水平方向に傾けて軌道修正を行ない、適正な点でロケットエンジンを停止し、慣性飛行を続けて最大で秒速約一・六キロメートルの超音速で最大約三〇〇キロメートルを飛翔した）。

ロケットの機体には、『月世界の女』のロゴが描いてあった。かつてオーベルトがフリッツ・ラングの映画の宣伝用につくると請け合ったロケットが、ついに当時の目標より高く飛んだのだ——しかも、オーベルトは幸運にも、現地でこの実験に立ち合っていたのだ[22]。彼はこのロケットの設計者たちに賛辞を述べたが、さらなる発展を見据えていた。「このロケットは大気圏外空間の征服に向けた小さな一歩に過ぎない」と。

ドルンベルガーは祝賀会の席上で、「いまや伝説となったパリ砲」の高度記録を破ったと誇り、「われわれはロケット推進を宇宙旅行に利用できることを証明した」と宣言した。とはいえ、彼はすぐさま現実にたち戻り、次のようにつけ加えた。「戦争が続いているかぎり、われわれの最も緊急かつ唯一の任務は、兵器としてのロケットを早急に完成させることである」[23]

その後もペーネミュンデのチームは失敗を重ね、失敗から教訓を蓄積していった。V-2の原型機は飛行コースが安定せず、密度の高い大気層に再突入する際にしばしば空中分解した。だが、ロケットチームにとっては幸運だったことに、戦況がドイツに不利に推移し始めた。ソ連は苦戦しながらもあくまで敗北を認めようとせず、いまやアメリカが参戦してきた。狼狽したヒトラーは奇跡にすがろうと、V‐2計画への支援強化を決断したのだ。

ペーネミュンデのプロジェクトに従事する人員は、ドイツ人数千人と外国人数百人に膨れあがった。彼らがV‐2の実用化に営々と取り組んでいるうちに、連合国は遅ればせながら、ペーネミュンデで進行している事態を察知した。一九四三年八月一八日の夜から一九日の朝にかけて、五〇〇機近い連合軍の爆撃機がペーネミュンデを空襲した。彼らは所期の目標の多くを爆撃しそこなったものの、数百人の生命を奪い、実験施設や住民の居住区を破壊した。この空襲によって、ペーネミュンデのロケット施設が無防備であることが露呈した。九月にはV‐2を実戦配備可能なレベルまで改良できたものの、連合軍の爆撃機がペーネミュンデをふたたび襲うことは確実だった。ヒトラーはV‐2の量産の加速と、生産拠点をハルツ山地の「中央工場《ミッテルヴェルク》」に移すことを命じた。この移転によってV‐2の生産と配備は大幅な遅延をきたし、その第一号が敵の目標めがけて発射されたのは、ようやく一九四四年九月のことだった(24)。

「中央工場」は廃坑を利用して地下に設けた複合製造施設で、ナチ党のエリート部隊である親衛隊の支配下にあった。ここで働いていたのは、強制収容所から徴用された奴隷労働者だった。「中央工場」で使役された約六万人の労働者のうち、およそ二万人が死亡した。死者のおよそ半数がV‐2の生産に従事していた。このように、V‐2は恐怖の園で生まれていたのだ(25)。

パリ砲と比較した場合のV‐2の長所は、第一に扱いやすいことだった。パリ砲とその砲架の重量は一〇〇トンを優に超えていたので、これを動かすのはまさに家を動かすようなものだった。V‐2もけっして小さくはなかったが、トラックに載せて数時間で発射地点まで運び、時間をおかずに発射してから、すべてを梱包して次の発射地点まで数時間で運ぶことができた。大砲全般と比較した場合のV-2の最大の強みは、有効搭載量《ペイロード》が大きいことだった。たった四機のV-2で、パリ砲がパリに向けて発射した砲弾すべてに匹敵する量の爆薬を運搬できたのだ[26]。V-1と比較した場合のV-2の長所は、精巧な発射台をつくる必要がないことと、そのスピードだった。V-2は一機たりとも、迎撃機や高射砲によって撃墜されなかった。V-2は超音速で飛んだので、音によってその接近を知ることはできなかった。一方、V-2の短所はあまりにも複雑なことで、V-1を雑種とするなら、V-2は気難しいサラブレッドのように手がかかった。さらにV-2をつくるのは、時間、技術、資金の面でV-1よりはるかに高くついた。

図21　ペーネミュンデで発射準備中のV-2（1942年）［的川泰宣『ロケットの昨日・今日・明日』裳華房より］

一九四四年九月六日、実戦で初めてV-2が発射された。V-2はロンドンを目標とすべく設計されていたのだが、この第一号機はパリに向けて発射された（パリを目標に選んだ人物は、パリ砲の甘美な思い出を再現したかったのだろうか）。ついで九月八日に、初めてロンドンをめがけてV-2が発射された。全部で約四〇〇〇機のV-2が実戦に投入されたが、まもなく連合軍がイギリスの首都をV－2の射程範囲とする地域からドイツ軍を撃退したため、ロンドンに代わってアントワープが主たる攻撃目標となった(27)。

発射されたV－2の二五パーセントが空中で作動しなくなり、狙いどおりに下町や波止場のように大きな標的に命中したのは、幸運に恵まれたものだけだった。V－1の場合と同様に、V－2の効果について最も信頼できる統計は、イギリスで作成されたものである。それによれば、イギリスに飛来したV－2は一〇〇〇機ないし一三〇〇機で、六三〇〇人を負傷させ、二七〇〇人を殺した。イギリスおよびその他の地域でV－2によって殺された人間の総数は、このロケットを製造中に死亡した奴隷労働者より少なかったのだ(28)。

敵を殺傷することを目的として発射された最後のV－2は、一九四五年三月二七日に大地を飛び立った(29)。一九四五年五月七日にナチス・ドイツは無条件降伏した。この日、連合国の科学者と技術者のチームがアメリカ南西部の砂漠で、一〇〇トンもの高性能爆薬を爆発させた。これは、意図的に引き起こされた化学的爆発としては史上最大の規模だった。この爆発実験は、まもなく同地で行われる予定の爆発実験で使用する機器類をテストするために行なわれた。次回の爆発実験はこれの二〇〇倍以上の規模になると想定されていた(30)。

新しい物理学──原子力への扉

V－2は第二次世界大戦の結末を変えることはできなかった。なぜなら、ドイツはV－2にふさわしい爆弾を、すなわち至近弾一発で一つの都市に致命傷を与えられるような爆弾をもっていなかったからだ。ヒトラーはかつてドルンベルガーに、ロケットに搭載する爆薬を一〇トンに増やせないかと尋ねた。ドルンベルガーは否と答えた。そのためにはもっとずっと大きなロケットが必要であり、それを開発するには少なくとも四、五年かかるだろう、と。いずれにしても、現有の爆薬を一〇トン搭載した弾頭でも、ドイツを勝利に導くことはできなかっただろう。ドルンベルガーは漠然と原子力の利用を考えていた。だが、ヒトラーに仕える者たちにとって、原子兵器ははかない夢でしかなかった(31)。

十九世紀の半ばには、物理学は算術の公式のように無味乾燥なものとみなされていた。物理的な現実世界を考察するには、常識で対処すれば充分だと思われていた。物質とエネルギーは、物理学者にとっても配管工にとってと同様に、まったく異なるものだった。いかなる場所でも、いかなる状況下でも、時間の経過と空間の広がりは同じように測定できるとみなされていた。原子はごく小さなビリヤードの球のようなもので、そのように挙動すると考えられていた。ケンブリッジ大学のキャヴェンディッシュ研究所を創設したジェームズ・クラーク・マクスウェル（一八三一～七九）は、原子は「創造されたときのまま、その数も大きさも重さもまったく変わることなく、今日まで存在し続けている」と主張していた(32)。

アメリカの卓越した実験物理学者のアルバート・マイケルソン（一八五二～一九三一）は一八九四年に、「現実世界の根底をなす主要な原理のほとんどはすでに確立されているので、物理学の今後の進展は主として、これから発見されるあらゆる現象にこれらの原理を厳密に応用することにかかっているだろう」(33)と述べていた。ところが実際には、いまだに説明のつかない奇妙な現象がいくつか認められていたのだ。マイケルソン自身も参加した光速度の精密測定実験で、動いている地球の上で測定した光の速度が進行方向によって変わらないことが発見されていた。これは実に奇妙な現象だった。

その後、レントゲン〔一八四五〜一九二三〕、マリー〔一八六七〜一九三四〕とピエール〔一八五九〜一九〇六〕のキュリー夫妻、プランク〔一八五八〜一九四七〕、ラザフォード〔一八七一〜一九三七〕、アインシュタイン、ボーア〔一八八五〜一九六二〕など、新しい物理学の予言者や魔術師や魔女たちは地道な実験を積み重ね、黒板の上で大量のチョークを消費した。その結果、原子の世界の現実と常識の結婚生活は破綻し、離婚で幕を閉じた。いまや相対性理論の出現によって、原子核の世界では物質の質量とエネルギーは相互に変わりうるものとなり、時間と空間も相対的なものとなった。ビリヤードの球のようなものと思われていた原子は、原子核と殻外電子で構成され、その空隙をエネルギー量子が飛びかっていることが判明した。そして、自然の法則は確率論の用語で表現されるようになった。かつてニールス・ボーアがいみじくも語っていたように、「量子力学の問題を考えてもめまいを感じないという者は、この問題の初歩すら理解していないことを白状しているようなもの」(34)という状況が出現したのである。

新しい物理学の申し子たちは、原子力という想像を絶した力に通ずる扉の錠を開けようとしていた。一九〇三年にはライト兄弟が初めて空を飛び、ツィオルコフスキーが『反作用装置による宇宙探査』を出版していた。その翌年の一九〇四年、のちにノーベル化学賞を受賞するフレデリック・ソディー〔一八七七〜一九五六〕は次のように予言していた。

ラジウムがもっているようなエネルギーは、原子の構造と結びついた形で、すべての重い元素に潜在的に含まれているのだろう。もし、このエネルギーを引き出して自在に操れるようになったら、それは世界の運命を決する手段となるだろう！　倹約家の自然はこのエネルギーの宝庫に鍵をかけ、放出されるエネルギーの量を用心深く調節している。その鍵のありかを見出した者は、その気になれば地球を破壊できるような武器を手に入れることになるのだ(35)。

このような突飛な予言に耳を傾ける科学者はほとんどおらず、物理学の門外漢はなおさらだった。だが、宇宙旅行やタイムトラベルといった夢物語を書いていた空想科学小説家のH・G・ウェルズは、興味をそそられた。ダーウィンはかつて、言語を除けば火は人類最大の発明である、と述べていた。原子エネルギーの利用は火の発明に劣らぬほど重大な影響を人類に及ぼすだろう、とウェルズは推測した(36)。

最後のパリ砲が姿を消してから長い年月が経っても、破壊的な目的であるにせよ、建設的な目的であるにせよ、核エネルギーの解放をめざす実験や理論研究は次から次へと失敗していた。まず解決すべき難問は、原子を取り巻く電荷の壁を貫通して原子核に突入するミサイルを見つけることだった。それによって原子核内部の平衡状態を崩すことができれば、原子物理学に革命を起こすような有益な知見が得られるだろう。やがて、中性子がこうしたミサイルの役割を果たすことが明らかになった。中性子は陽子とほぼ等しい質量をもつ素粒子だが、電荷をもたないので原子の電荷によって反発されない――それゆえ、*neut*-ronと命名されたのだ〔*neut*は電気的に中性の、電荷をもたない、の意〕。中性子は一九三二年にジェームズ・チャドウィック〔一八九一～一九七四〕によって発見され、チャドウィックはこの業績によりノーベル物理学賞を受賞した(37)。

一九三三年にアドルフ・ヒトラーが政権に就いてから五年後に、オットー・ハーン〔一八七九～一九六八〕とフリッツ・シュトラースマン〔一九〇二～八〇〕がベルリンの研究所で、少量のウランを中性子で衝撃する実験を行なった。その結果生じた不可思議な現象こそ、人為的に引き起こされた核分裂反応であることが、史上初めて明確に証明された(38)。その翌年の一九三九年に、第二次世界大戦が勃発した。

ヒトラーと科学者たち

一九三〇年代初頭には、世界の一線級の量子物理学者の多くは――過半数といっていいだろうが――ドイツ人だった。もし、ヒトラーが後年その支配下におくことになる科学者たちの能力を充分に活用していたら、彼が手を下した所業は実際の何倍も恐ろしいものとなったことだろう。

すでに述べたように、ヒトラーは時期を逸したとはいえ、ロケット研究者たちを活用していた。彼らの構想を理解するためには、高等数学の知識や神秘家めいた洞察力は必ずしも必要でなかった。そして、ヒトラーのロケット研究者たちは彼の物理学者たちとは違って、すべてアーリア人〔ナチズムでいうユダヤ人ではない白人〕だった。

戦後にアルベルト・シュペーアが回想しているところによれば、「ヒトラーは時には原子爆弾の可能性に言及していたが、この問題は明らかに彼の知的能力の限界を超えていた。彼は核物理学の革命的な性質も理解することができなかった」(39)。ユダヤ人に対するヒトラーの病的な嫌悪感が、核研究に対する不信感を募らせていた(40)。

メフメト二世はたしかにキリスト教の信仰を毛嫌いしていたが、キリスト教徒の家系まで嫌っていたわけではない。精鋭で鳴らした彼の近衛騎兵《イエニチェリ》のほとんどはキリスト教徒の子どもであり〔幼いときに誘拐して、養育しつつ訓練した〕、彼のために射石砲をつくったウルバンもキリスト教徒の家系の出身だった。メフメト二世は部下の出自にこだわらず、絶対的な服従しか求めなかった。キリスト教徒にイスラームへの改宗を要求したことはあったかもしれないが、その命まで奪おうとはしなかった。ヒトラーはメフメト二世のような実用主義者《プラグマティスト》ではなく、あくまで絶対主義者だった。ユダヤ人の追放は帝国を弱体化させると、マックス・プランクがヒトラーに——もちろん、ごく穏やかに——具申したときに、ヒトラーはこう応じたという。ユダヤ人の追放が「現在のドイツ科学の崩壊を意味するというなら、われわれは数年間は科学なしでやっていくのだ!」。

ユダヤ人の物理学(すなわち量子物理学)とは対照的に、アーリア人の物理学は常識で理解できるような理論と実験に基づいており、目に見える結果を伴うものだった。だが、ロケット研究の推進者たちは〔敵を全滅させる兵器を求める〕ヒトラーを失望させた。それは、第三帝国のために働くべくドイツにとどまったプランク、ハイゼンベルク〔一九〇一~七六〕、ハーンなどの量子物理学者たちも同じことだった。ヒトラーとはタイプの異なる愛国的なドイツ人なら、核物理学の母国と熱烈に主張したであろう国で、核物理学は衰退したのである(41)。

ヒトラーが政権に就いたときにドイツに居住していた物理学者の二五パーセントが、その後亡命した。その中には、ノーベル賞受賞者が六人も含まれていた。ドイツの大学で理論物理学を講じていた六〇人の教師のうち、二六人が教職を去った。これらの人々の大半はユダヤ人の血を少しでも引いているか、その配偶者がユダヤ系だった。イタリアやハンガリーなどヨーロッパ大陸の多くの国々から、同じような事情を負った物理学者が出国した。彼らが向かった先はさまざまだったが、過半数がアメリカに活路を求め、イギリスに逃れた者も少なくなかった(42)。彼らは移住した先々で、ナチスを打倒するために心血を注いだ。

マンハッタン計画と原子爆弾の誕生

ナチス打倒に向けて亡命物理学者がなした最初の、そしておそらく最も重要な貢献は、彼らの知識や技術によるものではなく、彼らの名声がしからしめたものだった。一九三九年、当時はスターリンと不可侵条約を結んでいたヒトラーが連戦連勝していたときに、アメリカに到着してまもない亡命物理学者たち、すなわちレオ・シラード〔一八九八〜一九六四〕とユージン・ウィグナー〔一九〇二〜九五〕とエドワード・テラー〔一九〇八〜二〇〇三〕は、フランクリン・デラノ・ローズヴェルト大統領〔一八八二〜一九四五〕への手紙の草稿を書いていた。その手紙は大統領に対して、核分裂という現象とその軍事的な潜在力を説明し、ドイツはすでに原子爆弾の研究に着手しただろうと警告するものだった。やはりドイツから亡命した物理学者で、科学者として並ぶ者なき高名を博していたアインシュタインが署名したのちに、この手紙はホワイトハウスに送られた[43]。ただちに原子爆弾の開発に踏み切ると明言こそしなかったが、ローズヴェルトはこの目標に向けてスタートした一連の動きを是認し、あるいは少なくとも思いやり深く気づかぬふりをした。アメリカ大統領に限らず、物理学者も含めた多くの関係者にとって、原子爆弾が開発可能であることを示す明白な証拠が必要だった。ファシズムが荒れ狂うイタリアから亡命してきた物理学者のエンリコ・フェルミ（一九〇一～五四）が、その証拠を提供した。一九四二年一二月、シカゴ大学の古いフットボール・スタジアムの観客席の地下でフェルミの指揮のもと、六トンの金属ウラン、三四トンの酸化ウラン、それに（中性子の動きを減速するための）三八五トンの黒鉛が積み上げられ、世界初の原子炉が完成した。アメリカ第二の都市の中心部で、この原子炉は炉心溶解《メルトダウン》を起こすこともなく、原子爆弾の実現に欠かせない核分裂の「連鎖」反応が生じることを初めて明確に証明した。一個の中性子がウランの原子核と衝突するたびに、原子核から二個以上の中性子が放出され、これらがほかの原子核と衝突してさらに多くの中性子が放出されることにより、核分裂反応が連鎖的に進むのだ。こうして、原子爆弾をつくれることが明らかになった。その後まもなく、ローズヴェルトは原子爆弾製造計画に対して二億五〇〇〇万ドルの予算を承認した[44]。

この事業はマンハッタン計画という暗号名で呼ばれ、単独の研究開発プロジェクトとしては史上最大の規模となった。北米大陸の各所に設けられた三七の施設で、四万三〇〇〇人がこの計画に従事した。施設のいくつかは、文字どおり秘密都市だった。経費の総額は二〇億ドルに達した[45]。

一九四五年七月一六日、午前五時二九分四五秒、スペイン系の人々のあいだでは死の旅路《ホルナダ・デル・ムエルト》と呼ばれているニューメキシコ州の砂漠に、もう一つの太陽が出現した。マンハッタン計画に参加した科学者と技術者と技師たちが（道教の錬丹術師が生み出した火薬の子孫である）化学爆薬を爆発させ、その衝撃でプルトニウムの小球を臨界量に達するまで圧縮し、核分裂連鎖反応の引き金を引いたのだ。この実験の前に、フェルミは愉快そうな面持ちで、この爆発によって大気に火がつき、全世界か少なくともニューメキシコ州が破壊されることに賭けようと申し出ていた。そのような結果にはならなかったが、この爆発はTNT爆薬に換算して一八・六キロトンという未曾有の爆発力を発揮した[46]。いまや、V－2と、大陸間を飛ぶV－2の子孫にふさわしい爆弾が完成したのだ。

＊

かつて、アトゥラトゥルと火起こし棒で武装した人類は、膨大な数の大型動物種を絶滅させるのに一役買った。いまや、長距離ロケットと核分裂爆弾（と、それから一〇年も経たないうちに開発されたメガトン級の核融合爆弾〔水素爆弾〕）で武装した人類は、みずからが属するヒトという種も含めて、無数の生物種を絶滅させる能力を獲得したのである。

第十章 はるかなる宇宙へ

天のエーテルに適合した帆船をつくり出しましょう……
ヨハネス・ケプラーからガリレオ・ガリレイへ（一六一〇年頃）(1)
〔エーテル　天空上層の空間を満たしていると古人が想像した精気〕

ミッション・ステータス——二〇〇一年二月二二日
パイオニア10号の太陽からの距離：七七・二二ＡＵ（天文単位）。太陽に対する相対速度：毎秒一二・二四キロメートル。地球からの距離：一一五・二億キロメートル。往復光差（ラウンドトリップ・ライト・タイム）：二一時間二〇分。(2)

火薬はヨーロッパに国民国家と帝国が誕生する原動力となった。その後、ヨーロッパ諸国相互の敵愾心が、第一次世界大戦という無煙火薬《コルダイト》による破局《カタストロフィー》を引き起こした。それはまた第二次世界大戦をも引き起こしたが、このカタストロフィーはあまりに破壊的だったので、アメリカを除く列強諸国はすっかり疲弊してしまった。アメリカのライバルたりうる力をもっていたのは、ソ連だけだった。米ソの敵対はいずれ第三次世界大戦を引き起こし、一九四〇年代に開発された兵器によって人類は滅亡するというシナリオが、真実味を帯びて語られるようになった。

私たちはまさにこうした兵器によって、すなわちプルトニウム爆弾や水素爆弾という大量破壊兵器を搭載した長距離爆撃機と長距離ロケットの存在によって、人類の滅亡という悲惨な運命を免れた。人類はついに、それをつくった当事者でさえ恐ろしすぎて使えないような兵器を――少なくとも当分のあいだは自制心と正気を保って使用を控えざるを得ないような兵器を――発明するに至ったのだ。米ソの互いに距離を置いた平衡状態は冷戦と呼ばれ、それを支える論理はＭＡＤ（相互確証破壊）と称された。

だが、冷戦の時代はけっして平和な時代ではなかった。二つの超大国は代理戦争という形で、コルダイトを用いた熱い戦争を世界各地で繰り広げた。一九四九年、中国は共産主義陣営の勝利をもって、混乱と革命の一世紀に終止符を打った。農民軍はゲリラ戦術で旧来の支配層の技術的優位に対抗し、彼らを大陸から追放した。アフリカとアジアでは独立国家が次々と誕生し、ヨーロッパの海外帝国は見る影もなくなった。けれども、あたかもバスケットボールのプレイヤーがペナルティーを避けるために相手に接触せずにシュートを妨害し合うように、米ソは直接対決を控えて第三次世界大戦を回避した。

米ソの対立は人気コンテストもどきの威信をめぐる競争に変貌し、その舞台は宇宙に移った。南北戦争で名を馳せたある将軍〔南軍の騎兵隊指揮官ネイサン・ベドフォード・フォレスト将軍〕の言葉を借りるなら、二つの超大国は「最大人員で最初に」宇宙に足跡をしるすために悪戦苦闘した。宇宙で勇ましい手柄を立てて世界の目を奪い、先に宇宙を制して地球の救済者のごとくふるまうのは、はたして米ソのいずれだろうか？

アメリカの偉業の背景

本章では、冷戦期の宇宙開発史における二つのトピックだけを検討しよう。この二つを選んだのは、何よりこれらがセンセーショナルな出来事だったからだが、飛び道具のテクノロジーの分野ではセンセーショナリズムが常に大きな役割を演じてきた。一九六九年、ホモ・サピエンスはその一族から選りすぐった二人のメンバーを、月面に着陸させた。そして一九七二年には、重さ二七〇キログラムの探査機を木星に向けて発射し、さらに太陽系のかなたへと飛び立たせた。

この二つの出来事はアメリカの勝利を示していた。アメリカがこうした偉業をなしとげられた原因は、第一に財力に恵まれていたこと、第二に科学と産業のインフラストラクチャーが第二次世界大戦によって損なわれなかったこと、そして第三に、二十世紀前半の世界で最も優れたロケット研究者の集団を掌中におさめていたことだった。アメリカは抜け目なく、ペーネミュンデ・チームの精鋭を星条旗でからめとっていたのだ。

戦争の勝者が敗者から黄金の枝つき燭台や銀のゴブレットや女性を略奪するのは、古来から世の習いだった。一九四五年には欲望の対象も様変わりしており、ヨーロッパの戦争の勝者たちが何より欲しがったのはドイツの科学技術の産物と、それらをつくる能力のある科学者と技術者だった。

ペーネミュンデのエリートたちは生き残るために、そして宇宙旅行の夢を実現するために、彼らの作品と知識と技術を取引の材料にした。一九四五年春の彼らの精神状態について、その一人がこう回想している。「私たちはフランス人を見下しており、ロシア人を死ぬほど恐れていた。イギリス人には私たちに研究を続けさせる余裕があるとは思えなかったので、最後に残ったのはアメリカ人だった」(3)

神々の黄昏《ゲテルデメルング》が迫った一九四五年の春をつうじて、ペーネミュンデのエリートたちは身の安全をはかり〔連合軍の手に渡るのを防ぐためにナチスが彼らを暗殺しようとしているという噂が流れていた〕、なるべく快適に暮らせるように算段しながら、アメリカ人に発見される機会を待っていた。ヒトラーの自殺から二日経った一九四五年五月二日、安全装置をはずしたM1ライフルで武装したアメリカ陸軍第四四歩兵師団のフレデリック・P・シュナイカート上等兵のもとに、ヴェルナー・フォン・ブラウンの弟のマグヌスが出頭した。マグヌスは兄の指図で、自転車でアメリカ軍を探しまわっていたのだ。その数日後、ヴェルナーはシュナイカート上等兵に賭けをもちかけた。シュナイカートが復員するより、自分がアメリカに到着する方が先になるだろう、と。このロケット研究者は賭けに勝ち、宇宙旅行の歴史の新たなページが開かれた(4)。

　メフメト二世がウルバンを歓迎したのは、ウルバンが大きな大砲をつくれるからだった。アメリカがヴェルナー・フォン・ブラウンと彼のチームを歓迎したのは、彼らが大きなロケットをつくれるからだった。婉曲な言いまわしを身につけるには若すぎ、またそれを求められる地位にもいなかったあるアメリカ陸軍将校は、あからさまにこう述べていた。「彼らがナチ党員だったかどうか審査するだって！　いったい何のために？　もし、彼らがヒトラーの兄弟だとしたって、そんなことは問題じゃない。彼らの知識は軍にとっても、たぶん国家にとっても貴重なんだ」。(5)

こうした主張を軽蔑するのはたやすいが、反論するのは容易ではない。

第二次世界大戦のすべての主要交戦国と同様に、アメリカもこの大戦でロケット兵器を使用していた。アメリカが開発したバズーカ砲は、対戦車ロケット砲の代名詞となった。だが、アメリカのロケット兵器類はソ連のカチューシャ〔多連装ロケット砲〕と同様、いずれも射程が短かった。さし迫った戦争の脅威がなくなり、ドイツの天才を活用できるようになった今――しかも今後取り組むべき主要な課題が冷戦であることは明白だった――勝者は大きなものを遠くまで飛ばすという原初的な欲求を、とことん追求できるようになったのだ。

孤高のロケット研究者、ゴダード

その科学技術力とロバート・ゴダードの存在をもってすれば、アメリカは一九三〇年代から一九四〇年代に、ロケット研究の分野で世界をリードできたはずだ。だが、アメリカの指導者層も大衆も、そうすることを望んでいなかった。そして、ゴダードは〔講演と著述で大衆の心をとらえた〕話術教師のデール・カーネギー〔一八八八～一九五五〕より、〔独自の道を進んで存命中には真価を認められなかった〕作曲家のチャールズ・アイヴズ〔一八七四～一九五四〕に似ており、その性格からして世論をおのれの望む方向に誘導することなどとてもできなかった。ゴダードは一九二六年の打ち上げ実験の成功を大々的に宣伝せず、研究業績もほとんど公表せず、数々の発明は二〇〇に及ぶ特許で封印して他人が模倣する道を閉ざした。彼はオーベルトやツィオルコフスキーに劣らぬ夢想家で、惑星間旅行や太陽が滅びる前に太陽系外に脱出することを夢見ていた。けれども、生まれてくる社会を間違えたゴダードに追随する者は、ほとんどいなかった。

ゴダードは――少なくとも一度はチャールズ・リンドバーグ〔一九〇二～七四〕の尽力によって――さまざまな助成金を獲得して、ニューメキシコ州の砂漠でロケットの打ち上げ実験に勤《いそ》しんだ。この実験場はいみじくも「孤《ハイ・》高《ローンサム》」と呼ばれていた。一九三〇年にはゴダードのロケットの一つが高度六五〇メートルまで上昇し、一九三五年には高度二三〇〇メートルを記録した。今から見ればこれは大きな進歩だったが、当時はほとんど注目されなかった。

第二次世界大戦中、ゴダードはアメリカ政府のためにロケットの実験に従事し、一九四五年にドイツから押収したV－2が初めてアメリカに届いたときには、調査グループの一員となった。ドイツでは彼の業績はほとんど知られていなかったにもかかわらず、ドイツ人は自分のアイディアを盗んだのではないかと、ゴダードは気に病んでいた。

一九四五年の八月、第二次世界大戦が終結する直前に、ゴダードは癌のために亡くなった。一九三〇年にドイツから亡命した航空学の権威でカリフォルニア工科大学（キャルテク）教授のテオドール・フォン・カルマン〔一八八一～一九六三〕は、ゴダードをこう評していた。「今日のロケット工学にゴダードは何ら寄与していない。彼はもはや廃れた傍系に属していたのだ」(6)――この非情な墓碑銘はあまりにも断定的である。もっとも、概して真実をついているのだが。

一九三〇年代から一九四〇年代のアメリカでも、科学技術コミュニティーはロケット工学の進歩にすっかり取り残されていたわけではない。ドイツ宇宙旅行協会のような米国ロケット協会がすでに設立されており、ロケットによる高空研究も行なわれていた。ロスアンジェルスのキャルテクの大学院生や教授たちはロケット研究に魅せられて、近傍の凅れ谷《アロヨ》で実験を重ねていた。こうして細々と研究を進めていたコミュニティーの中から、やがて世界に名を轟かすジェット推進研究所などが誕生した。

一九四五年一〇月、ゴダードの死から一ヶ月あまり経ったある日、ニューメキシコ州の陸軍ホワイトサンズ実験場で重量三〇〇キログラムの観測用ロケット、WAC-コーポラルが打ち上げられ、高度七二キロメートルを記録した(7)。ホワイトサンズはゴダードが実験基地としたハイ・ローンサムからも、史上初めて原子爆弾の爆発実験が行なわれたトリニティ実験場からも、さほど遠くない。ペーネミュンデからの移民が教えなければならないことが何であったにせよ、アメリカのロケット研究者のコミュニティーには、それを理解し発展させる素地ができていたのだ(8)。

ドイツ人科学者たちの加入

ドイツ人チームの先遣要員として、ヴェルナー・フォン・ブラウン御大がデラウェア州のニューキャッスル陸軍航空基地に到着したのは、一九四五年九月一八日のことだった。ヒトラーの死からすでに五ヶ月近く経っていたが、スターリン〔一八七九〜一九五三〕の死はまだ八年も先である。それから五ヶ月のあいだに、さらに一一七人のドイツのロケット科学者がアメリカに連行された。その中にはシステムエンジニアのアウグスト・シュルツ、電子工学・誘導・遠隔測定部門のエーリヒ・ノイベルト、試験部門のテオドール・ポッペル、機器エンジニアのヴァルター・

シュヴィデツキーなど、いずれもV－2の開発に多大の貢献をした人々が含まれていた(9)。職業軍人だったドルンベルガーはイギリスの戦争犯罪法廷で審理を受けたのちに、彼らに合流した。アメリカに連れてこられた当初は、彼らは皮肉交じりに自称していたように「平時捕虜（prisoner of peace）」ともいうべき境遇だったが、後年その大半はアメリカ市民権を取得した(10)。

ドイツ人科学者を迎えて大きくなったアメリカのロケット研究者のコミュニティーは、ツィオルコフスキーやゴダードやオーベルトと同様に宇宙旅行を夢見ていたが、これらの先達と同様に慢性的な資金不足に悩まされていた。彼らが必要とする資金は、一国の政府でなければとうてい提供できないほど巨額だった。一九四五年五月に初めてアメリカ陸軍と接触したときに、フォン・ブラウンは「ロケットの技術がさらに進展すれば、月を手始めに、さまざまな惑星に行けるようになるだろう」(11)と言明していた。だが、こうした言葉は、将軍連やそのボスである政治指導者たちが求めていたものではなかった。アメリカの首脳部が欲していたのは、防御不能な兵器だった。ヨシフ・スターリンがヨーロッパを縦断する「鉄のカーテン」を引き、一九四八年にはベルリンを封鎖して、あたかも服従か戦争かと全世界に迫るがごとき情勢になると、絶対に防御されない兵器に対する要求はますます強くなった。

こうした情勢を受けて、アメリカの大統領や上下両院の議員たちは、カンザス州からキエフを攻撃できる大陸間弾道ミサイル（ＩＣＢＭ）や、宇宙の端からソ連をスパイする衛星を打ち上げるロケットを開発するために、一〇〇億ドル規模の国防予算を次々と承認した。

ドイツのロケット科学者チーム、三六〇トンに達するV－2の部品（その一部ないし大部分は

「中央工場」の奴隷労働者によってつくられた）、設計図五一万枚を含むペーネミュンデのおよそ一四トンの記録文書など、ウィリアム・E・バロウズの称する「スターター・セット」を手に入れて、アメリカは長距離ロケットの開発に本腰を入れ始めた。一九四六年四月一六日から一九五二年九月一九日にかけて、ドイツ人と彼らを補佐するアメリカ人のチームは、ニューメキシコで六七機のV－2を打ち上げた。一九五七年にいたるまで、アメリカの大型ロケットは（そしてソ連の大型ロケットも）実質的にV－2の改良版に過ぎなかった。それ以後ですら、後述するように、アメリカの宇宙開発事業ではドイツ出身の科学者たちが重要な役割を果たしていた(12)。

米ソ両国はまず液体燃料で推進する中距離弾道ミサイル（IRBM）とICBMを備蓄し、ついで緊急発射が可能な固体燃料ロケットの備蓄に努めた。こうした巨大なロケットこそ、宇宙旅行ファンの計画を実行するために必要不可欠なものだったが、これらをジュール・ヴェルヌ流に使用するのは容易なことではなかった。ロケットの用途を軍事目的から宇宙開発にも向けさせるためには、宇宙旅行ファンは彼らのパトロンを単に怖がらせるだけでは不充分だった。彼らはパトロンたちを十字軍に動員しなければならなかったのだ。

プロモーションの達人、フォン・ブラウン

宇宙旅行コミュニティーの中心人物は、プロモーションの達人ヴェルナー・フォン・ブラウンだった。アメリカに渡って数年後のある日、フォン・ブラウンは同僚のアドルフ・K・ティール博士に、完璧にアメリカ的な言いまわしでこう語っていた。「地獄がすっかり凍りつくまで、僕

たちはロケットや月のことを夢見ていられるだろう。だが、もし国民がそれを理解せず、勘定を払う人間が国民側についたら、もはや目が出な《ノー・ダイス》い。そのいまいましい計算は、君がやってくれ。僕は国民の説得に取り組もう」(13)

　このヴェルナー・フォン・ブラウンという驚くべき人物は、ドイツの地主貴族《ユンカー》の家に生まれた。彼はドイツでは優秀なロケット技術者兼管理者として、史上稀《まれ》に見る独裁的かつ秘密主義的な体制のもとで、厚く張りめぐらされたベールの中で働いていた。その後、軽快な足どりで大西洋を渡ると、ふたたび優秀なロケット技術者兼管理者として頭角を現わした。そして、宣伝に血道をあげる民主的な社会で、世間の注目を浴びる名士となった。彼はゴダードとは異なり、人々を説得する才能に恵まれていた。彼はかつて、月への道を踏み出すためにナチスの力を利用した。そして新天地のアメリカでは、アメリカ人の愛国主義や妄想《パラノイア》や勝利第一主義に訴えることにより、さらに人々が無意識のうちに抱いている、遠くまで飛ばすこと（the Long Throw）への熱い思いを絶えず刺激することにより、共和党や民主党の政治家たちの力を利用しようと決意を固めていたのだ。

　一九四七年一月、フォン・ブラウンはテキサス州エルパソのロータリークラブでスピーチを行ない、ロケット開発研究の進行係としての一歩を踏み出した。ロータリークラブというのは、彼のような経歴と関心を有する人物がデビューするには、似つかわしくない舞台だった。だが、フォン・ブラウンは彼が残りの生涯をかけて追求することになる諸々のテーマについて、聴衆に語りかけた。すなわち、V-2を大型化して宇宙ロケットを開発すること、三段式ロケットで人工衛星を軌道に乗せること、大気圏外を飛んでから地球に帰還して飛行機のように着陸する有翼ロケットを開発すること、月や惑星への飛行基地となる宇宙ステーションを建設することなどを、熱っぽく提唱したのだ(14)。

　ロータリークラブの面々にとって、フォン・ブラウンのスピーチの半分は彼らの理解を超えていたに違いない。そして、残りの半分も、サイエンスフィクションもどきの夢物語のように思えたことだろう。しかし、彼らには、そして彼らの同胞の何百万人ものアメリカ人には、フォン・ブラウンのスピーチから学習する下地ができていた。彼らはライト兄弟とリンドバーグを産んだ国の市民であり、この国は遠くまで飛ばすことを——たとえばホームランやヘイルマリーパス〔アメリカンフットボールで試合終盤に大逆転を狙って投げるロングパス〕を——神聖視するお国柄だったのだ。

　一九五二年にフォン・ブラウンはアメリカで広く読まれていた『コリヤーズ』誌に、

図22　アメリカ陸軍のロケット・チームの指導者たち（1956年）．ヴェルナー・フォン・ブラウンは中列の右、ヘルマン・オーベルトは——いみじくも——前列に大きく写っている．［NASA］

宇宙旅行に関する一連の記事を共同で執筆した。美しいイラストを付したこの連載は好評を博し、宣伝に一役買った。彼はさらにウォルト・ディズニー〔一九〇一〜六六〕と提携して、大衆への宣伝効果が抜群のテレビのために、『月へのロケット』という類《たぐい》のプログラムからなるシリーズを制作した。また、ディズニーのテーマパークの一つに、宇宙旅行を模したアトラクションを制作した。

スプートニクからアポロへ

アイゼンハワー政権〔一九五三〜六一〕はミサイル・ギャップを嘆く声の中で幕を閉じた。アメリカは爆撃機の分野では決定的にソ連をリードしていたが、爆撃機はもはやアメリカのデウス・エクス・マキナ〔戯曲などの困難な場面に突然現われて、不自然で強引な解決をもたらす人物、転じて救い神〕たりえなかった。一九五七年一〇月、ソ連はスプートニク1号を地球の周回軌道に乗せることに成功し、スプートニク1号は世界初の人工衛星となった。アメリカもすぐさま〔海軍が開発した〕ヴァンガード・ロケットで人工衛星の打ち上げに挑んだが、これはぶざまな失敗に終わった。なんと、テレビカメラの前で、ロケットが発射二秒後に爆発炎上してしまったのだ。アメリカが陸軍に所属するフォン・ブラウンの助力を得て、ちっぽけとはいえ人工衛星をともかく軌道に乗せたのは、翌年一月のことだった。フォン・ブラウンはV-2を長くしたレッドストーンをブースターとする多段式ロケットのジュピターで、アメリカの人工衛星計画を初めて成功に導いたのだ[15]。一九六一年四月、ソ連のユーリ・ガガーリン〔一九三四〜六八〕が地球の周回軌道を一周した。アメリカのジョン・グレン〔一九二一〜〕が地球の周回飛行をなし遂げたのは、翌年の二月だった。ソ連が常にトップを走り、アメリカは常に二番手のように思われた。

一九五〇年代末のアメリカ上院で大きな影響力をもっていたリンドン・ベインズ・ジョンソン〔一九〇八〜七三〕は、旧約聖書の預言者さながらに熱っぽく訴えた。いわく、「無限の空間を制した者は宇宙から、思いのままに絶大な力をふるうだろう。地球の気象をコントロールし、旱魃や洪水を引き起こし、潮流を変え、海水面を上昇させ、メキシコ湾流の流れを変え、温帯を寒帯に変貌させるだろう」(16)と。

アメリカは軍事力の面では依然としてソ連より優勢だったが、アメリカ国民も世界もそのようには認識していなかった。アメリカ人の士気はゆらぎ、国際社会のリーダーという自負心に疑念がつきまとうようになった。ここにおいてジョン・F・ケネディ大統領は、それが達成された暁にはソ連の業績がかすんでしまうほど壮大な目標を掲げることを決断した。一九六一年五月二五日、ケネディは連邦議会の両院合同会議と世界に向けて、「わが国は、一九六〇年代のうちに人間を月に着陸させ、無事に地球に帰還させるという目標の達成に挑む」と宣言した。この史上最長の射程（the Longest Throw）は、アメリカの実力を誇示する世紀の大宣伝となるだろう——ただし、ヴァンガード・ロケットのように失敗さえしなければ。

まもなくサターンと命名された月ロケットの開発は、一九五八年に創設されたNASA（アメリカ国航空宇宙局）の最優先事項となった。陸軍からNASAに移ったフォン・ブラウンは、サターンの巨大なブースター・ロケットの製造を指揮した。彼の補佐役の中には、ドイツ人科学者

図23　サターンV発射の瞬間［NASA］

が多数含まれていた。フォン・ブラウンは管理者としても宣伝係としてもいかんなく才能を発揮し、彼のチームはスケジュールどおりに任務をまっとうした[17]。

一九六七年に完成したサターンV（5型）ロケットは、全長一一〇メートルの三段式ロケットだった。三〇階建てのビルより高く、自由の女神像の台座の下からの高さを一八メートルもうわまわる物体が、空を飛ぶように設計されたのだ。打ち上げ時の重量は、自由の女神像の一三倍に相当する二七〇〇トンに達した。第一段には長さ五・七メートルのエンジン五基が装備され、合わせて二二七〇トンもの液体酸素と高品質の灯油《ケロシン》が注入された。燃料は一五〇秒間で燃焼しつくして、一億六〇〇〇万馬力ないし三四〇〇トンの推力《スラスト》を生じた（V-2のエンジンの推力は二二・七トンだった）。五基のエンジンが発する轟音は凄まじく、現場で打ち上げを目撃したノーマン・メイラー（一九二三〜）は、「いまや人類は神と話す手段を得た」[18]という感慨に打たれた。サターンVは人の心をとりこにする数多の飛翔体の中でも、このうえなく荘厳だった。そして、これからも永遠にそうであり続けるだろう（図23）。

一九六九年七月一六日、第一段のエンジンが火を噴いて、サターンV全体を高度六六キロメートルまでおし上げた。このとき、サターンVの速度は時速八五〇〇キロメートルに達していた。第一段が切り離されると、第二段のエンジン五基が点火し、合計四五〇〇トン以上の液体酸素と液体水素が燃焼して、時速二万四〇〇〇キロメートル以上に加速した。高度一九〇キロメートルで第二段が切り離されると、やはり液体酸素と液体水素を燃料とする第三段の一基だけのエンジンが、短時間作動した。第三段は時速二万八〇〇〇キロメートルまで加速して、地球の周回軌道に乗った。軌道上で月に向かうのに適した位置にくると、宇宙飛行士たちは第三段のエンジンを再点火し、高度三〇〇キロメートルまで上昇して、地球の重力場から脱出できる時速三万九〇〇〇キロメートルまで加速した。地球の軌道を脱出すると、彼らは月の軌道まで惰性で進んだ。それまでただ一人の人間も、ただ一個の生命体も、DNAの鎖を一本でももつと思われるものは何一つ存在したことのない月に向かって(19)。

一九六九年七月二〇日、ニール・アームストロング〔一九三〇〜〕とエドウィン・オルドリン〔一九三〇〜〕は、サターンVの先端に搭載されていた宇宙船アポロ11号から切り離された着陸船から、梯子をつたって月の表面に降り立った。ここに、ツィオルコフスキー、ゴダード、オーベルトの理論の正しさが証明されたのだ（驚くべきことに、オーベルトはV-2の打ち上げが初めて成功したときにペーネミュンデにいたのと同様に、このときもケープ・ケネディで打ち上げを見守っていた）。この日、彼らの理論と構想が、アメリカの科学技術力と工業力が、そして一九四五年の手段を選ばぬ移民政策が、ついに勝利を得たのである。

「平時捕虜」の中でもとくに有能だったアーサー・ルドルフ〔一九〇六〜九六〕は、サターンV開発の中枢を担うプロジェクトのリーダーだった[20]。アメリカ合衆国に対する貢献によって、ルドルフは歴代の大統領から歓迎され、アメリカ陸軍から特別市民勲功章を、NASAからは特別勲功章と殊勲章を授与された。引退に際しては、下院議員のロバート・ジョーンズの賛辞が連邦議会議事録に記録された。「わが国のミサイルおよび宇宙開発計画におけるルドルフ博士の傑出した業績を称え、博士とご家族のご多幸を祈ります」と。

ところが一九八二年に、ルドルフがかつて「中央工場《ミッテルヴェルク》」でV‐2の量産に技師としてかかわっていた事実が露見し、奴隷労働者に対する残虐行為に加担していた可能性が浮上してきた。ルドルフはアメリカの市民権を返上してドイツに帰り、失意のうちにドイツで亡くなった[21]。一方、ヴェルナー・フォン・ブラウンの名声は傷つけられることなく、一九七七年にヴァージニア州のアレクサンドリアで生涯を終えていた。

ロマンチシズムの果てに

最初の月面歩行《ムーンウォーク》以後の宇宙ロケット開発の歴史は、実用面での成功と宇宙開発面での挫折を物語っている。現在、地球に近い宇宙空間は、ひっきりなしにコールサインと電子メールを発する人工衛星で満たされている。人工衛星は地図の製作や天気予報に役立つデータを送信し、環境汚染をモニターし、潜在的な敵の動静をスパイし、太陽放射線の急激な増加を監視し、宇宙の深部とその過去を探るなど、さまざまな目的で活動している。宇宙ステーションが地球を周回し、スペースシャトルはロケットのように飛び立ち、飛行機のように下降して着地している。

　だが、宇宙探検の英雄時代と呼べるような時期は終わったように思われる。少なくとも、一時保留という感がある。かつてフォン・ブラウンは月面歩行の意義を問われたときに、「その重要性において、進化の過程で海の生物が陸に這い上がった瞬間に匹敵する」(22)と主張していた。だが、彼の熱意を共有する権力者はほとんどいなかった。一九七二年一二月、月面に立った一二人のうちの最後のペアが地球に帰還した。それ以来、月に恒久的な基地を築くという計画は実行に移されておらず、火星への有人飛行のための予備的な研究しか行なわれていない。フォン・ブラウンの比喩に従うなら、私たちはいまだに宇宙の浜辺で立ち止まっているのだ。

　かつて米ソ両国は恐怖心に駆られて、多額の資金を投じて宇宙への冒険に踏み切った。その恐怖心は、もはや消散した。一九七〇年代にはソ連は没落の途上にあり、それとともに世界一の威信をかけたロケット開発競争も下火になった。その後、アメリカとロシアは自国の宇宙船や宇宙ステーションに、米ロのみならず第三国の飛行士も搭乗させるようになった。アメリカでは均衡予算へのノスタルジアが、一九五〇年代から一九六〇年代にかけてアメリカ人をとらえた剝き出しのナショナリズムと技術へのロマンチシズムを萎えさせてしまった。

　深淵宇宙〔地球の重力の及ばない太陽系外を含む宇宙空間〕の探究のとりこになった人々は、かつては大言壮語を並べ立てたものだが、いまや抜け目なく行動せざるを得なくなった。彼らの資金は少なくなったが、機器類の小型化とペイロードから役立たずの宇宙飛行士を除いて軽量化を進めることによって、その一部を埋め合わせた。経費節減と技術的な自制の傾向を示す恰好の例が、パイオニア10号と命名された宇宙探査機である。最後に人類が月面を歩いていたとき、パイオニア10号はすでに木星に向かって飛翔していた(23)。

プルトニウムを動力源とする重量二六〇キログラムのパイオニア10号は、分裂した宇宙計画のありようを示す縮図だった――いや、縮図である(パイオニア10号がいかに想像を絶した遠方にいようと、私たちは現在形で語らなくてはならない)。パイオニア10号をつくった科学者と技術者たちはこの探査機に、宇宙塵、宇宙線、磁場、太陽風など惑星間空間の環境と木星に関するデータを収集する機器類を積みこんだ。木星は最大の惑星であり、さまざまな観点から、人間が居住するのにまったく適していないと考えられている。

パイオニア10号の製造チームには、フォン・ブラウンの衣鉢を継いで宣伝係をつとめようと張り切る科学者のカール・セーガン〔一九三四～九六〕も含まれていた。彼らは地球外生物にメッセージを送るためと称して(実際には大衆向けのメディアを意識して)、パイオニア10号の側面に金メッキしたアルミニウムのプレートを取りつけた。このプレートには、パイオニア10号の予定進路、近傍のパルサー〔規則的にパルス状の電波を放射する天体〕に対する太陽系の位置、一組の男女など、さまざまなシンボルが刻まれている。女性はとくに動作を示していないが、男性は右手を上げている。NASAは超新星の爆発なみの楽観主義を発揮して、地球外生物はこの身ぶりを普遍的な友好平和のサインとみなすだろうと期待したのだ。このプレートによって、NASAは崇高な意図をすっかり陳腐化してしまった(**図24**)(24)。

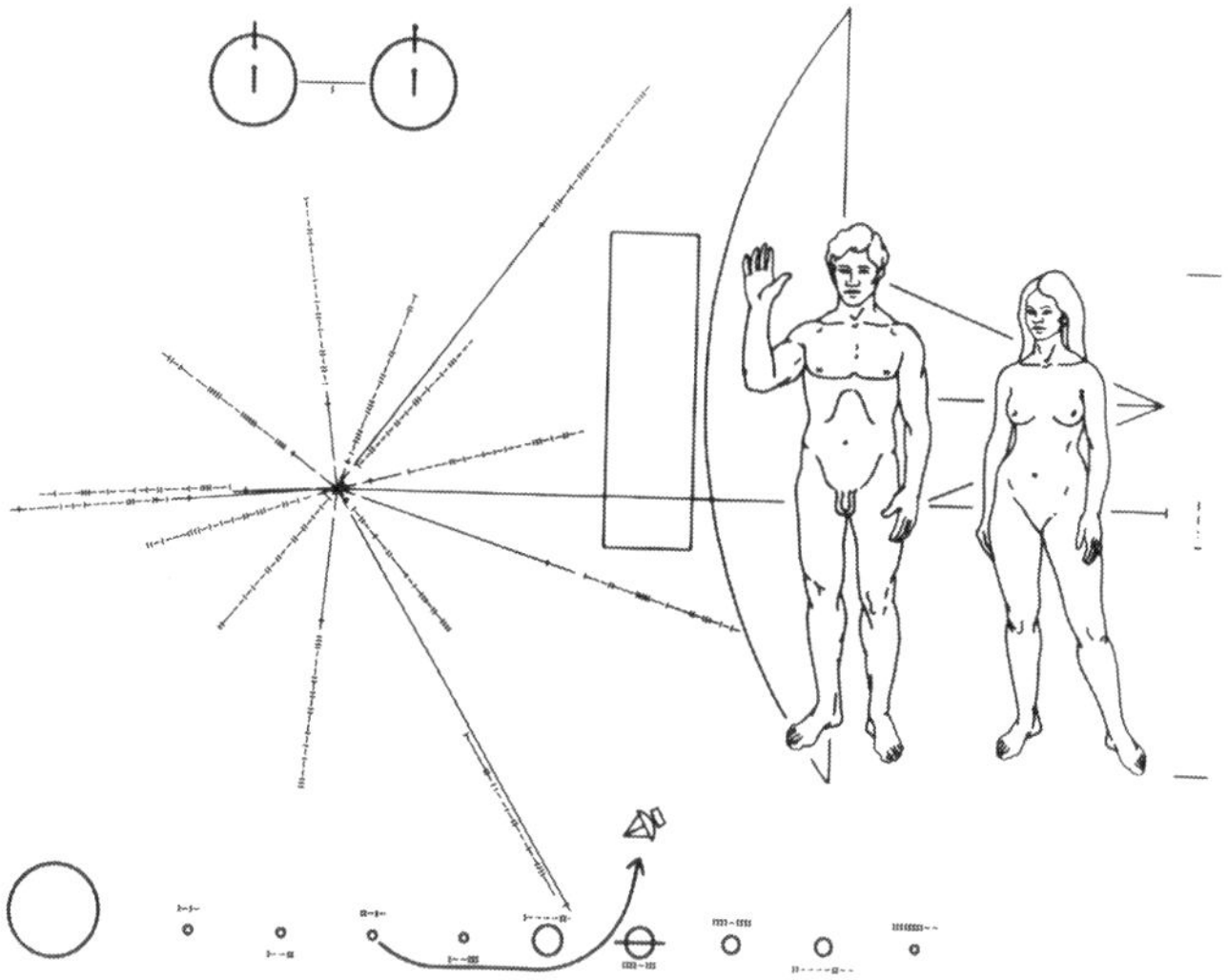

図24　パイオニア10号のプレート．地球外生物に情報を提供するために，太陽系や地球の位置などを示すさまざまなシンボルが描かれている．二人の人間のうちの一人は片手をあげているが，これは善意を示す普遍的な身ぶりと受け取られる，と期待されている．[NASA]

この宇宙探査機が打ち上げられた当時、このプレートに対する反応はさまざまだった。多くの人々は面白がった。女性が受動的に描かれているとして、フェミニストは憤慨した。淑女ぶる女性は人間のカップルが裸であることを見とがめて、NASAはみだらな絵を宇宙に送ろうとしていると非難した。シカゴの『サン・タイムズ』紙はこのプレートの画像を印刷する前に、男性の性器と女性の乳房の部分を修正した(25)。

広告塔としては失敗したものの、パイオニア10号は宇宙探査機という本来の役割を一貫してみごとに果たしている。パイオニア10号は一九七二年三月二日、アトラス／セントール／TE364－4ロケットによっ

図25　アルデバランに向かうパイオニア10号［NASA］

て打ち上げられた。第一段ロケットのアトラスは一八〇トン以上の推力を生じ、第二段のセントールは一三トン、第三段のＴＥ３６４－４は六・八トンの推力を発生した。第三段が燃えつきたとき、パイオニア10号は時速五万二〇〇〇キロメートルという、人工物では史上最速の速度で飛んでいた。その後一一時間で月の軌道を通過し、一二週後に火星の軌道を通過した。同年七月に火星と木星のあいだの小惑星帯に突入し、七ヶ月後に無事通過した。木星に近づくにつれて、この巨大な惑星の引力によってパイオニア10号は時速一三万二〇〇〇キロメートルまで加速された。この探査機は木星の近傍を通過しながら、木星の質量や温度、衛星や放射線帯、熱収支や大気に関するデータを収集した。一九七三年一二月三日に木星に最も接近したときには、木星の雲のてっぺんからわずか一三万キロメートルしか離れていなかった。パイオニア10号は木星と大赤斑〔木星の南半球に見える顕著な模様〕の最初の「クローズアップ」写真を地球に電送した。それから、木星の重力を利用して進路を変えるとともに加速して、ライフルの銃弾の五五倍の速度で太陽から遠ざかり、恒星間空間に向かっていった[26]。

それ以来、パイオニア10号は平穏な旅を続けている。一九九二年一二月、この探査機は太陽から五六天文単位離れた地点で「重力による偏向を受けた」。つまり、かなり大きな物体の重力場を通過したということだ。この物体はおそらく、太陽が誕生したときに生じた星雲の残骸だろう(一天文単位は太陽と地球の平均距離で、天文学的な長さを測る際の標準的な単位である)(図25)。

西暦紀元の第三千年紀初頭の時点で、パイオニア10号は地球から、光が一〇・五時間のあいだに進む距離だけ離れている。速度は太陽に対して秒速一二・二四キロメートル(時速四万四〇〇〇キロメートル)である[27]。現在も地球と交信を続けているが、ほどなく交信能力を失うと予想されている。

現在、パイオニア10号は清浄な真空の恒星間宇宙を航行している。たぶん今後も飛び続け、およそ二〇〇万年後に地球から六八光年離れたアルデバラン〔おうし座の一等星〕の近くに到達するだろう。パイオニア10号はほぼ確実に、生まれ故郷の地球より長生きするだろう。五〇億年後に太陽が赤色巨星〔直径・光度・質量などの著しく大きい恒星〕になるときに、地球は崩壊すると推測されている[28]〔二〇〇三年一月二二日に一二二億キロメートルの彼方から微弱な信号が届いたが、これを最後にパイオニア10号からの信号は途絶した〕。

第四の加速

ふたたび、地球へ

地球は人類の心の揺りかごである。しかし、人類は永遠に揺りかごの中で生きてはいけない。

コンスタンチン・E. ツィオルコフスキー (1911年)[1]

宇宙での作業で一番苦労したことの一つは、地球を振り返って見とれてばかりいないようにすることだった。

ジェフリー・A. ホフマン (1985年)[2]

離れた地点に変化を生じさせる能力は、チンパンジー同然だったヒトの祖先がアフリカのサバンナに進出して生き残るうえで、おおいに役に立った。質のよい食物をより多く手に入れるうえでも、ついには地球の全域に移住してさまざまな環境に適応するうえでも、おそらくヒト科の種も含む多種多様な動物を絶滅させるうえでも、おおいに役に立った。ホモ・サピエンスという種に属する動物を数多く殺すうえで、この能力が一役買ったことは疑問の余地がない。さらに、ものを投げる能力と火を操る能力は抽象的な思考の発達を促し、過去や未来に思いをいたすことを可能にしたものと思われる。

ものを投げたり飛ばすテクノロジーと火を操るテクノロジーは、飛行機に結実して人類を地表から離陸させ、ロケットに結実して人類を宇宙空間に飛び立たせた。宇宙への旅は息を呑むほど巨額の資金がかかるうえに、現在の科学的知見から判断するかぎり、その目的地はいずれも人類の生存にまったく適していない。たとえそうであっても、ホモ属とホモ・サピエンスの軌跡は、人類が今後も宇宙に旅立つことを示唆している。

ものを投げたり飛ばすという行為は、走ることがチーターの特性を示すように、ヒトという種に特徴的な行為である。一九七一年二月、〔アポロ14号で月を訪れた〕アラン・シェパード〔一九二三～九八〕とエドガー・ミッチェル〔一九三〇～〕は、人類で三番目のペアとして月面を歩いた。彼らは月面での任務を終えると、隙《ひま》を盗んでちょっとした気晴らしをした。この出来事は、一種のロールシャッハテスト〔インクのしみのような模様を解釈させて診断する性格検査〕とみなすことができる。海や草や木々や鳥や子どもたちから信じがたいほど遠く離れて、自分たち二人だけがここにいる。この言語に絶した情景を記憶にしるすために、彼らはいったい何をするのだろうか？　魂も震えるほど荒涼とした月世界で人間であることを主張するために、彼らにいったい何ができたのだろうか？

　シェパードはゴルフボールと六番アイアンのヘッドの部分を宇宙にもちこんでいた。彼はそのヘッドを岩石採集用の棒に取りつけて、ボールを打った。ボールは「何マイルも、何マイルも、何マイルも」飛んだと、シェパードは主張している。たぶん一五メートルないし一八メートルほど飛んだのだろうが、与圧した宇宙服を着ているために両手でクラブを握れず、片手でショットせざるを得なかったことを考えると、悪くない飛距離だ。

　一方、ミッチェルは太陽風成分収集器という装置から棒を一本引き抜いて、宇宙服を着た状態で精一杯ワインドアップをしてから、槍を投げる要領でこの棒を投げた。シェパードはミッチェルのパフォーマンスを「今世紀最大の投げ槍」と評価した。つまり、彼のドライブショットに匹敵すると認めたのだ。地上管制室のテレビで二人のヒト科がゴルフや投げ槍に興じる姿を観察していたある人物は、ミッチェルのフォームを「かなり本格的な投擲」と判定した。「右足を大きく踏み出して、左腕を肩の高さで申し分なくうまく押し出していた」(3)と。

四〇万年前にシェーニンゲンで槍を投げていた人物は宇宙服を着ていなかっただろうから、普通の上手投げで投げていたことだろう。だが、そのほかの点ではミッチェルと同じ一連の動作で、彼のミサイルを投げていたに違いない。人間がものを投げるフォームは、過去も現在も未来も変わらないだろう。

地球の外へ出るということ

地球外の環境が人類にとって苛酷であることは周知の事実で、保護策を講じずに地球の外に出れば、人間は一瞬のうちに死んでしまう。人間が「地球の外で」生存できるのは、適切な量の酸素を含み適切な温度範囲にある大気等々の地球環境を閉じこめて、外部から遮断された(居住区や宇宙服のような)区画《コンパートメント》の中に限られる。さらに、これらのコンパートメントは宇宙に大量に存在する強烈な放射線から、厳重に遮蔽されていなければならない。

たとえ、こうしたニーズが満たされたとしても、地球外の環境は地球のそれとは著しく異なっており、それは将来も変わらないだろう。人類のみならず私たちが知っている生物はすべて、一定の重力の影響のもとで進化してきた。太陽が照ろうと曇ろうと、風が穏やかに吹こうと激しく吹こうと、たとえ大地が揺れようと、人体が知覚する重力は常に一定である。ところが、ひとたび地球を離れると、重力は不変ではなくなる。月面の重力は、私たちが文字どおり骨身で知っている重力の六分の一しかない。月面を「歩いた」人々によれば、月面ではスキップが最適の移動方法だったという。これからも、思いもかけない数々の発見が私たちを待っていることだろう(4)。

地球とは異なる重力のもとでの生活がどのようなものか、私たちは多くを知っている。地球を周回する宇宙ステーションの内部は無重力ないしそれに近い状態だが、その中で何週間も何ヶ月間も暮らしたときに人体に生じる変化について、私たちは学んできた。体重を支える必要がないので、骨と筋肉の密度は小さくなり、その量も減る。体液は重力によって下半身に引き寄せられないので、胸部と頭部に流入する量が増す。脚は縮み、椎間板は膨張し、心臓の動きは鈍くなり、赤血球の産生量は減少する。身体は余分とみなした体液を排出するが、その際にカルシウムや電解質、血漿など生命活動に不可欠な物質も排出してしまう。デイヴィッド・A・ウルフ〔一九五六〜〕はロシアの宇宙船ミールに四ヶ月半滞在しているあいだに、筋肉量の四〇パーセント、骨成分の一二パーセントを失い、体重も一〇キログラム以上減ったという(5)。

無重力状態が人体に及ぼす影響はたしかに厄介な問題だが、運動したり、カルシウムやビタミンを補給したり、あるいは特殊な装置を使うことによって充分解決できるだろう。だが、宇宙にはもっと難しい問題が控えている。地球磁場と大気によって保護されている地球とは異なり、宇宙では太陽放射線と宇宙線に直接曝される。太陽面爆発は強力な放射線を急激に放出するが、幸いにもこの放射線が一瞬のうちに太陽系全体に伝播するということはないので、携帯式モニターや地球からの警告に従って、宇宙船内部の放射線防護区域に避難する余裕がある。ところが、太陽系の外からくる宇宙線は厄介なことに警告も発しないし、遮蔽物も透過してしまう。そして、人体を透過する際に原子や分子にダメージを与えるのだ。

数ヶ月ないし数年間におよぶ宇宙旅行が人間の精神に及ぼす影響については、ほとんどわかっていない。慣れ親しんだものすべてから遠く離れて、世の中と隔絶した状態で暮らさなければならない。プライバシーなど望むべくもない狭い居住区で、ごく少数の同じ顔ぶれの一行と暮らさなくてはならないのだ。火星に行くにはおよそ二六〇日かかる。火星に到達したときには達成感と喜びに包まれるだろうが、狭い居住区で同じメンバーと暮らすという状態は、その後も続くのだ。地球に帰るのは、出発してから六〇〇日ないし七〇〇日後のことだろう。その期間中ずっと、小さなブリキ缶の中で――異臭を放ち、いらいらさせられる――同行者たちと過ごさなくてはならないのだ。

地球の隣の火星より遠くに行く場合は、さらに長い時間を要するだろう。たとえば土星の衛星の一つに入植しようとすれば、ある程度の数の人間が母なる地球から遠く離れて、何年間も、場合によっては生涯をかけて働かなくてはなるまい。その人々は祖先が地球に対して行なったように、移住先の天体をテラフォームして、人間の生存に適するように環境を変えるだろう。とはいえ、地球のように太陽の恩恵を享受できず、太陽が単に明るい星の一つでしかないような環境で生活するというのは、私たちの想像を絶している(6)。

究極のアンチテーゼ

いかなる所与の状況も、究極的にはそれとは正反対の状況を、すなわちそのアンチテーゼを引き起こす。飛び道具のテクノロジーが進歩するにつれて、人類は特別で独特な存在であるという意識が強まり、人類は地球の生命圏《バイオスフィア》とは独立して存在していると思いこむ風潮が広まった。このテクノロジーによって、人類は生命圏の構造を変える者《リアレンジャー》として、さらには絶滅させる者《エクスターミネイター》としてふるまう力を身につけた。絶滅させる対象には、おそらくホモ・サピエンス以外のヒト科も含まれていたのだろう。飛び道具のテクノロジーは私たちの一人一人に、自分は完全に自立した存在であると思いこむように作用する。さらに、一部の人間に対しては、同じ種に属する人間集団におのれのやり方を押しつけることを促し、そうするための手段を提供する。

　さて、こうした状況に対するアンチテーゼは、いかなるものだろうか。それは、宇宙旅行という形に結実した最新の飛び道具のテクノロジーが、人類も生命圏を構成するメンバーの一員であるという意識を強めると同時に、文化的な多様性や、さらには遺伝的な多様性の促進に寄与する、ということだろう。

　相互の距離を天文単位や無線信号が往復する時間で表現するしかないほど、宇宙の入植地が広範に分布するようになれば、かつてヒトの祖先がアフリカを出て世界各地に移住したときのように、文化的な多様性が増すだろう。入植当初の人口も、入植した天体の重力も、（地球からの移入種であれ、ひょっとしてその天体の「極端な環境を好む」固有種であれ）微生物相も、自然放射線のパターンも、食物その他の条件もまったく異なる世界で生き、繁殖するにつれて、人類は必然的に新たな方向に進化してゆくだろう(7)。新たな環境にすみやかに適応するために、遺伝子工学を応用する場合もあるかもしれない。その結果、ホモ・サピエンスという種はふたたび分化して、ホモ属はかつてそうであったように、いくつもの種を含む正常な状態に戻るだろう。更新世以来、ヒト科の系統樹は、まっすぐ伸びた幹のてっぺんに葉と実がついた椰子の木のような形をしている。この系統樹が原初の灌木《ブッシュ》の姿に戻るだろう。

　銀河を越えてみずからもちこんだもの以外には、地球の生物がまったく存在しない宇宙から地球を振り返ったとき、人間は地球の生命に対する畏敬の念を取り戻すだろう。宇宙からの視座を得たことに起因するこのような変化は、すでに始まっている。きわめて多くの人々にとって、私たちの時代を象徴するイメージは、水素爆弾が爆発する光景ではない。それは、月から見た地球の姿である（図26）。人類は史上初めて、地球の生命圏を、地球のあらゆる生物種を、あらゆる人間集団を、一つの実体として観察した。唯物論者も神秘主義者も、一様に厳《おごそ》かな思いに打たれたのだ。

図26　月の周回軌道から撮影した「地球の出」［NASA］

　イギリスの物理学者で作家のC・P・スノー（一九〇五～八〇）は写真がとらえた月の実態を知って、太陽系は「私たちの地球のほかは死んでいる」と恐れおののいた。「太陽系の二、三の天体は探査できるだろうが、それ以上のことはできまい」と。その厖大な距離を考えたら、恒星を探査するなどというのは論外である。「最高のテクノ

ロジーを駆使して英雄的行為をなし遂げたあげく、人類は無限の可能性どころか、超えることのできない限界に直面した」(8)

医師でエッセイストのルイス・トマス〔一九一三〜九四〕は月から撮影した地球の写真を見て、その素晴らしさに感じ入った。「遠く月から地球を眺めるとき、息を呑むほど驚くのは、地球が生きているということである。写真によれば、前景に写る月の表面は乾いてクレーターだらけで、古い骨のように死んでいる［実をいえば、この比喩は適切でない。なぜなら、古い骨はかつては生きていたからだ］。青く輝く湿った大気の膜に包まれて、悠然と浮かんでいるのが、昇りゆく地球である。宇宙のこの部分でただ一つ生命力に溢れた存在である」(9)

生物学者で大気科学者のジェームズ・E・ラヴロック〔一九一九〜〕は、一九六〇年代にNASAが行なった火星の生命探査計画に参画した。大気分析をとおして火星には生命の存在が認められないことを実証する一方で、ラヴロックは地球の生命の豊かさに畏敬の念を抱くようになった。地球の諸条件は単に生命の生存を可能にしているだけでなく、生物の多様性と繁殖を促進するように作用しているのだ、と。

地球の兄弟惑星である金星と火星の気温は両極端で、いわば金星は灼熱地獄、火星は寒冷地獄のごとくである。いずれも大気の成分は、既知の動物にとって有害な二酸化炭素を主体とし、動物の生存に欠かせない酸素はごく微量しか含んでいない。地球の大気の温度は適度な範囲にあり変動の幅も小さいので、明らかに生物の生存に適している。地球の大気にはごく微量の二酸化炭素と、二一パーセントの酸素が含まれている。

このように地球の大気の条件が適度であることに、ラヴロックは興味をそそられた。もし、大気中の酸素濃度が一二パーセント未満であれば、たとえ燃料があっても火をおこすことはできない。一方、酸素濃度が二五パーセントを超えると、火は燃えさかり、可燃物がことごとく燃えつきるまで消えないだろう。キャンプファイヤーが大火災に変貌するのは必定だが、これはじきにおさまるだろう。なぜなら、燃えるものがもはや残っていないからだ(10)。

地球の大気は「化学的平衡状態からはなはだしく逸脱した奇妙な混合物であり、こうした大気組成が偶然に生じたり、維持されているとは考えられない」と、ラヴロックは推論した。そこで彼は、ギリシア神話の大地の女神ガイアにちなんでガイア仮説と呼ばれるようになった仮説を提唱した。ラヴロックによれば、この仮説は「地球の大気、海洋、気候、地殻が生物の活動により、生命体にとって快適な状態に調節されている」というものである(11)。

ラヴロックは自説を裏づけるために、聖書の類《たぐい》ではなく、科学的なデータを引いている。門外漢にとって最も説得力がある論拠は、地球の大気に酸素が多量に含まれているのは、葉緑素をもつ細胞が数十億年にもわたって、太陽のエネルギーを利用して二酸化炭素と水から酸素を生産してきたからにほかならない、という事実である。人間も含めて動物は酸素を吸うとともに、植物の生育に不可欠な二酸化炭素を吐き出している(12)。大気中の酸素と二酸化炭素のバランスは、このバランスに依存している無数の生物の意図せざる協同作業によって維持されているのだ。

私たちはここでガイア仮説の当否を判定することはできないが――ガイア仮説はデータをまとった神秘主義に過ぎない、と少なからざる科学者が難じている――この仮説は私たちにとって同時代の文化的所産として意味があるだけでなく、アイロニーの記念碑としても重要である。そもそも飛び道具のテクノロジーは、私たちの遠い祖先が同じ動物界に属するメンバーに石を投げつけることから始まった。そのテクノロジーによって、私たちは地球上のあらゆる生命形態が相互に依存し合い支え合って全体を形づくっているという認識に導かれたのである。

＊

私たちの前途には、より強烈なアイロニーが待ち受けているのかもしれない。飛び道具のテクノロジーは人類を絶滅させる手段を提供する一方で、不滅へと通ずる手段をも提供している。もし、このテクノロジーを太陽系のほかの天体に移住する手段として用いるなら、人類は私たち自身と同伴する諸々の生物を、地球の運命の人質という境遇から救うことができるだろう。将来彗星が地球に衝突するときに、人類の一部は太陽系のどこか別の場所でそれを見ているかもしれない。太陽が爆発する前に、人類の一部はパイオニア10号を追って宇宙空間を飛翔しているかもしれない。飛び道具のテクノロジーによって、人類は宇宙が続く限り生きながらえるかもしれないのだ。

訳者あとがき

本書はAlfred W. Crosby, *Throwing Fire : Projectile Technology through History* (Cambridge University Press, 2002) の全訳である。ただし、巻末の索引は人物索引のみを訳し、原書にない図版を数点加えている。原註はすべて記載し、訳註は〔 〕で本文中に示した。原文中の( )、[ ]はそのまま記載し、イタリクスによる強調は傍点を付して示した。

著者のクロスビー氏は、これまで主としてヨーロッパ帝国主義が比類ない成功をおさめた原因を追究してきた歴史家である。本書ではさらに壮大なスケールで、人類が地上で繁栄し、宇宙にまで進出することを可能にした原因を探っている。クロスビー氏は二足歩行、投擲力、火を操る能力という人類独特の三つの特性に着目して、人類の系統が地球に出現してから今日に至るまでの軌跡をたどるとともに、いまや「火を投げる」能力を著しく向上させた人類の未来を展望している。

樹上から地上に降りた最初期の人類は、二足歩行という移動様式に適応して進化した。その結果、上肢は体重を支えて身体を移動させるという役割から解放され、多様な機能を新たに獲得した。樹上生活をしていた祖先から受け継いだ身体構造のおかげで、人類は地上で唯一、強く正確にものを投げられる存在となった。その後、火を操作することを習得し、投槍器、弓矢、スリングなどの飛び道具発射装置を開発した人類は、地上の広範な地域に居住して各地で文明を築いた。やがて中国で黒色火薬が発明されると、人類はさまざまな用途に火薬を用いて、銃砲やロケットなどの火器を開発した。爆発する物体を飛ばすことに対する情熱に衝き動かされて、人々は成層圏を経由する飛び道具を発明し、その技術をさらに洗練して宇宙に進出した。人類の繁栄の謎を解き明かそうとするこの仮説は、著者自身が述べているように、かなり大胆なストーリーのように思われる。しかし、道具の製作や言語の使用に先立って、人類が投擲力をフルに発揮し、その技を磨いていたであろうことは充分に考えられる。おのれを肉弾と化すしか闘う術がない相手に対して、距離という要素は非常に大きな意味をもっていただろう。ここからICBMまでは――地上の生命の歴史をつうじて見れば――ほんの一歩の隔たりしかなかったのかもしれない。

巻末の註を見れば明らかなように、クロスビー氏の著書は膨大な数の資料によって裏づけられているのが大きな特徴である。邦訳されている文献はそれを示したが、そのほかにも本書を読むに当たって参考になり、かつ入手しやすい資料を紹介しながら、上述した三つの特性を論じた章を中心に若干の補足説明を試みたい。

近年、人類の起源に関連する知見は急速に増加しつつあり、人類進化のシナリオは絶えず修正を迫られているかのような感がある。それでも、人類の鍵となる特徴として、二足歩行という移動様式が依然として重視されている。二足歩行の起源については、人類の祖先は樹上生活において直立姿勢を確立しており、サバンナに進出する以前に森の中で二足歩行を始めていたとする説や、ゴリラやチンパンジーに見られるナックル歩行から二足歩行に移行したとする説などが提唱されている。最初期の人類の歩きぶりはどのようなものだったのか、木登りと二足歩行のどちらにより適応していたのか、などなどについて論争が続いているが、クレイグ・スタンフォード『直立歩行――進化への鍵』(長野敬・林大訳、青土社)は、これらの問題点を要領よくまとめている。後期更新世までに絶滅したヒト科については、内村直之『われら以外の人類――猿人からネアンデルタール人まで』(朝日新聞社)、ロバート・フォーリー『ホミニッド――ヒトになれなかった人類たち』(金井塚務訳、大月書店)、R・ルーウィン『ここまでわかった人類の起源と進化』(保志宏訳、てらぺいあ)を参照されたい。

ものを強く正確に投げる能力は、人類に特有の能力である。*Cambridge Encyclopedia of Human Evolution* に所収された「Throwing」と題するコラムは、大型肉食獣が跋扈するサバンナで相対的に無力なヒト科が生き残るうえで、投石は侮りがたい武器になっただろうと推測し、ヒト科の進化と狩猟能力の向上および肉食の傾向の増大とを関連づけている。中沢厚『つぶて』(法政大学出版局)は、先史時代の遺物や神話や習俗、聖典や絵画などの記録資料の克明な調査から、投石が人類に普遍的な行為であることを明らかにした労作であり、人間をホモ・フンディトール(投石するヒト)と定義するなど示唆に富んでいる。また、「ものを投げること」が抽象的な思考の発達を促したというウィリアム・カルヴィンの仮説については、『知性はいつ生まれたか』(澤口俊之訳、草思社)や別冊日経サイエンス115所収の「知性の出現」(長野敬訳)などを参照されたい。この仮説の要点は、投擲動作は途中でフィードバックが効かないため、脳は動作に入る前に、標的にものを当てるためのすべての筋肉の動きを想定し計画しなければならない、という点にある。

人類と火のかかわりを論じた第三章は、一九九四年にオーストラリアで開催された生物多様性に関するシンポジウムの議事録からの引用が少なくない。この議事録を編集したデボラ・B・ローズ氏の『生命の大地——アボリジニ文化とエコロジー』（保苅実訳、平凡社）は、アボリジニの燃え木農業こと火を用いた土地管理法について、そしてアボリジニの人々が実践してきた持続可能な資源の利用法について、彼らの言葉を引用しつつ、述べている。化石燃料や水資源の枯渇が進み、地球規模で自然の景観が破壊されている今日、この本から私たちが学ぶことは多いと思う。

最初期の人類が地上に現われて以来、二〇種近いヒト科が存在していたとされているにもかかわらず、後期更新世にヒト科が現生のホモ・サピエンス一種になったことについて、著者は人類の「火を投げる」能力がその一因であったと示唆している。その原因については諸説があり、いまだ定説はないようだが、ホモ・サピエンスが同種のホモ・サピエンスに対してこの能力を行使してきたことは、まぎれもない事実である。約二〇万年前からヨーロッパと西アジアに生息していたネアンデルタール人は三万年ほど前に突如として地上から消滅したが、数千年間にわたってホモ・サピエンスと共存していたことがわかっている。この問題に関しては、コリン・タッジ『農業は人類の原罪である』（竹内久美子訳、新潮社）、奈良貴史『ネアンデルタール人類のなぞ』（岩波書店）などを参照されたい。

クロスビー氏は『ヨーロッパ帝国主義の謎——エコロジーから見た10〜20世紀』（佐々木昭夫訳、

岩波書店）において、生物学的、生態学的要因が膨大な数の生命を奪ったプロセスを明らかにしたが、後期更新世の大絶滅にも感染症が関与していた可能性に言及している。本書でも引用されている『疫病と世界史』（佐々木昭夫訳、新潮社）の中で、ウイリアム・マクニールは軍事的侵略や経済的収奪を人間による「巨《マクロ》寄生」とみなし、微生物による「微《ミクロ》寄生」とあいまって歴史を進めていくという卓見を示している。アフリカにエイズが蔓延している状況は、ミクロとマクロの寄生が相乗的に作用した結果のように思われる。

　第五章以降は、「ものを投げる」装置と「火を投げる」システムの開発と発展を論じている。各種の武器の歴史や詳細については、ダイヤグラムグループ編『武器――歴史・形・用法・威力』（田島優・北村孝一訳、マール社）や、市川定春氏の『武器事典』（新紀元社）などの一連の著作を参照させていただいた。火薬の発明や飛び道具の発展に関連して本書の随所で引用されているJoseph Needham and Robin D. S. Yates, *Science and Civilisation in China* (Cambridge University Press）は、原書の第四巻までしか邦訳されていない。本書の翻訳に際しては、この大冊を要約したロバート・K・G・テンプル『図説中国の科学と文明』（牛山輝代監訳、河出書房新社）を参照したが、ニーダムの著作は単に科学技術を紹介するにとどまらず、洋の東西を見通した文明観や深い洞察が記されており、邦訳事業の中断はまことに残念である。

「第四の加速」の原注で、宇宙飛行士のエドガー・ミッチェルが地球に帰還してから設立した研究所に言及しているが、この研究所の名称については立花隆『宇宙からの帰還』（中央公論社）の訳を借用した。宇宙からの視座という論点に関連して、同書も参照されたい。

原書を通読してまず心に浮かんだのは、パレスチナの第一次および第二次インティファーダにおける投石の映像と、前田哲男氏が『戦略爆撃の思想――ゲルニカ―重慶―広島への軌跡』(社会思想社)で繰り返し述べている「眼差《まなざ》しを欠いた戦争」という言葉だった。日本海軍航空部隊が一九三九年五月から三年間、二一八次にわたって行なった重慶への無差別爆撃は、「戦政略爆撃」なる名称を公式に掲げて実施された史上最初の意図的・組織的・継続的な空襲作戦だった。前田氏は重慶爆撃を東京空襲に先立つ無差別都市爆撃の先例であり、核弾頭こそ使われなかったものの、思想において「広島に先行するヒロシマ」の攻撃意志の発現であったと位置づけ、こう続けている。「……この戦法は、さらに深いところで戦争と人間の関係をべつのものへと変換させずにはおかなかった……それは徹底的に眼差しを欠いた戦争であった……重慶の人々はだれ一人として、自分の命を奪おうとする日本軍兵士を目にすることはなかった……空中にある者からは、さらに殺人の感覚は欠落した。苦痛にゆがむ顔も、助けを求める声も、肉の焦げる臭いも、機上の兵士たちには一切伝わらなかった」。本書の第八章で、著者は「パリ砲の砲手は目標からあまりにも遠いところにいたので、犠牲者の叫び声を聞くこともなく――トレビュシェットによって、人類はすでにこの一線を越えていた――おのれが発射した砲弾の炸裂音すら耳に届かなかった。パリ砲のテクノロジーは、戦争に対する感情移入を抽象的な思考に還元してしまった」と書いている。この部分を読んでいるとき、「眼差しを欠いた」という言葉が新たな重みをもって迫ってきた。ノエル・ペリンのいう「飛び道具に固有の倫理性の欠如」は、おそらく飛び道具が開発され使用された当初から露呈していたのだろう。そして、栗本英世『未開の戦争、現代の戦争』（岩波書店）によれば、「敵の顔がまったく見えず、たんに抹殺すべき対象になったとき、現代の戦争が誕生すると考えられる」のだ。

ＮＡＳＡはブッシュ大統領の新宇宙政策に基づいて、新たなアポロ計画ともいうべき有人月着陸計画を発表した。クロスビー氏が指摘しているように、宇宙から見た地球の姿は、地球は生命を宿し、生命を育んでいるという強烈なメッセージを私たちに伝えた。けれども、私たちはアポロ11号の月面着陸以来、このメッセージを真摯に受けとめ、それを今後の指針とする努力をなしてきただろうか。ベトナム戦争が泥沼化し、財政危機に陥ったアメリカが、当初は20号まで予定していたアポロ計画を17号で打ちきったことを思い出さずにはいられない。「火を投げる」能力が今以上に「眼差しを欠いた」行動を促す方向に発揮されないことを、切に願っている。

本書を訳すに当たって、適切な指摘をしてくださるとともに、図版の収録に多大な尽力をしてくださった紀伊國屋書店出版部の藤﨑寛之さんに、心から感謝いたします。

二〇〇六年三月

小沢千重子

註

※邦訳が複数あるものはそのうち一つだけを掲載した。

巻頭

（1）“The Arrow and the Song,” *The Poems of Henry Wadsworth Longfellow,* ed. Louis Untermeyer (New York: Heritage Press, 1943), 140.

（2）*Technology in American Literature,* eds. Kathleen N. Monahan and James S. Nolan (Lanham, NY: University Press of America, 2000), 264.

はじめに

（1）John Milton, *Paradise Lost, Paradise Regained, and Samson Agonistes* (Garden City, NY: International Collectors Library, 1969), 148 ［ミルトン『失楽園』平井正穂訳，筑摩書房］.

（2）Milton, *Paradise Lost,* 148 ［同］.

（3）http://www.jpl.nasa.gov/releases/2001/release_2001_186.html

なぜ人類はかくも繁栄したのか

（1）*The Great Short Novels of Henry James,* ed. Philip Rahv (New York: Dial Press, 1944), 528 ［ジェイムズ『アスパンの恋文』行方昭夫訳，岩波書店］.

（2）W. H. Auden, *Selected Poems,* ed. Edward Mendelson (New York: Vintage Books, 1979), 120.

（3）Jared Diamond, *The Third Chimpanzee: The Evolution and Future of the Human Animal* (New York: HarperCollins, 1993), 23 ［ダイアモンド『人間はどこまでチンパンジーか？――人類進化の栄光と翳り』長谷川真理子・長谷川寿一訳，新曜社］.

（4）*The Cambridge Encyclopedia of Human Evolution,* eds. Steve Jones, Robert Martin, and David Philbeam (Cambridge: Cambridge University Press, 1992), 116-17.

（5）Diamond, *Third Chimpanzee,* 77 ［前掲『人間はどこまでチンパンジーか？』］.

（6）Philip Lieberman, *The Biology and Evolution of Language* (Cambridge: Harvard University Press, 1984), 271-328.

第一章

（1） 最初に断っておくが，私は状況が許すかぎり，先史時代の年代を数字で表記しない．前後に数十万年の幅をもたせる慣用的な表記法もあえて採らない．また，例外的な場合を除いて，ヒト科の種名も明記しない．私は古人類学者をきどるつも

りもないし，専門家の論争に巻きこまれてしばしば傷を負う無邪気な門外漢の轍を踏みたいとも思わない．私が関心を抱いているのは正確な年代やヒト科の系統学ではなく，ヒトの祖先の時系列的な進化プロセスであり，彼らの身体的および精神的な能力である．私には独自の目的がある．

（2）Bernard Wood, “The Oldest Whodunnit in the World,” *Nature,* Vol. 385 (January 23, 1997), 292; Shanti Menon, “Hominid Hardware,” *Discover,* Vol. 33 (May 1997), 34.

（3）ホモ・サピエンスと初期のヒト科の系統学的関係を知りたい読者は，David S. Strait, Frederick E. Grine, and Marc A, Moniz, “A Reappraisal of Early Hominid Phylogeny,” *Journal of Human Evolution,* Vol. 32 (January 1997), 17-82をぜひ一読されたい．

（4）Frederic Wood Jones, *Structure and Function as Seen in the Foot* (London: Baillière, Tindall and Cox, 1944), 2.

（5）Wood Jones, *Structure,* 247, 259, 261.

（6）J. Furusho and A. Sano, “Development of Biped Robot” in *Adaptability of Human Gait: Implications for the Control of Locomotion,* ed. Aftab E. Patla (Amsterdam: Elsevier Science Publishers, 1991), 301.

（7）Marion Broer, *Efficiency of Human Movement,* 3rd ed. (Philadelphia: W. B. Saunders Co., 1973), 145, 151, 153 ［ブロアー『身体運動の力学』宮畑虎彦訳，ベースボール・マガジン社，原書第一版の翻訳］.

（8）*Laetoli, A pliocene Site in Northern Tanzania,* eds. M. D.Leakey and J. M. Harris (Oxford: Oxford University Press, 1987), 498, 500; R. H. Crompton et al., “The Mechanical Effectiveness of Erect and Bent-hip, Bent-Knee’ Bipedal Walking in *Australopithecus afaransis,*” *Journal of Human Evolution,* Vol. 35 (July 1998), 71; Richard L. Hay and M. D. Leakey, “The Fossil Footprints of Laetoli,” *Scientific American.* Vol. 246 (February 1982), 39. 別の解釈については，Ian Tattersall and Jeffrey Schwarts, *Extinct Humans* (New York: Neuramont Publishing Co., 2000), 95を参照されたい．

（9）Aldous Huxley, *Antic Hay* (New York: The Modern Library, 1923), 98 ［ハックスレイ『道化芝居（世界名作文庫27）』村岡達二訳，春陽堂］.

（10）Charles Darwin, *The Origin of Species by Means of Natural Selection and The Descent of Man and Selection in Relation to Sex* (New York: The Modern Library, n.d.), 443 ［ダーウィン『人間の進化と性淘汰 I（ダーウィン著作集 1）』長谷川真理子訳，文一総合出版］.

第二章

（1）Robin Dennell, “The World’s Oldest Spears,” *Nature,* Vol. 385 (February 27, 1997), 768.

（2）Ibn Khaldun, *The Muqaddimah: An Introduction to History,* trans. Franz Rosenthal, ed. N. J. Dawood (Princeton, NJ: Princeton University Press, 1989), 46 ［イブン・ハルドゥーン『歴史序説（全4巻)』森本公誠訳，岩波文庫］.

（3）Charles Darwin, *The Origin of Species and The Descent of Man* (New York: The Modern Library, n.d.), 432-3 ［前掲『人間の進化と性淘汰Ⅰ』］.

（4）Richard Leakey and Roger Lewin, *Origins Reconsidered* (New York: Doubleday, 1992), 81, 87.

（5）James Shreeve, "Sunset on the Savanna," *Discovery,* Vol. 17 (July 1996), 116-25.

（6）ナックル歩行が出現した時期や，ヒトとチンパンジーの共通祖先はナックル歩行をしていたのかという問題については，まだ完全に解明されていない．Henry Gee, "Palaeontology: Return to the Planet of the Apes," *Nature,* Vol. 412 (July 12, 2001), 131-2 を参照されたい．また，アウストラロピテクス類のすべての種がヒトに進化したわけではない．だが，私はヒトの祖先種をめぐる議論には巻きこまれたくないので，これに関連する部分については曖昧な記述にとどめておく．

（7）Brian G. Richmond, "Evidence that Humans Evolved from a Knuckle-walking Ancestor," *Nature,* Vol. 404 (March 23, 2000), 382-5; Brian G. Richmond からの私信．また，〔Richmondの説をめぐる議論を紹介した〕 Mike Dainton, "Paleoanthropology: Did Our Ancestors Knuckle-walk?" *Nature,* Vol. 410 (2001), 324-5も参照されたい．

（8）Walt Whitman, *Complete Poetry and Collected Prose* (New York: The Library of America, 1982), 57.

（9）Frank R. Wilson, *The Hand: How Its Use Shapes the Brain, Language, and Human Culture* (New York: Pantheon Books, 1998), 19-20, 28, 29; Colin Tudge, *The Time Before History* (New York: Touchstone, 1997), 169.

（10）Leakey and Lewin, *Origins Reconsidered* (New York: Doubleday, 1992), 81, 87.

（11）Jane van Lawick-Goodall, *In the Shadow of Man* (Boston:Houghton Mifflin Co., 1971), 53, 114, 116, 118, 123, 210 ［グドール『森の隣人――チンパンジーと私』河合雅雄訳，朝日選書］; Andrew Whiten and Christophe Boesch, "The Culture of Chimpanzees," *Scientific American,* Vol. 284 (January 2001), 65.

（12）William Calvin, "Did Throwing Stones Shape Hominid Brain Evolution?" *Ethology and Sociobiology,* Vol. 3 (1982), 119-20.

（13）投球動作の詳細については，Wilson, *The Hand,* 323-4,および Marion

Broer, *Efficiency of Human Movement,* 3rd ed. (Philadelphia: W. B. Saunders Co., 1973), 235, 241 ［前掲『身体運動の力学』］を参照されたい.

(14) William H. Calvin, "The Unitary Hypothesis: A Common Neural Circuitry for Novel Manipulations, Language, Plan-ahead, and Throwing?" in *Tools, Language and Cognition in Human Evolution,* eds. Kathleen R. Gibson and Tim Ingold (Cambridge: Cambridge University Press, 1993), 240, 234, 246-7. 上記の論文を一般読者向けに書きなおしたのが, Calvin, *The Cerebral Symphony: Seashore Reflections on the Structure of Consciousness* (New York: Bantam Book, 1990)である.

(15) Calvin, "The Unitary Hyporthesis: A Common Neural Circuitry for Novel Manipulations?" in *Tools, Language and Cognition in Human Evolution,* 232-42, 246-48; Calvin, "Did Throwing Sones Shape Hominid Brain Evolution?" *Ethology and Sociobiology,* Vol. 3 (1982), 115, 121.

(16) Ibn Khaldun, *The Muqaddimah* ［前掲『歴史序説』］.

(17) Norman MacLean, *A River Runs Through It and Other Stories* (New York: Pocket Books, 1976), 1, 47 ［マクリーン『マクリーンの川』渡辺利雄訳，集英社文庫］.

(18) この推論の詳細については，Paul M. Bingham, "Human Uniqueness: A General Theory," *Quarterly Review of Biology,* Vol. 74 (June 1999), 133-69を参照されたい.

(19) St. John, 8: 7, 59 〔新約聖書・ヨハネによる福音書〕.

(20) Barbara Isaac, "Throwing and Human Evolution," *The African Archaeological Review,* Vol. 5 (1987), 5-9.

(21) Roger Lewin, *Principles of Human Evolution: A Core Textbook* (Malden, MA: Blackwell Science, 1998), 343-8; Tattersall and Schwartz, *Extinct Humans,* 145, 167; William H. Calvin, *The Ascent of Mind:Ice Age Climates and the Evolution of Intelligence* (New York: Bantam Books, 1991), 177-86.

(22) *The Cambridge Encyclopedia of Human Evolution,* 352-3.

(23) Hartmut Thieme, "Lower Palaeolithic Hunting Spears from Germany," *Nature,* Vol. 385 (February 27, 1997), 807-10; Robin Dennell, "The World's Oldest Spears," *Nature,* Vol. 385 (February 27, 1997) 767-8.

(24) Dennell, "World's Oldest Spears," *Nature,* Vol. 385 (February 27, 1997), 768.

(25) Dennell, "World's Oldest Spears," *Nature,* Vol. 385 (February 27, 1997), 767.

(26) John Pfeiffer, "The Emergence of Modern Humans," *Mosaic,* Vol. 21 (Spring 1990), 15-23. ところで，ここに示した後期旧石器時代の年代は，ヨーロッパ地域の調査から得られた年代である．それは，後期旧石器時代がヨーロッパ

で始まりヨーロッパで終わったからではなく，ヨーロッパにはほかの地域より多くの古人類学者が存在し，主としてこの地域の発掘調査を行なってきたためであるに過ぎない.

(27) Kurt Kleiner, "Stone Age Kalashnikov," *New Scientist,* Vol. 162 (May 15, 1999), 40-3.

(28) Pierre Cattelain, "Hunting During the Upper Paleolithic: Bow, Spearthrower, or Both?" in *Projectile Technology,* ed. Heidi Knecht (New York: Plenum Press, 1997), 214.

(29) William R. Perkins, "Archaeological, Experimental, and Mathematical Evidence Supporting the Use of the Atlatl as a Primary Big Game Procurement Weapon of Prehistoric Americas," *Bulletin of Primitive Technology* (Fall 2000, No. 20), 71. 専門家の多くは，ダートの推進力は主として，アトゥラトゥルからある角度で飛び出すときにダートがしなることによって生じると主張している．この問題をめぐる議論については，Perkins, 69-71 を参照されたい.

(30) *The Journals of Captain James Cook on His Voyages of Discovery,* ed. J. C. Beaglehole (Cambridge: Cambridge University Press, 1955), Vol. 1, 396 ［クック『太平洋探検（17･18世紀大旅行記叢書）』増田義郎訳，岩波書店］; *The Endeavour Journal of Joseph Banks, 1768-1771* (Sydney: Angus and Robertson, 1962), Vol. 2, 133; Charles Darwin, *Voyage of the Beagle* (Garden City: Anchor Books, 1962), 432 ［ダーウィン『ビーグル号航海記』島地威雄訳，岩波文庫］; Cattelain, "Hunting During the Upper Paleolithic" in *Projectile Technology,* 218-19, 230; Kleiner, "Stone Age Kalashnikov," *New Scientist,* Vol. 162 (May 15, 1999), 41.

(31) Zelia Nuttall, "The Atlatl or Spear Throwers of the Ancient Mexicans", *Archaeological and Ethnological Papers of the Peabody Museum* (1891), Vol. 1, No. 3, 177; Alberto M. Sales, *Las Armas de la Conquista de América* (Argentina: Editorial Plus Ultra, 1986), 33-4; Bob Ortega, "Nifty Spear Flinger Aztecs Called 'Atlatl' Makes a Comeback," *Wall Street Journal,* (October 24, 1995), Al.

(32) George C. Frison, "Experimental Use of Clovis Weaponry and Tools on African Elephants," *American Antiquity,* Vol. 54 (October 19, 1989),766-7, 771-2, 773-7, 783.

(33) Edwin A. Abbott, *Flatland: A Romance of Many Dimensions* (New York: Dover Publications, 1992), 64 ［アボット『多次元★平面国――ペチャンコ世界の住人たち』石崎阿砂子・江頭満壽子訳，東京図書］.

(34) Christopher A. Bergman and Edward McEwen, "Sinew-Reinforced and Composite Bows" in *Projectile Technology,* 146-7.

(35) Gareth Rees, "The Longbow's Deadly Secrets," *New Scientist,* Vol.

138 (June 5, 1993), 25; "The Arrow and the Song," *The Poems of Henry Wadsworth Longfellow,* ed. Louis Untermeyer (New York: HeritagePress, 1943), 24.
(36) Christopher A. Bergman and Edward McEwen, "Sinew-Reinforced and Composite Bows" in *Projectile Technology,* 144-47, 154; Gareth Rees, "The Longbow's Deadly Secrets," *New Scientist,* Vol. 138 (June 5, 1993), 24; Cattelain, "Hunting During the Upper Paleolithic" in *Projectile Technology,* 227; Garcilaso de la Vega, *The Florida of the Inca,* trans. John G. Varner and Jeannette J. Varner (Austin: University of Texas Press, 1951), 124; *Ishi The Last Yahi, A Documentary History,* eds. Robert F. Heizer and Theodora Kroeber (Berkeley: University of California Press, 1979), 193-5.
(37) Richard G. Klein, *The Human Career: Human Biological and Cultural Origins* (Chicago: University of Chicago Press, 1989), 375; Cattelain, "Hunting During the Upper Paleolithic" in *Projectile Technology,* 11.
(38) Cattelain, "Hunting During the Upper Paleolithic" in *Projectile Technology,* 220-1; Douglas L. Oliver, *Oceania: The Native Cultures of Australia and the Pacific Islands* (Honolulu: University of Hawaii Press, 1989), Vol. 1, 437.
(39) *Herodotus, The Histories,* trans. Aubrey de Sélincourt (London: Penguin Books, 1972), 57, 319 [ヘロドトス『歴史』松平千秋訳，岩波文庫].
(40) De la Vega, *The Florida of the Inca,* 641.

第三章

(1) このメタファーは，スティーヴン・J. パインを引用した．*World Fire: The Culture of Fire on Earth* (New York:Henry Holt and Co., 1995), 14 [パイン『火──その創造性と破壊性』大平章訳，法政大学出版局] など，パインの著作を参照されたい．
(2) *The Selected Poems of Wendell Berry* (Washington DC: Counterpoint, 1998), 122.
(3) *Australian Dreaming, 40,000 Years of Aboriginal History,* ed. Jennifer Isaacs (Sydney: Lansdowne Press, 1980), 255-8.
(4) Hazel Rossotti, *Fire* (Oxford: Oxford University Press, 1993), 24.
(5) Stephen J. Pyne, *Vestal Fire: An Environmental History, Told through Fire, of Europe and Europe's Encounter with the World* (Seattle: University of Washington Press, 1997), 27.
(6) *The Cambridge Encyclopedia of Human Evolution,* eds, Steve Jones, Robert Martin, and David Pilbeam (Cambridge: Cambridge University

Press, 1992), 72.

(7) *Seven Famous Greek Plays,* eds. Whitney J. Oates and Eugene O'Neill, Jr. (New York: The Modern Library, 1938), 22 [アイスキュロス「縛られたプロメテウス」『世界古典文学全集8』呉茂一訳，筑摩書房].

(8) Wali Fejo, "Welcome Address" in *Country in Flames: Proceedings of the 1994 Symposium on Biodiversity and Fire in North Australia,* ed. Deborah Bird Rose, Biodiversity Series (Biodiversity Unit, Department of the Environment, Sport and Territories and the North Australian Research Unit, Australian National University, Australia), no pagination. http://www.deh.gov.au/biodiversity/publication/series/paper3/fire3.html

(9) John Keats, *Selected Poems,* ed. John Barnard (London: Penguin Books, 1988), 2 [『キーツ全詩集』出口保夫訳，白凰社].

(10) *The Journals of Lewis and Clark,* ed. Bernard DeVoto (Boston: Houghton Mifflin Co., 1953), 409; Lady Barker, *Station Life in New Zealand* (Auckland: Penguin Books, 1987), 195.

(11) James George Frazer, *The Golden Bough: A Study in Magic and Religion* (New York: Book League of America, 1929), Vol. 2, 609-49 [フレイザー『初版金枝篇』吉川信訳，ちくま学芸文庫]; Thomas Hardy, *The Return of the Native* (New York: Bantam Books, 1981), 13-14 [ハーディ『帰郷』大沢衛訳，新潮文庫].

(12) Fray Bernardino de Sahagún, *Florentine Codex: General History of the Things of New Spain, Book 7, The Sun, Moon and Stars, and the Binding of the Years,* trans. Arthur J. O. Anderson and Charles E. Dibble (Santa Fe, NM: The School of American Research and the University of Utah, 1953), 25-9 [サアグン『神々とのたたかい（アンソロジー新世界の挑戦）』篠原愛人・染田秀藤訳，岩波書店]; Michael D. Coe, *Mexico,* 3d. ed. (New York: Thames and Hudson, 1984), 161 [コウ『メキシコ――インディオとアステカの文明を探る』寺田和夫・小泉潤二訳，学生社].

(13) *The New Shorter Oxford English Dictionary on Historical Principles,* ed. Lesley Brown (Oxford: Clarendon Press, 1993), II, 3256.

(14) Rhys Jones, "Firestick Farming," *Australian Natural History,* Vol. 16 (September 1969), 224-8.

(15) *The New Shorter Oxford English Dictionary on Historical Principles,* ed. Lesley Brown (Oxford: Clarendon Press, 1993), II, 3256.

(16) Henry T. Lewis, "Ecological and Technological Knowledge of Fire: Aborigines versus Park Rangers in Northern Australia," *American Anthropology,* Vol. 91 (December 1989), 947-9. このテーマに関する知識を深めるには，Timothy F. Flannery, *The Future Eaters: An Ecological History*

of the Australasian Lands and People (New York: George Braziller, 1995), 217-36も参照されたい.
(17) April Bright, Mak Mak Marranunggu, "Burn Grass" in *Country in Flames,* no pagination.
(18) Rhys Jones, "Mindjongork: Legacy of the Firestick" and R. W. Braithwaite, "A Healthy Savanna: Endangered Mammals and Aboriginal Burning" in *Country in Flames,* no pagination.
(19) David Bowman, "Why Skillful Use of Fire Is Critical for the Management of Biodiversity in Northern Australia" in *Country in Flames,* no pagnination.
(20) Jones, "Mindjongork: Legacy of the Firestick" in *Country in Flames,* no pagination.
(21) Stephen J. Pyne, *Burning Bush: A Fire History of Australia* (New York: Henry Holt and Co., 1991), 96.
(22) Peter Latz, "Fire in the Desert" in *Country in Flames,* no pagination.
(23) Braithwaite, "A Healthy Savanna" in *Country in Flames,* no pagination.
(24) Mark O'Connor, "Firestick Farming" in *Country in Flames,* no pagination.
(25) Pyne, *Vestal Fire,* 85.また, John Robert McNeill, *The Mountains of the Mediterranean World: An Environmental History* (Cambridge: Cambridge University Press, 1992)も参照されたい.
(26) Pyne, *Vestal Fire,* 428; Alfred W. Crosby, *Ecological Imperialism: The Biological Expansion of Europe, 900-1900* (Cambridge: Cambridge University Press, 1986), 222 ［クロスビー『ヨーロッパ帝国主義の謎――エコロジーから見た10～20世紀』佐々木昭夫訳，岩波書店］.
(27) Genesis 1〔旧約聖書・創世記〕.

第四章

(1) 本章のタイトルは，1997年4月にニューヨークのアメリカ自然史博物館で開催された更新世の大絶滅に関するシンポジウムのタイトルを借用した．
(2) Donald K. Grayson, "Nineteenth-Century Explanations of Pleistocene Extinctions: A Review and Analysis" in *Quaternary Extinctions: A Prehistoric Revolution,* eds. Paul S. Martin and Richard G. Klein (Tucson: University of Arizona Press, 1984), 29.
(3) これは天文学的事象に基づいて算出した数値ではなく，放射性炭素年代測定法で求めた数値である．科学的な目的ではいざしらず，本書の目的に関しては，この二つを同一視して差しつかえない．

(4) Richard G. Klein, *The Human Career: Human Biological and Cultural Origins* (Chicago: University of Chicago Press, 1989), 360-84.
(5) Ian Tattersall, "Once We Were Not Alone," *Scientific American,* Vol, 282 (January 2000), 56-62; Ian Tattersall and Jeffrey Schwarts, *Extinct Humans* (New York: Nevraumont Publishing Co., 2000), 224; Paul S. Martin and David W. Steadman, "Prehistoric Extinctions on Islands and Continents" in *Extinctions in Near Time: Causes, Contexts, and Consequences,* ed. Ross D. E. MacPhee (New York: Kluwer Academic/Plenum Publishers, 1999), 17; John Alroy, "Putting North America's End-Pleistocene Megafaunal Extinction in Context" in *Extinctions in Near Time,* 121; Anthony John Stuart, "Late Pleistocene Megafaunal Extinctions: A European Perspective" in *Extinctions in Near Time,* 257.
(6) Martin and Steadman, "Prehistoric Extinctions on Islands and Continents," in *Extinctions in Near Time,* 17-19; Editors, "The Mammoth' s Demise," *Discovering Archaeology,* Vol. 1 (September-October 1999), 34; Charles Darwin, *The Voyage of the Beagle* (Garden City: Anchor Books, 1962), 174 〔前掲『ビーグル号航海記』.
(7) Martin and Steadman, "Prehistoric Extinctions on Islands and Continents" in *Extinctions in Near Time,* 17-19; Norman Owen-Smith, "The Interaction of Humans, Megaherbivores, and Habitats in the Late Pleistocene Extinction Event" in *Extinctions in Near Time,* 58-9; Donald A. McFarlane, "A Comparison of Methods for the Probabilistic Determination of Vertebrate Extinction Chronologies" in *Extinctions in Near Time,* 102; Gifford H. Miller et al., "Pleistocene Extinction of *Genyornis newtoni:* Human Impact on Australian Megafauna," *Science,* Vol. 283 (January 8, 1999), 205.
(8) Martin and Steadman, "Prehistoric Extinctions on Islands and Continents" in *Extinctions in Near Time,* 18; McFarlane, "A Comparison of Methods" in *Extinctions in Near Time,* 102; R. N. Holdaway and C. Jacomb, "Rapid Extinction of the Moas (*Aves Dinorithiformes*): Model Test and Implications," *Science,* Vol. 287 (March 24, 2000), 2250-4; Thomas Higham, Atholl Anderson, and Chris Jacomb, "Dating the First New Zealanders: The Chronology of Wairau Bar," *Antiquity,* Vol. 73 (June 1999), 420-7; ニュージーランドについては，ユニークな表題を付した以下の章も参照されたい. "There Ain't No More Moa in Old Aotearoa," in Timothy F. Flannery, *The Future Eaters: An Ecological History of the Australasian Lands and People* (New York: George Braziller, 1995), 195-8.
(9) Grayson, "Nineteenth-Century Explanations of Pleistocene Extinc-

tions," *Quaternary Extinctions,* 9-15, 20-9.

(10) マーチンの著書目録は膨大である．手始めとして，"40,000 Years of Extinctions on the 'Planet of Doom'" in *Palaeogeography, Palaeoclimatology, Palaeoecology* (Global and Planetary Change Section), Vol. 82 (1990), 187-201 と，マーチンとRichard G. Kleinが共同で編集した *Quaternary Extinctions: A Prehistoric Revolution* (Tucson: University of Arizona Press, 1984)を一読することをお勧めする．

(11) H. Gifford Miller et al., "Pleistocene Extinction of *Genyornis newtoni*": Human Impact on Australian Megafauna," *Science,* Vol. 283 (January 8, 1999), 207. これとは異なる見解については，E. Esmee Webb, "Megafaunal Extinctions: the Carrying Capacity Argument," *Antiquity,* Vol. 27 (March 1998), 46-55 を参照されたい．この問題を考察した研究については，Timothy F. Flannery, *The Future Eaters: An Ecological History of the Australasian Lands and People* (New York: George Braziller, 1995), 180-94, 199-207も参照されたい．

(12) Anthony John Stuart, "Late Pleistocene Megafaunal Extinctions" in *Extinctions in Near Time,* 261.

(13) Anna Curtenius Rooseveltはこの問題をめぐる議論を"Who's on First? There Is Still No End to the Controversy Over When and How Humans Populated the New World," *Natural History,* Vol. 109 (July-August 2000), 76-8で手際よく要約している．

(14) H. Gifford Miller et al., "Pleistocene Extinction of *Genyornis newtoni*": Human Impact on Australian Megafauna," *Science,* Vol. 283 (January 8, 1999), 205-8.

(15) Grayson, "Nineteenth-Century Explanations" in *Quaternary Extinctions,* 30.

(16) James E. Mosimann and Paul s. Martin, "Simulating Overkill by Paleoindians," *American Scientist,* Vol. 63 (May-June 1975), 304-13.

(17) Gary Haynes, *Mammoths, Mastodons, and Elephants* (Cambridge: Cambridge University Press, 1991), 298.

(18) Letter from Barbara G. Beddall, *Science,* Vol. 180 (1 June 1973), 905.

(19) Andrew W. Johnson and Timothy Earle, *The Evolution of Human Societies: From Foraging Group to Agrarian State* (Stanford: Stanford University Press, 1987), 47.

(20) Haynes, *Mammoths, Mastodons, and Elephants,* 297.

(21) Richard N. Holdaway, "Introduced Predators and Avifaunal Extinction in New Zealand" in *Extinctions in Near Time,* 218.

(22) Norman Owen-Smith, "The Interaction of Humans, Megaherbivor-

es, and Habitat in the Late Pleistocene Event" in *Humans and Other Catastrophes* (New York: American Museum of Natural History, 1998), http://amnh.org/science/biodiversity/extinction/Day 1 PresentationFS.html, no pagination.

(23) D. H. Cushing, *The Provident Sea* (Cambridge: Cambridge University Press, 1988), 141-52; Louwrens Hacquebord, "Three Centuries of Whaling and Walrus Hunting in Svalbard and Its Impact on the Arctic Ecosystem," *Environment and History,* Vol. 7 (May 2001), 177-8.

(24) Pule Phoofolo, "Epidemics and Revolutions: The Rinderpest Epidemic in Late Nineteenth-Century Southern Africa," *Past and Present,* No. 138 (February 1993), 112-43; William H. McNeill, *Plagues and Peoples* (Garden City: Anchor Press/Doubleday, 1976), 56-7 [マクニール『疫病と世界史』佐々木昭夫訳，新潮社]; Alfred W. Crosby, *Ecological Imperialism: The Biological Expansion of Europe, 900-1900* (Cambridge: Cambridge University Press, 1986), 195-216 [前掲『ヨーロッパ帝国主義の謎』].

(25) Ross D. E. MacPhee and P. A. Marx, "The 40,000-Year Plague: Humans,Hyperdisease and First-Contact Extinctions" in *Natural Change and Human Impact in Madagascar* (Washington, D.C.: Smithsonian Press, 1997), 169-217; Holdaway and Jacomb, "Rapid Extinction of the Moas (*Aves Dinorithiformes*): Model Test and Implications," 2250-4; Higham, Anderson, and Jacomb, "Dating the First New Zealanders: The Chronology of Wairau Bar," 420-7.

(26) Henry Steele Commager and Elmo Giordanetti, eds., *Was America a Mistake: An Eighteenth-Century Controversy* (Columbia: University of South Carolina Press, 1968), passim.

(27) Holdaway and Jacomb, "Rapid Extinction of the Moas (*Aves Dinorithiformes*): Model Test and Implications," 2250-4; Higham, Anderson, and Jacomb, "Dating the First New Zealanders: The Chronology of Wairau Bar," 420-7.

(28) Charles M. Scammon, *The Marine Mammals of the North-western Coast of North America* (New York: Dover Publications, 1968), 22-8.

(29) Wesley A. Niewoehner, "Behavioral Inferences from the Skhul/Qafzeh Early Modern Human Hand Remains," *Proceedings of the National Academy of Science, USA,* 10.1073/pnas.041588898. この論文について，João Zilhão, "Fate of the Neanderthals," *Archaeology,* Vol. 53 (July-August 2000), 24-31が簡潔に考察している.

(30) Matt Cartmill, "Four Legs Good, Two Legs Bad," *Natural History,* Vol. 92 (November 1983), 75.

第五章

（1）"Joinville's Chronicle of the Crusade of St. Lewis" in *Memoirs of the Crusade,* trans. Frank T. Marzials (New York: E. P. Dutton, 1958), 186［引用部分は，ド・ジョワンヴィル「聖王ルイの物語」『フランス中世文学集 4』，神沢栄三訳，白水社に所収］.

（2） 文明という言葉は〔黒色火薬の成分で強力な酸化剤である〕硝石のようなもので，しばしば爆発的な論争を引き起こす．私はこの言葉に精神的・価値的な意味合いを何ら付与することなく，単に都市や村や集落に定住する人々と，かかる人間集団と結びついたさまざまな政治的・経済的・社会的・軍事的構造を表わすものとして用いている．

（3）William H. McNeill, *The Rise of the West: A History of the Human Community* (New York: New American Library, 1963), 322-6.

（4）Nikos Vutiropulos, "The Sling in the Aegean Bronze Age," *Antiquity,* Vol. 65 (June 1991), 280, 284.

（5）I Samuel, 17 〔旧約聖書・サムエル記（上）〕.

（6）Vutiropulos, "The Sling in the Aegean Bronze Age," 284.

（7）Bert S. Hall, *Weapons and Warfare in Renaissance Europe: Gunpowder, Technology, and Tactics* (Baltimore: Johns Hopkins Press, 1997), 18 ［ホール『火器の誕生とヨーロッパの戦争』市場泰男訳，平凡社］.

（8）Gareth Rees, "The Longbow's Deadly Secrets," *New Scientist,* Vol. 138 (June 5 1993), 25; John K. Thornton, *Warfare in Atlantic Africa, 1500-1800* (London: UCL Press, 1999), 10.

（9）Vernard Foley, George Palmer, and Werner Soedel, "The Crossbow," *Scientific American,* Vol. 252 (January 1985), 80-6.

(10) *Herodotus, The Histories,* trans. Aubrey de Sélincourt (London: Penguin Books, 1996), 397 ［前掲『歴史』］.

(11) Edward McEwen, Robert L. Miller, and Christopher A. Bergman, "Early Bow Design and Construction," *Scientific American,* Vol. 264 (June 1991), 80.

(12) *The Odyssey of Homer in English Translation by Alexander Pope* (Norwalk, CT: Easton Press, 1978), Bk. XXI, 317 ［ホメロス『オデュッセイア』松平千秋訳，岩波文庫］; Joseph Needham and Robin D. S. Yates, *Science and Civilisation in China,* Vol. 5, *Chemistry and Chemical Technology,* Pt. 6, *Military Technology: Missiles and Sieges* (Cambridge: Cambridge University Press, 1994), 102-3.

(13) Christopher A. Bergman and Edward McEwen, "Sinew-Reinforced and Composite Bows: Technology, Function, and Social Implications" in *Projectile Technology* (New York: Plenum Press, 1997), 144-7, 152-4.

(14) Bergman and McEwen, "Sinew-Reinforced and Composite Bows" in *Projectile Technology,* 144.また, Ralph Payne-Gallwey, *The Crossbow: Medieval and Modern Military and Sporting* (London: The Holland Press, 1995), 27-30も参照されたい.

(15) Thomas Esper, "The Replacement of the Longbow by Firearms in the English Army," *Technology and Culture,* Vol. 6 (1965), 382-93.

(16) Needham and Yates, *Science and Civilisation in China,* Vol. 5, pt. 6, 111.

(17) Hall, *Weapons and Warfare,* 20 [前掲『火器の誕生とヨーロッパの戦争』].

(18) Payne-Gallwey, *The Crossbow,* 46, 48,

(19) Foley, Palmer, and Soedel, "The Crossbow," 80-6; Needham and Yates, *Science and Civilisation in China,* 121, 125, 140, 143, 147, 148, 156, 160, 170, 174, 178-83.

(20) Payne-Gallwey, *The Crossbow,* 249-50.

(21) 2 Chronicles 26: 15 〔旧約聖書・歴代誌（下）〕; Werner Soedel and Vernard Foley, "Ancient Catapults," *Scientific American,* Vol. 240 (March 1979), 150-60; E. W. Marsden, *Greek and Roman Artillery: Historical Development* (London: Oxford University Press, 1969), 1, 16-33, 35; Payne-Gallwey, *The Crossbow,* 259-60.

(22) Needham and Yates, *Science and Civilisation in China,* 184-7; W. T. S. Tarner, "The Traction Trebuchet: A Reconstruction of an Early Medieval Siege Engine," *Technology and Culture,* Vol 36 (January 1995), 141-4.

(23) 平衡おもり式トレビュシェットは，おもりをとりつける部分に蝶番やつっかい棒を用いることで，性能を向上させられる．興味のある読者は，Paul E. Chevedden, Les Eigenbrod, Vernard Foley, and Werner Soedel, "The Trebuchet," *Scientific American,* Vol. 273 (July 1995), 58-63を参照されたい.

(24) Paul E. Chevedden et al., "The Trebuchet," *Scientific American,* Vol. 273 (July 1995), 58-63.

(25) Timber Framers Guild: Report on the Trebuchet Workshop; Timberframers Guild: Nova/WGBH Trebuchet Project.

(26) Joseph Needham, "China's Trebuchets, Manned and Counterweighted" in *On Pre-Modern Technology and Science, A Volume of Studies in Honor of Lynn White, Jr.,* eds. Bert S. Hall and Delno C. West (Malibu, CA: Undena Publications, 1976), 107-19.

(27) Lynn White, Jr., "The Crusades and the Technological Thrust of the West" in *War, Technology and Society in the Middle East,* eds. V. J.

Parry and M. E. Yapp (London: Oxford University Press, 1975) 102-3; Joseph Needham, *Science and Civilisation in China,* Vol. 5. *Chemistry and Chemical Technology,* Pt. 7, *Military Technology; The Gunpowder Epic* (Cambridge: Cambridge University Press, 1986), 572-3.

(28) Janet Martin, *Medieval Russia,* 980-1584 (Cambridge: Cambridge University Press, 1996), 139, 140.

(29) Robert S. Guttfried, *The Black Death: Natural and Human Disaster in Medieval Europe* (New York: Free Press, 1983), 36-7.

(30) Needham, "China's Trebuchets," in *On Pre-Modern Technology and Science,* 119.

(31) Payne-Gallwey, *The Crossbow,* 261.

(32) Needham and Yates, *Science and Civilisation in China,* 218, 222; *The Travels of Marco Polo, Venetian,* trans. Jon Corbino (Garden City: Doubleday & Co., 1948), 217 [マルコ・ポーロ『東方見聞録』愛宕松男訳注，平凡社ライブラリー]; Needham, "China's Trebuchets, Manned and Counter-weighted," 118; Contamine, *War in the Middle Ages,* (Barnes and Noble, 1998) 194.

(33) Phillipe Contamine, *War in the Middle Ages*, 194-6; "We People Here: Nahuatl Accounts of the Conquest of Mexico" James Lockhart, trans. and ed., in *Reportorium Columbianum,* Vol. 2 (Berkeley: University of California Press, 1993), 230-1.

(34) Stockholm International Peace Research Institute, *Incendiary Weapons* (Cambridge: MIT Press, 1975), 15; J. R. Partington, *A History of Greek Fire and Gunpowder* (New York: W. Heffner and Sons, 1960), 1; Sun Tzu, *The Art of War,* trans. Lionel Giles (The Internet Classics Archive by Daniel C. Stevenson, Web Atomics), Chapter 12 [『孫子』金谷治訳注，岩波文庫].

(35) Lynn Thorndike, *A History of Magic and Experimental Science during the First Thirteen Centuries of Our Era* (New York: Macmillan, 1929),Vol. 1, 256-7.

(36) Partington, *History of Greek Fire,* 3.

(37) Stockholm International Peace Research Institute, *Incendiary Weapons,* 17; Partington, *History of Greek Fire,* 3.

(38) *Thucydides: The Peloponnesian War,* trans. Rex Wawrner (Harmondsworth: Penguin Books, 1985), 325 [トゥーキュディデース「歴史」『世界古典文学全集11』小西晴雄訳，筑摩書房].

(39) Partington, *History of Greek Fire,* 28; Christine de Pizan, *The Book of Deeds of Arms and of Chivalrey,* trans. Summer Willard (University Park: Pennsylvania University Press, 1999), 141; Needham, "China's

Trebuchets," in *On Pre-Modern Technology and Science,* 111; Alex Roland, "Secrecy, Technology, and War: Greek Fire and the Defense of Byzantium, 678-1204," *Technology and Culture,* Vol. 33 (October 1992), 655-9.

(40) Partington, *History of Greek Fire,* 14-20.

(41) Partington, *History of Greek Fire,* 22, 28; Needham, "China's Trebuchets" in *On Pre-Modern Technology and Science,* 111; Robert Temple, *The Genius of China: 3,000 Years of Science, Discovery, and Inventions* (New York: Simon and Schuster, 1986), 229; W. Y. Carman, *A History of Firearms from the Earliest Times to 1914* (London: Routledge and Kegan Paul Ltd., 1955), 6; Peter Pentz, "A Medieval Workshop for Producing 'Greek Fire' Grenades," *Antiquity,* Vol. 62 (March 1988), 92.

(42) Alex Roland, "Secrecy Technology, and War: Greek Fire and the Defense of Byzantium, 678-1204," *Technology and Culture,* Vol. 33 (October 1992), 662, 663-5, 666-70.

第二の加速

(1) Joseph Needham, *Science and Civilisation in China,* Vol. 5, Pt. 7, *Military Technology: The Gunpowder Epic* (Cambridge: Cambridge University Press, 1986), 568-79; Janet L. Abu-Lughod, *Before European Hegemony: The World System A.D. 1250-1350* (New York: Oxford University Press, 1989), 34 and passim［アブー＝ルゴド『ヨーロッパ覇権以前――もうひとつの世界システム』佐藤次高他訳，岩波書店］.

第六章

(1) Joseph Needham, *Science and Civilisation in China,* Vol. 5, Pt. 7, *Military Technology; The Gunpowder Epic* (Cambridge: Cambridge University Press, 1986), 270.

(2) Carl von Clausewitz, *On War,* trans. J. J. Graham (Ware, U. K.: Wordsworth Editions, 1997), 61［クラウゼヴィッツ『戦争論』篠田英雄訳，岩波文庫］.

(3) Joseph Needham, *Science and Civilisation in China,* Vol. 5, Pt. 7, 5; Joseph Needham, "Gunpowder as the Fourth Power, East and West," Occasional Papers' Series No. 3, East Asian History of Science Foundation, Hong Kong University Press, 1985, 29.

(4) Needham, *Science and Civilisation in China,* Vol. 5, Pt. 7, 364.

(5) Needham, *Science and Civilisation in China,* Vol. 5, Pt. 7, 112.

(6) Needham, *Science and Civilisation in China,* Vol. 5, Pt. 7, 111-7.

(7) Robert Temple, *Genius of China: 300 Years of Science, Discovery,*

and Inventions (New York: Simon and Schuster, 1986), 228-9.
(8) Needham, *Science and Civilisation in China,* Vol. 5, Pt. 7, 128, 132, 134.
(9) Needham, *Science and Civilisation in China,* Vol. 5, Pt. 7, 170-3, 180-1.
(10) Ahmad Y. al-Hassan and Donald R. Hill, *Islamic Technology, An Illustrated History* (Cambridge: Cambridge University Press, 1986), 119-20 [アルハサン&ヒル『イスラム技術の歴史』多田博一他訳，平凡社].
(11) Needham, *Science and Civilisation in China,* Vol. 5, Pt. 7, 170-3, 180-1.
(12) Needham, *Science and Civilisation in China,* Vol. 5, Pt. 7, 163-79.
(13) Needham, "Gunpowder as the Fourth Power, East and West," 8.
(14) Needham, *Science and Civilisation in China,* Vol. 5, Pt. 7, 210-5.
(15) Needham, *Science and Civilisation in China,* Vol. 5, Pt. 7, 220-1, 223, 229, 231, 247-8, 254, 284, 288-9, 299-304; Arnold Pacey, *Technology in World Civilization* (Cambridge: MIT Press, 1990), 47 [パーシー『世界文明における技術の千年史――「生存の技術」との対話に向けて』林武監訳，新評論].
(16) Needham, *Science and Civilisation in China,* Vol. 5, Pt. 7, 135.
(17) Needham, *Science and Civilisation in China,* Vol. 5, Pt. 7, 474.
(18) Needham, *Science and Civilisation in China,* Vol. 5, Pt. 7, 477-9; Jixing Pan, "The Origin of Rockets in China" in *Gunpowder: The History of an International Technology,* ed. Brenda J. Buchanan (Bath: Bath University Press, 1996), 27-8.
(19) Needham, *Science and Civilisation in China,* Vol. 5, Pt. 7, 472-95.
(20) Iqtidar Alam Khan, "Coming of Gunpowder to the Islamic World and North India: Spotlight on the Role of the Mongols," *Journal of Asian History,* Vol. 30 (Spring 1996), 41-5.
(21) Benjamin Franklin, *Works of Benjamin Franklin* (Boston:1839), Vol. 8, 169-70.
(22) Julie Heckman (American Pyrotechnics Association)からの私信.
(23) John Milton, *Paradise Lost, Paradise Regained, and Samson Agonistes* (Garden City, NY: International Collectors Library, 1969), 148, 150 [前掲『失楽園』].

第七章

(1) David Ayalon, *Gunpowder and Firearms in the Mamluk Kingdom* (London: Vallentine, Mitchell and Co., 1956), 94.
(2) Joseph Needham, *Science and Civilisation in China,* Vol. 5, Pt. 7, *Military Technology: The Gunpowder Epic* (Cambridge: Cambridge

University Press, 1986), 395.

(3) Carlo M. Cipolla, *Guns, Sails, and Empires* (New York: Pantheon Books, 1965), 115 ［チポラ『大砲と帆船——ヨーロッパの世界制覇と技術革新』大谷隆昶訳，平凡社］.

(4) Jeanna Waley-Cohen, "China and Western Technology in the Late Eighteenth Century" in *Technology and European Overseas Enterprise: Diffusion, Adaption and Adoption,* ed. Michael Adas (Brookfield, VT: Variorum, 1996), 405.

(5) C. R. Boxer, "Notes on Early European Military Influence in Japan, 1543-1853," in *Warfare and Empires: Contact and Conflict between European and Non-European Military and Maritime Forces and Cultures,* ed. Douglas M. Peers (Ashgate, Aldershot, UK: Variorum, 1997), 113, 114.

(6) Michel de Montaigne, *The Complete Essays,* trans. M. A. Screech (London: Penguin Books, 1987), 454 ［モンテーニュ『随想録』関根秀雄訳，新潮文庫］.

(7) Asao Naohiro, "The Sixteenth Century Unification," in *The Cambridge History of Japan,* Vol. 4, *Early Modern Japan,* ed. John Whitney Hall (Cambridge: Cambridge University Press, 1991), 45, 53-4; Noel Perrin, *Giving Up the Gun: Japan's Reversion to the Sword, 1543-1879* (Boulder: Shambhala, 1980), 5-6, 8, 17, 19 ［ペリン『鉄砲を捨てた日本人——日本史に学ぶ軍縮』川勝平太訳，中公文庫］.

(8) Perrin, *Giving Up the Gun,* 26-7, 45-7, 65 ［前掲『鉄砲を捨てた日本人』］; Jurgis Elisonas, "Christianity and the Daimyo" in *Early Modern Japan,* 370.

(9) Needham, *Science and Civilisation in China,* Vol. 5, Pt. 7, 284-341; J. R. Partington, *A History of Greek Fire and Gunpowder* (New York: W. Heffner and Sons, 1960), 101; O. F. G. Hogg, *Artillery: Its Origin, Heyday and Decline* (London: Archon Books, 1970), 19, 32, 34, 67-8; Carlo M. Cipolla, *Guns, Sails, and Empires* (New York: Pantheon Books, 1965), opposite 96 ［前掲『大砲と帆船』］.

(10) M. K. Zaman, *Mughal Artillery* (Delhi: Vishal Printers,1983), 11, 40; Hogg, *Artillery: Its Origin, Heyday and Decline,* dedication page.

(11) Marshall G. S. Hodgson, *The Gunpowder Empire and Modern Times* (Chicago: University of Chicago Press, 1974); William H. McNeill, *The Age of the Gunpowder Empires, 1450-1800* (Washington DC: American Historical Association, 1990).

(12) Djurdjica Petrovic, "Firearms in the Balkans on the Eve of and after the Ottoman Conquests of the Fourteenth and Fifteenth Centuries" in *War, Technology and Society in the Middle East,* eds. V. J. Parry and

M. E. Yapp (London: Oxford University Press, 1975), 172, 176, 179, 189.
(13) Needham, *Science and Civilisation in China,* Vol. 5, Pt. 7, 443; Cipolla, *Guns, Sails, and Empires,* 90 [前掲『大砲と帆船』]; Petrovic, "Firearms in the Balkans" *War, Technology, and Society in the Middle East,* 172, 176, 179, 189.
(14) David Nicolle, *Armies of the Ottoman Turks, 1300-1774* (London: Osprey Publishing, 1983), 29 [ニコル『オスマン・トルコの軍隊――1300-1774 大帝国の興亡』桂令夫訳，新紀元社].
(15) Needham, *Science and Civilisation in China,* Vol. 5, Pt. 7, 368.
(16) Needham, *Science and Civilisation in China,* Vol. 5, Pt. 7, 366-8; Cipolla, *Guns, Sails, and Empires,* 93-4 [前掲『大砲と帆船』]; Nicolle, *Armies of the Ottoman Turks,* 29-30 [前掲『オスマン・トルコの軍隊』]; Edward Gibbon, *The Decline and Fall of the Roman Empire* (Chicago: Encyclopedia Britannica, 192), II, 546-7 [ギボン『ローマ帝国衰亡史』中野好夫訳，ちくま学芸文庫], Steven Runciman, *The Fall of Constantinople, 1453* (Cambridge: Cambridge University Press, 1990), 77-8, 97, 112, 136 [ランシマン『コンスタンティノープル陥落す』護雅夫訳，みすず書房].
(17) John F. Richards, *The New Cambridge History of India,* Part I. Vol. 5, *The Mughal Empire,* (Cambridge: Cambridge University Press, 1987), 6-8, 10, 26-7; Halil Inalcik, "The Socio-political Effects of the Diffusion of Firearms in the Middle East" in *War, Technology and Society in the Middle East,* eds. V. J. Parry and M. E. Yapp (London: Oxford University Press, 1975), 204; Needham, *Science and Civilisation in China,* Vol. 5, Pt. 7, 442; Zaman, *Mughal Artillery,* 6, 7, 17, 40.
(18) McNeill, *Age of Gunpowder Empires,* 27-8; Janet Martin, *Medieval Russia, 980-1584* (Cambridge: Cambridge University Press, 1996), 351-4, 357-9.
(19) Gavan Daws, *Shoals of Time: A History of the Hawaiian Islands* (Honolulu: University of Hawaii Press, 1968), 1-32; Ralph S. Kuykendall, *The Hawaiian Kingdom* (Honolulu: University Press of Hawaii, 1968), Vol. 1, 19.
(20) Patrick V. Kirch and Marshall Sahlins, *Anahulu: The Anthropology of History in the Kingdom of Hawaii* (Chicago: University of Chicago Press, 1992), 37-43.
(21) Kirch and Sahlins, *Anahulu,* 43.
(22) Kuykendall, *Hawaiian Kingdom,* Vol. 1, 47; K. R. Howe, *Where the Waves Fall: A New South Islands History from First Settlement to Colonial Rule* (Honolulu: University of Hawaii Press, 1984), 155-7.
(23) Needham, *Science and Civilisation in China,* Vol. 5, Pt. 7, 284-341;

Partington, *A History of Greek Fire and Gunpowder,* 101; Hogg, *Artillery: Its Origin, Heyday and Decline,* 32, 34; Cipolla,*Guns, Sails, and Empires,* opposite 96 ［前掲『大砲と帆船』］.

(24) Gerhard W. Kramer, "*Das Feuerwerkbuch;* Its Importance in the Early History of Black Powder" in *Gunpowder: The History of an International Technology,* ed. Brenda J. Buchanan (Bath: Bath University Press, 1996), 51.

(25) Geoffrey Parker, *The Military Revolution: Military Innovation and the Rise of the West, 1500-1800* (Cambridge: Cambridge University Press, 1996), 7 ［パーカー『長篠合戦の世界史――ヨーロッパ軍事革命の衝撃1500～1800年』大久保桂子訳，同文館出版］.

(26) Needham, *Science and Civilisation in China,* Vol. 5, Pt. 7, 16.; Desmond Seward, *The Hundred Years War: The English in France, 1337-1453* (New York: Antheum, 1978), 247, 249, 252, 257-9, 262.

(27) McNeill, *Age of Gunpowder Empires,* 6, 7; William H. McNeill, *The Pursuit of Power: Technology, Armed Force, and Society since A.D. 1, 000* (Chicago: University of Chicago Press, 1984), 88 ［マクニール『戦争の世界史――技術と軍隊と社会』高橋均訳，刀水書房］; Cipolla, *Guns, Sails, and Empires,* 27-8 ［前掲『大砲と帆船』］; Geoffrrey Parker, *The Military Revolution: Military Innovation and the Rise of the West,* 2nd ed. (Cambridge: Cambridge University Press, 1999), 164 ［前掲『長篠合戦の世界史』］.

(28) Delmer M. Brown, "The Impact of Firearms on Japanese Warfare, 1543-98" in *Technology and European Overseas Enterprise,* 95-6, 101.

(29) Parker, *The Military Revolution: Military Innovation and the Rise of the West, 1500-1800,* 10-12 ［前掲『長篠合戦の世界史』］; John Keegan, *A History of Warfare* (New York: Alfred A. Knopf, 1993), 325 ［キーガン『戦略の歴史――抹殺・征服技術の変遷：石器時代からサダム・フセインまで』遠藤利国訳，心交社］.

(30) McNeill, *Pursuit of Power,* 90-1 ［前掲『戦争の世界史』］.

(31) Cipolla, *Guns, Sails and Empires,* 86 ［前掲『大砲と帆船』］.

(32) Cipolla, *Guns, Sails and Empires,* 81-2 ［同］.

(33) R. A. Kea, "Firearms and Warfare on the Gold and Slave Coasts from the Sixteenth to the Nineteenth Centuries" in *Technology and European Overseas Enterprise,* 116; J. E. Inikori, "The Import of Firearms into West Africa, 1750-1807" in *Warfare and Empires: Contact and Conflict between European and Non-European Military and Maritime Forces and Cultures,* ed. Douglas M. Peers (Ashgate, Aldershot, UK: Variorum, 1997), 245-74.

(34) Michel de Montaigne, *The Complete Essays,* trans. M. A. Screech

(London: Penguin Books, 1987), 1030 ［前掲『随想録』］.

(35) *Journals and Other Documents on the Life and Voyages of Christopher Columbus,* trans. and ed., Samuel Eliot Morison (New York: Heritage Press, 1963), 137-8.

(36) *We People Here: Nahuatl Accounts of the Conquest of Mexico,* ed and trans. James Lockhart (Berkeley: University of California Press, 1993), 80-1.

(37) Bernal Díaz del Castillo, *The Discovery and Conquest of Mexico,* trans. A. P. Maudslay (New York: Farrar, Straus and Giroux, 1959), 404, 407.

(38) サハラ砂漠以南のアフリカでは鍛鉄の技術が確立してから久しかったにもかかわらず，先住民たちはなかなか火器の製造に踏み出そうとしなかった．このことは，社会があるテクノロジーの採用に踏み切るに際しては，反射的な行為以上の要因が作用することを示唆している．John K. Thornton, *Warfare in Atlantic Africa* (London: UCL Press, 1999), 151を参照されたい．

(39) Patrick M. Malone, "Changing Military Technology among the Indians of Southern New England, 1600-1677" in *Warfare and Empires,* 232, 237-8.

(40) Daniel R. Headrick, *The Tools of Empire: Technology and European Imperialism in the Nineteenth Century* (New York: Oxford University Press, 1981), 3 ［ヘッドリク『帝国の手先――ヨーロッパ膨張と技術』原田勝正他訳，日本経済評論社］.

第八章

(1) B. P. Hughes, *Firepower: Weapons Effectiveness on the Battlefield, 1630-1850* (New York: Sarpedon, 1997), 26 〔ハンガー大佐はマスケット銃の命中率を試算し，1000名の銃手が同数程度の敵に対して60回射撃した場合，300名の負傷者が出るという計算結果を得た．つまり，敵に命中する弾丸は200発に1発であり，わずか0.5パーセントの命中率でしかないと論証した．〕.

(2) Ian V. Hogg, *The Guns, 1914-18* (New York: Ballantine Books, 1971), 9-10. また，Bert S. Hall, *Weapons and Warfare in Renaissance Europe* (Baltimore: Johns Hopkins University Press, 1997), 156 ［前掲『火器の誕生とヨーロッパの戦争』］も参照されたい．

(3) Hughes, *Firepower*, 29-35.

(4) Huhges, *Firepower*, 10, 26; Hugh B. Pollard, *Pollard's History of Firearms*, ed. Claude Blair (New York: Macmillan, 1983), 29-31, 42, 55, 62, 67.

(5) Hughes, *Firepower*, 26.

(6) William H. McNeill, *The Pursuit of Power: Technology, Armed*

Force, and Society since A. D. 1000 (Chicago: University of Chicago Press, 1982), 142 [前掲『戦争の世界史』].

(7) Frank H. Winter, *The First Golden Age of Rocketry: Congreve and Hale Rockets of the Nineteenth Century* (Washington, DC: Smithsonian Institution Press, 1990), 47-9, 77-9; John F. Richards, *The Mughal Empire* (Cambridge: Cambridge University Press, 1998), 142-3, 288-9.

(8) Needham, *Science and Civilisation in China,* Vol. 5, Pt. 7, *Military Technology; The Gunpowder Epic* (Cambridge: Cambridge University Press), 517.

(9) M.K.Zaman, *Mughal Artillery* (Delhi: Vishal Printers, 1983), 14-15.

(10) Winter, *The First Golden Age of Rocketry*, 13. これが19世紀のロケット技術についての最良の文献だが，以下の資料も概要として有用である．H. C. B. Rogers, *A History of Artillery* (Secaucus, NJ: Citadel Press,1975), 95-209.

(11) Winter, *First Golden Age of Rocketry*, 15, 19, 20-2.

(12) Winter, *First Golden Age of Rocketry*, 41; Needham, *Science and Civilisation in China*, Vol. 5, Pt. 7, 474-5.

(13) Winter, *First Golden Age of Rocketry*, 24-6.

(14) Winter, *First Golden Age of Rocketry*, 41, 52; Needham, *Science and Civilisation in China*, Vol. 5, Pt. 7, 520.

(15) Winter, *First Golden Age of Rocketry*, 231, 235.

(16) Rogers, *A History of Artillery*, 93.

(17) John Ellis, *The Social History of the Machine Gun* (Baltimore: Johns Hopkins University Press, 1986), 16,27 [エリス『機関銃の社会史』越智道雄訳，平凡社].

(18) Ellis, *Social History of the Machine Gun*, 18 [同].

(19) Winter, *First Golden Age of Rocketry*, 193, 212, 213; Rogers, *History of Artillery*, 128.

(20) Daniel R. Headrick, *The Tools of Empire: Technology and European Imperialism in the Nineteenth Century* (New York: Oxford University Press, 1981), 6-7 [前掲『帝国の手先』].

(21) Joseph Conrad, *Heart of Darkness* (Norwalk, CT: Easton Press, 1980), 19 [コンラッド『闇の奥』中野好夫訳，岩波文庫].

(22) Headrick, *The Tools of Empire*, 3 [前掲『帝国の手先』].

(23) Barbara W.Tuckman, *The Guns of August* (New York: Macmillan, 1962), 166-7 [タックマン『八月の砲声』山室まりあ訳，ちくま学芸文庫].

(24) Hogg, *The Guns, 1914-18*, 33-43; William Manchester, *The Arms of Krupp* (New York: Bantam Books, 1970), 3, 278 [マンチェスター『クルップの歴史　1587-1968』鈴木主税訳，フジ出版社].

(25) Ellis, *Social History of the Machine Gun*, 136 [前掲『機関銃の社会

史』].
(26) John Keegan, *A History of Warfare* (New York: Alfred A. Knopf, 1933), 359 [前掲『戦略の歴史』].
(27) Robert Graves, *Poems About War* (Wakefield, RI: Moyer Bell, 1997), 79.
(28) 砲弾の重さは，所与の砲身の発射回数が増すにつれ，さらにパリ砲作戦が進むにつれて，しだいに増大した.
(29) *Marshall Cavendish Illustrated Encyclopedia of World War I* (New York: Marshall Cavendish, 1984), Vol. 9, 2704-9; Hogg, *Guns, 1914-18*, 134-40.
(30) Ian V. Hogg, *German Secret Weapons of the Second World War* (London: Greenhill Books, 1999), 152.

第九章
(1) Thomas Pynchon, *Gravity's Rainbow* (New York: Penguin Books, 1987), 25 [ピンチョン『重力の虹』越川芳明他訳，国書刊行会].
(2) Tom Lehrer, *Too Many Songs by Tom Lehrer and Not Enough Drawings by Ronald Searle* (New York: Pantheon Books, 1981), 125, 142.
(3) John Keegan, *A History of Warfare* (New York: Alfred A. Knopf, 1993), 379 [前掲『戦略の歴史』].
(4) Dieter Hölsken, *V-Missiles of the Third Reich: The V-1 and V-2* (Sturbridges MA: Monogram Aviation Publications, 1994), 76; Ian V. Hogg, *German Secret Weapons of the Second World War* (London: Greenhill Books, 1999), 45.
(5) Hölsken, *V-Missiles*, 101, 177-8, 204; David Irving, *The Mare's Nest* (Boston: Little, Brown and Co., 1964), 7, 121, 213-15.
(6) Irving, *Mare's Nest*, 249-50.
(7) 砲手の発想による飛び道具の歴史はV-3をもって終わった，と思う向きもあるだろう．だが，湾岸線戦争が勃発する直前まで，イラクは巨大な大砲の製造に取り組んでいた．これはパリ砲より大きな通常型の大砲か，もしくは高圧ポンプ砲の流れを汲むものであったと推測されている．John Maddox, "Who Wants a Big Gun, and Why?" Nature, Vol. 344 (April 26 1990), 811 を参照されたい．この大砲の一部がロンドンの王立大砲博物館に展示されている.
(8) Hogg, *German Secret Weapons of the Second World War*, 17-18; Irving, *Mare's Nest*, 239.
(9) Winston S. Churchill, *The Second World War: Triumph and Tragedy* (Boston: Houghton Mifflin Co., 1953), 48-9 [チャーチル『第二次世界大戦』佐藤亮一訳，河出書房新社]; Peter P. Wegener, *The Peenemünde Wind Tunnels: A Memoir* (New Haven, CT: Yale University Press,

1996), 163.

(10) Marjorie Hope Nicolson, *Voyages to the Moon* (New York: Macmillan, 1948), 245-8 ［ニコルソン『月世界への旅（世界幻想文学大系44）』高山宏訳，国書刊行会］.

(11) Frank H. Winter, *Rockets into Space* (Cambridge: Harvard University Press, 1990), 7-12; Evgeny Riabchikov, *Russians in Space*, trans. Guy Daniels (Garden Ciyt, NY: Doubleday and Co., 1971), 91-103.

(12) Boris V. Rauschenbach, *Herman Oberth: The Father of Space Flight, 1894-1989*, trans. Lynne Kvinnesland (New York: West Art, 1994), 20-2, 28-9.

(13) Frank H. Winter, *Rockets into Space* (Cambridge: Harvard University Press, 1990), 31; William E. Burrows, *This New Ocean: The Story of the First Space Age* (New York: Random House, 1998), 53-4.

(14) Rauschenbach, *Herman Oberth*, 43, 48, 63-5, 97.

(15) Michael J. Neufeld, *The Rocket and the Reich: Peenemünde and the Coming of the Ballistic Missile Era* (Cambridge: Harvard University Press, 1995), 5-6.

(16) Hölsken, *V-Missiles*, 166; Neufeld, *Rocket and the Reich*, 51; Frank H. Winter, *Rockets into Space* (Cambridge; Harvard University Press, 1990), 46.

(17) Neufeld, *Rocket and the Reich*, 22; Peter P. Wegener, *The Peenemünde Wind Tunnels, A Memoir* (New Haven, CT: Yale University Press, 1996), 161.

(18) Dennis Piszkiewicz, *Wernher von Braun: The Man Who Sold the Moon* (Westport, CT: Praeger, 1998), 28.

(19) Hölsken, *V-Missiles*, 16-21.

(20) Neufeld, *Rocket and the Reich* 48-9; Hölsken, *V-Missiles*, 22.

(21) Walter Dornberger, *V2*, trans. James Cleugh and Geoffrey Halliday (London; Hurst and Blackett, 1954), 75 ［ドルンベルガー『宇宙空間をめざして――Ｖ２号物語』松井巻之助訳，岩波書店］.

(22) Wegener, *The Peenemünde Wind Tunnels*, 162; Piszkiewicz, *Wernher von Braun*, 32-3; 49-50; http://www.wsmr.army.mil/paopage/PAO.htm.

(23) William E. Burrows, *This New Ocean: The Story of the First Space Age* (New York: Random House, 1998), 99-100; Rauschenbach, *Hermann Oberth*, 119; Piszkiewicz, *Wernher von Braun*, 33; Dornberger, *V2*, 29 ［前掲『宇宙空間をめざして』］.

(24) Irving, *Mare's Nest*, 135, 300; Hogg, *German Secret Weapons*, 43.

(25) Neufeld, *The Rocket and the Reich*, 264. また，Yves Bēon, *Planet*

Dora: A Memoir of the Holocaust and the Birth of the Space Age, trans. Rihard L. Fague (Boulder, CO: Westview Press, 1998) も参照されたい.
(26) *Marshall Cavendish Illustrated Encyclopedia of World War* I, ed. Peter Young (New York: Marshall Cavendish, 1984), Vol. 9, 2707; Hogg, *The Guns 1914-18* (New York: Ballantine Books, 1971), 137.
(27) Winter, *Rockets into Space*, 49-50.
(28) Wegener, *The Peenemünde Wind Tunnels* 163; Neufeld, *The Rocket and the Reich*, 264.; Frederick I. Ordway III and Mitchell R. Sharpe, *The Rocket Team: From the V-2 to the Saturn Moon Rocket* (New York: Thomas Y. Crowell, 1979), 79.
(29) Hogg, *German Secret Weapons*, 43.
(30) Richard Rhodes, *The Making of the Atomic Bomb* (New York: Simon and Schuster, 1986), 654 [ローズ『原子爆弾の誕生』神沼二真・渋谷泰一訳, 紀伊國屋書店]; Vincent C. Jones, *United States Army in World War II, Special Studies, Manhattan, the Army and the Atomic Bomb* (Washington, DC: Center of Military History, United States Army, 1985), 512.
(31) Dornberger, *V2*, 106 [前掲『宇宙空間をめざして』].
(32) Rhodes, *Making of the Atomic Bomb*, 30 [前掲『原子爆弾の誕生』].
(33) Helge Kragh, *Quantum Generations: A History of Physics in the Twentieth Century* (Princeton: Princeton University Press, 1999), 3.
(34) Rhodes, *Making of the Atomic Bomb*, 152 [前掲『原子爆弾の誕生』].
(35) Rhodes, *The Making of the Atomic Bomb*, 44 [同].
(36) Charles Darwin, *The Origin of Species and the Descent of Man* (New York: The Modern Library, n. d.), 432 [前掲『人類の進化と性淘汰 I』]; H. G. Wells, *The World Set Free: A Story of Mankind* (New York: E. P. Dutton, 1914), passim [ウェルズ『解放された世界』浜野輝訳, 岩波文庫].
(37) Kragh, *Quantum Generations*, 184-5.
(38) Kragh, *Quantum Generations*, 257-60.
(39) Rhodes, *The Making of the Atomic Bomb*, 404-5 [前掲『原子爆弾の誕生』].
(40) この詳細については, Jean Medawar and David Pyke, *Hitler's Gift: Scientists Who Fled Nazi Germany* (London: Richard Cohen Books, 2000) を参照されたい.
(41) Kragh, *Quantum Generations*, 230, 236-8, 271-2.
(42) Kragh, *Quantum Generations*, 230, 231-2, 236-8, 271-2.
(43) Kragh, *Quantum Generations*, 265-6; Jones, *United States Army*, 13-15. アインシュタインからローズヴェルトに宛てた書簡の全文は, Medawar and Pyke, *Hitler's Gift*, 218-9 など, 多くの資料に収録されている.

(44) Kragh, *Quantum Generations*, 266-7; Jones, *United States Army*, 102-4.
(45) James E. McClellan III and Harold Dorn, *Science and Technology in World History* (Baltimore: Johns Hopkins Press, 1999), 361.
(46) Rhodes, *The Making of the Atomic Bomb*, 652, 654, 664, 677 [前掲『原子爆弾の誕生』].

第十章

(1) Wyn Wachhorst, "Kepler's Children: The Dreams of Spaceflight," *Yale Review,* Vol. 84 (April 1996), 114.
(2) http://spaceprojects.arc.nasa.gov/Space_Projects/pioneer PNStat.html.
(3) William E. Burrows, *This New Ocean: The Story of the First Space Age* (New York: Random House, 1998), 108.
(4) Frederick I. Ordway III and Mitchell R. Sharpe, *The Rocket Team: From the V-2 to the Saturn Moon Rocket* (New York: Thomas Y. Crowell, 1979), 1-10.
(5) Dennis Piszkiewicz, *Wernher von Braun: The Man Who Sold the Moon* (Westport, CT: Praeger, 1998), 54.
(6) William E. Burrows, *This New Ocean: The Story of the First Space Age* (New York: Random House, 1998), 90-3; T. A. Heppenheimer, *Countdown: A History of Space Flight* (New York: John Wiley & Sons, 1997), 31-3.
(7) Frank H. Winter, *Rockets into Space* (Cambridge: Harvard University Press, 1990), 62-3.
(8) Heppenheimer, *Countdown,* 46.
(9) Piszkiewicz, *Wernher von Braun,* 5, 9; Ordway and Sharpe, *Rocket Team,* 310.
(10) この移住の全容については，Clarence G. Lasby, *Project Paperclip: German Scientists and the Cold War* (New York: Atheneum, 1971)を参照されたい.
(11) Ordway and Sharpe, *Rocket Team,* 271.
(12) Burrows, *This New Ocean*. 119-23, 132; Heppenheimer, *Countdown,* 116; Ordway and Sharpe, *Rocket Team,* 314.
(13) Ordway and Sharpe, *Rocket Team,* 361.
(14) Piszkiewicz, *Wernher von Braun,* 15.
(15) Piszkiewicz, *Wernher von Braun,* 115-20.
(16) Heppenheimer, *Countdown,* 126.
(17) Frank H. Winter, *Rockets into Space* (Cambridge: Harvard Univer-

sity Press, 1990), 81.

(18) Norman Mailer, *Of a Fire on the Moon* (Boston: Little, Brown and Co., 1970), 100 ［メイラー『月にともる火』山西英一訳，早川書房］.

(19) Winter, *Rockets into Space,* 83-5; John Duncan, "The Saturn V," http://www.apollosaturn.com.

(20) Wegener, *The Peenemünde Wind Tunnel: A Memoir* (New Haven, CT: Yale University Press, 1966), 140, 152-5; "National Archives to Open Heinrich Mueller and Arthur Rudolph Files (Record Group 319), National Archives and Records Administration, http://www.nara.gov/iwg/declass/rg319html.

(21) Wegener, *The Peenemünde Wind Tunnel,* 152-5; Thomas Franklin, *An American in Exile: The Story of Arthur Rudolph* (Huntsville, AL: Christopher Kayor Co., 1983), 122, 126, 137, 145. "National Archives to Open Heinrich Mueller and Arthur Randolph Files" (Record Group 319), National Archives and Records Administration, http://www.nara.gov/iwg/declass/rg319html.

(22) Mailer, *Of a Fire on the Moon,* 72-3 ［前掲『月にともる火』］.

(23) Frank White, *The Overview Effect: Space Exploration and Human Evolution,* 2nd ed. (Reston, VA: American Institute of Aeronautics and Astronautics, 1998), 37.

(24) http://spaceprojects.arc.nasa.gov/; http://quest.arc.nasa.gov/pioneer10/mission/.

(25) Burrows, *This New Ocean,* 483.

(26) http://spaceprojects.arc.nasa.gov/; Mark Wolverton, "The Spacecraft That Will Not Die," *American Heritage of Invention and Technology,* Vol. 3 (Winter 2001), 47-58.

(27) http://spaceprojects.arc.nasa.gov/Space_Projects/pioneer/PNStat.html. ちなみに，地球から最も離れたところに存在している人工物はパイオニア10号ではなく，1977年9月5日に打ち上げられた惑星探査機ボイジャー1号である．2001年1月の時点で，地球とボイジャー1号の往復光差〔光差は天体から出た光が地球に届くまでの時間〕は22時間を超えている〔ボイジャー1号は2005年5月現在，太陽から約139億2000万キロメートル離れたところにいる〕.

(28) http://spaceprojects.arc.nasa.gov/; http://quest.arc.nasa.gov/pioneer10/mission.

第四の加速

(1) www:informatics.org/museum/tsiol.html.

(2) Frank White, *The Overview Effect: Space Exploration and Human Evolution,* 2nd ed. (Reston, VA: American Institute of Aeronauttics,

1998), 236.

(3) Eric M. Jones, ed. "Apollo 14 Lunar Surface Journal, EVA-2 Close-out and Golf Shots," http://www.hq.nasa.gov/office/pao/History/alsj/a14/a14.clsout2.html, 35:08:17-35:21:33; Robert Godwin, *Apollo 14: The NASA Mission Reports* (Burlington, Ontario, Canada: Apogee Books, 2000), CDROM Apollo 14 Movies and Images, EDGAR29MPG, EDGAR30B.MPG. 人類で初めて宇宙で投げ槍をしたミッチェルが地球に帰還したのちに純粋思惟学（ノエティック・サイエンス）研究所（Institute for Noetic Science）を設立し，人間の意識や精神能力を科学的かつ哲学的あるいは神秘主義的に研究していることは，注目に値する. Edgar Mitchell, *The Way of the Explorer* (New York: G. P. Putnam, 1996)を参照されたい.

(4) Alberto E. Minetti, "The Biomechanics of Skipping Gaits: A Third Locomotion Paradigm?" *Proceedings of the Royal Society of London, Biology,* Vol. 265 (1998), 1227.

(5) Michael E. Long, "Surviving in Space," *National Geographic,* Vol. 199 (January 2001), 20.

(6) Long, "Surviving in Space," 6-29; Ronald White and Maurice Ayerner, "Humans in Space," *Nature,* Vol. 409 (February 22, 2001), 1115-8.

(7) こうした展望は以下の資料で述べられている. Alberto E. Minetti, "Biomechanics: Walking on Other Planets," *Nature,* Vol. 409 (January 25, 2001), 467-9.; White and Ayerner, "Humans in Space," 1115-8.

(8) C. P. Snow, "The Moon Landing," *Look,* XXXIII (August 26, 1969), 72.

(9) Lewis Thomas, *The Lives of a Cell: Notes of a Biology Watcher* (New York: Viking Press, 1974), 145 ［トマス『細胞から大宇宙へ――メッセージはバッハ』橋口稔・石川統訳，平凡社］.

(10) J. E. Lovelock, *Gaia: A New Look at Life on Earth* (Oxford: Oxford University Press, 1987), 1,36-39 ［ラヴロック『地球生命圏――ガイアの科学』スワミ・プレム・プラブッダ訳，工作舎］.

(11) J. E. Lovelock, *The Ages of Gaia: A Biography of Our Living Earth* (New York: W. W. Norton, 1988), 19 ［ラヴロック『ガイアの時代――地球生命圏の進化』スワミ・プレム・プラブッダ訳，工作舎］.

(12) Lovelock, *Ages of Gaia,* 127 ［同］.

メイラー，ノーマン［1923〜］250
メフメト2世［1432〜81］012, 164-5, 171, 183, 191, 195-6, 210, 233, 240
メレディス，ルイーズ［1812〜95］079

モンテスマ2世［1466〜1520］179
モンテーニュ，ミシェル・ド［1533〜92］159, 178

ライエル，チャールズ［1797〜1875］090
ラヴロック，ジェームズ・E.［1919〜］268-9
ラザフォード，アーネスト［1871〜1937］230
ラ・ペルーズ，コント・デ［1741〜88］054
ラング，フリッツ［1890〜1976］219, 225

理宗［1205〜64］148
リチャード1世［1157〜99］121
リンドバーグ，チャールズ［1902〜74］242, 247

ルイス，メリウェザー［1774〜1809］075
ルーデンドルフ，エーリッヒ［1865〜1937］198-9
ルドルフ，アーサー［1906〜96］252

レオナルド・ダ・ヴィンチ［1452〜1519］175
レントゲン，ヴィルヘルム［1845〜1923］230

ローズヴェルト，フランクリン・デラノ［1882〜1945］234-5
ロングフェロー，ヘンリー・ワズワース［1807〜82］066

ファリエ，マックス［1895〜1930］218
フェアバンクス，ダグラス［1883〜1939］018
フェルビースト，フェルディナンド（南懐仁）［1623〜88］157-8
フェルミ，エンリコ［1901〜54］235-6
フォン・カルマン，テオドール［1881〜1963］242
フォン・ブラウン，ヴェルナー［1912〜77］012, 164, 218, 222-3, 240, 243-50, 252-4
フォン・ボーレン，ベルタ・クルップ［1886〜1957］195
フランクリン，ベンジャミン［1706〜90］152
プランク，マックス［1858〜1947］230, 233
フリードリヒ大王［1712〜86］163
フリン，エロール［1909〜59］018
ブレヒト，ベルトルト［1898〜1956］218

ベッカー，カール・エミル［1874〜1939］220-1, 224
ベートーベン，ルートヴィヒ・ファン［1770〜1827］030
ペリー，マシュー［1794〜1858］160
ヘール，ウィリアム［1797〜1870］188-9
ベルニエ，フランソワ［1620〜88］185
ベロック，ヒレア［1870〜1953］191
ヘロドトス［前484頃〜前425頃］068
ヘンリー８世［1491〜1547］120

ボーア，ニールス［1885〜1962］230
ホイットマン，ウォルト［1819〜92］043
ホスロー，アミール［1253〜1325］151

マイケルソン，アルバート［1852〜1931］229-30
マキャヴェッリ，ニッコロ［1469〜1527］174
マクスウェル，ジェームズ・クラーク［1831〜79］229
マルコ・ポーロ［1254〜1324］127, 140

ミケランジェロ［1475〜1564］175
ミッチェル，エドガー［1930〜］262-3
ミルトン，ジョン［1608〜74］012-3, 153-4

セリム３世［在位1789〜1807］117

ダーウィン，チャールズ［1809〜82］033, 062, 089, 091
ダレイオス（ダリウス）［前550〜前486］068

チャドウィック，ジェームズ［1891〜1974］232
チンギス・ハン［1162〜1227］117

ツィオルコフスキー，コンスタンチン・E.［1857〜1935］215, 217, 230, 241, 244, 251

ディズニー，ウォルト［1901〜66］248
テオファネス［760頃〜818］134
デ・ソト，エルナンド［1500頃〜42］066
テラー，エドワード［1908〜2003］234

ド・ゴール，シャルル［1890〜1970］211
ド・ジョワンヴィル，ジャン［1225頃〜1317］134
トマス，ルイス［1913〜94］268
豊臣秀吉［1537(36)〜98］159
ドルンベルガー，ヴァルター・R.［1895〜1980］221-2, 225, 229

ニーダム，ジョゼフ［1900〜95］144, 146
ニュートン，アイザック［1642〜1727］049, 147, 201

ハイゼンベルク，ヴェルナー［1901〜76］233
ハクスレー，オルダス［1894〜1963］032
ハーディ，トマス［1840〜1928］076
バーブル［1483〜1530］166
ハルドゥーン，イブン［1332〜1406］049
バロウズ，エドガー・ライス［1875〜1950］214
ハーン，オットー［1879〜1968］232-3

ヒトラー，アドルフ［1889〜1945］012, 197, 205, 208, 210, 218, 224-6, 229, 232-4, 240, 243
ビュフォン，コント・ド［1707〜88］106
ピロストラトス［170頃〜240頃］131

キー，フランシス・スコット［1779〜1843］187
キーツ，ジョン［1795〜1821］075
キュヴィエ，ジョルジュ［1769〜1832］090
キュリー，ピエール［1859〜1906］230
キュリー，マリー［1867〜1934］230

クセノポン［前431〜前355頃］112
クック，ジェームズ（キャプテン・クック）［1728〜79］062，112，168
クラーク，ウィリアム［1770〜1838］075
グレイヴズ，ロバート［1895〜1985］197
グレン，ジョン［1921〜］248

ケネディ，ジョゼフ［1915〜44］210
ケネディ，ジョン・F.［1917〜63］046，249

ゴダード，ロバート・H.［1882〜1945］215，217，241-4，246，251
コルテス，エルナン［1485〜1547］112，122，130，179
コロンブス，クリストファー［1446頃〜1506］178-9
コングリーヴ，ウィリアム［1772〜1828］184，186-88
コンスタンティヌス1世［280頃〜337］133
コンラッド，ジョゼフ［1857〜1924］193

シェパード，アラン［1923〜98］262
シェリーフェン，アルフリート［1833〜1913］194
シャルルマーニュ（カール大帝）［742〜814］156
ジャンヌ・ダルク［1412頃〜31］173，211
シュトラースマン，フリッツ［1902〜80］232
シュペーア，アルベルト［1905〜81］224，233
ジョーンズ，フレデリク・ウッド［1879〜1954］026
ジョンソン，リンドン・ベインズ［1908〜73］249
シラード，レオ［1898〜1964］234

スターリン，ヨシフ［1879〜1953］243-4
スノー，C.P.［1905〜80］267

セーガン，カール［1934〜96］254

人名索引

アイヴズ，チャールズ［1874〜1954］241
アイスキュロス［前525〜前456］074
アインシュタイン，アルベルト［1879〜1955］064, 201, 230, 235
アクバル［1542〜1605］166, 185
アボット，エドウィン・A.［1838〜1926］064
アームストロング，ニール［1930〜］251

イブン・バトゥータ［1304〜68頃］140
イワン3世［1440〜1505］167
イワン4世［1530〜84］167

ヴァイル，クルト［1900〜50］218
ウィグナー，ユージン［1902〜95］234
ヴィルヘルム2世［1859〜1941］199
ウェルズ，H.G.［1866〜1946］214-5, 231
ヴェルヌ，ジュール［1828〜1905］214, 216
ウォーレス，アルフレッド・ラッセル［1823〜1913］091-2
ウッド，サールズ［1798〜1880］097, 099
ウルフ，デイヴィッド・A.［1956〜］264

エドワード1世［1239〜1307］129
エドワード3世［1312〜77］182

オズワルド，リー・ハーヴェイ［1939〜63］046
織田信長［1534〜82］158-9
オーベルト，ヘルマン［1894〜1989］215-9, 221, 225, 241, 244, 251
オルドリン，エドウィン［1930〜］251

カエサル［前100〜前44］178
ガガーリン，ユーリ［1934〜68］248
ガトリング，リチャード［1818〜1903］190, 196
カーネギー，デール［1888〜1955］241
カメハメハ1世［1758〜1819］169-70

著　者

Alfred W. Crosby《アルフレッド・W. クロスビー》

1931年ボストン生まれ。歴史学者。オハイオ州立大学、ワシントン州立大学、テキサス大学などで教職を歴任。邦訳された著書に『ヨーロッパの帝国主義――生態学的視点から歴史を見る』(ちくま学芸文庫)、『史上最悪のインフルエンザ――忘れられたパンデミック』(みすず書房)、『数量化革命――ヨーロッパ覇権をもたらした世界観の誕生』(紀伊國屋書店) がある。

訳　者

小《お》沢《ざわ》千《ち》重《え》子《こ》

1951年東京生まれ。東京大学農学部卒。現在ノンフィクション分野の翻訳に従事している。訳書に、クロスビー『数量化革命――ヨーロッパ覇権をもたらした世界観の誕生』、アンサーリー『イスラームから見た「世界史」』、デントン『動物の意識　人間の意識』(共訳)、ローズ『原爆から水爆へ――東西冷戦の知られざる内幕』(共訳) (以上、紀伊國屋書店)、ルーベンスタイン『中世の覚醒――アリストテレス再発見から知の革命へ』(ちくま学芸文庫) などがある。

飛び道具の人類史
火を投げるサルが宇宙を飛ぶまで

2006年 5月11日　第 1 刷発行
2022年 5月26日　第 2 刷発行

発行所　株式会社 紀伊國屋書店
東京都新宿区新宿 3-17-7
出版部(編集) 電話 03(6910)0508
ホールセール部(営業) 電話 03(6910)0519
東京都目黒区下目黒 3-7-10
郵便番号 153-8504

印刷　新藤慶昌堂
製本　大口製本印刷

ISBN 978-4-314-01004-7 C0022
Printed in Japan
定価は外装に表示してあります

紀伊國屋書店

イスラームから見た「世界史」
タミム・アンサーリー
小沢千重子 訳

「西洋版世界史」の後景で、いかなる物語が進行していたのか？　混迷を続けるイスラーム世界の成り立ちが見えてくる、もう一つの世界史。

四六判／688頁・定価3740円

気象を操作したいと願った人間の歴史
J・R・フレミング
鬼澤 忍 訳

雨乞いの儀式から、様々な思惑が錯綜する軍事・商用目的の人工降雨まで——ままならぬ自然の支配を切望した人間の悲喜劇をたどる。

四六判／524頁・定価3520円

神々の沈黙
意識の誕生と文明の興亡
ジュリアン・ジェインズ
柴田裕之 訳

人類が意識を持つ前の人間像を初めて示し、豊富な文献と古代遺跡の分析から、「意識の誕生」をめぐる壮大な仮説を提唱する。

四六判／640頁・定価3520円

龍の起源
荒川 紘

東方の龍と西方のドラゴンの違いとは何か？古今東西の神話・民話、図像や創作物の龍伝説を探り、龍を生んだ人類の想像力の深淵に迫る。

四六判／298頁・定価2670円

タロット大全
歴史から図像まで
伊泉龍一

タロットの今の姿、占いと精神世界との関わりのなかで育まれたその歴史、各カードの図像解釈など、タロットの世界の全貌を披露する。

A5判／628頁・定価4950円

眠れない一族
食人の痕跡と殺人タンパクの謎
ダニエル・T・マックス
柴田裕之 訳

ヴェネチアの高貴な一族を数百年間、苦しませる致死性の不眠症。狂牛病と同じプリオンが原因とわかった。その後に見えてきたものとは？

四六判／360頁・定価2640円

表示価は10％税込みです